权威·前沿·原创

皮书系列为

“十二五”“十三五”“十四五”时期国家重点出版物出版专项规划项目

智库成果出版与传播平台

中国特色生态文明建设报告
（2024~2025）

REPORT ON THE CONSTRUCTION OF ECOLOGICAL CIVILIZATION WITH CHINESE CHARACTERISTICS (2024-2025)

组织编写／南京林业大学生态文明建设与林业发展研究院

主　　编／赵茂程　蒋建清　张晓琴
副 主 编／高　强　高晓琴　杨加猛

社会科学文献出版社
SOCIAL SCIENCES ACADEMIC PRESS (CHINA)

图书在版编目（CIP）数据

中国特色生态文明建设报告．2024～2025／赵茂程，蒋建清，张晓琴主编；高强，高晓琴，杨加猛副主编．北京：社会科学文献出版社，2025. 2. --（生态文明绿皮书）．--ISBN 978-7-5228-5089-4

Ⅰ．X321. 2

中国国家版本馆 CIP 数据核字第 20258NE974 号

生态文明绿皮书

中国特色生态文明建设报告（2024～2025）

组织编写／南京林业大学生态文明建设与林业发展研究院

主　　编／赵茂程　蒋建清　张晓琴

副 主 编／高　强　高晓琴　杨加猛

出 版 人／冀祥德

组稿编辑／周　丽

责任编辑／张丽丽

文稿编辑／张　爽　刘　燕　孙玉铖

责任印制／王京美

出　　版／社会科学文献出版社·生态文明分社（010）59367143

地址：北京市北三环中路甲 29 号院华龙大厦　邮编：100029

网址：www. ssap. com. cn

发　　行／社会科学文献出版社（010）59367028

印　　装／三河市东方印刷有限公司

规　　格／开　本：787mm×1092mm　1/16

印　张：20. 5　字　数：303 千字

版　　次／2025 年 2 月第 1 版　2025 年 2 月第 1 次印刷

书　　号／ISBN 978-7-5228-5089-4

定　　价／138. 00 元

读者服务电话：4008918866

#《中国特色生态文明建设报告(2024～2025)》
编　委　会

主要编撰者简介

赵茂程　博士，南京林业大学党委书记、教授。长期从事计算机视觉在农林工程中的应用、食品安全检测方法与装备等研究。先后主持或参加省部级以上项目20余项，发表论文100余篇，拥有授权专利50余件，参与编写国家标准20余部。先后被评为江苏省有突出贡献的中青年专家、江苏高校“青蓝工程”学科带头人培养对象、江苏省“六大人才高峰”高层次人才。曾获省部级教学、科技等奖励多项。现为中国林业机械协会副会长、中国林学会林业机械分会副理事长。

蒋建清　博士，南京林业大学教授。长期从事金属材料等研究。曾获国家科学技术进步奖二等奖1项，江苏省科学技术进步奖一等奖2项，国家级教学成果奖二等奖1项。迄今有SCI、EI收录论文百余篇，在《光明日报》等报刊发表理论性文章多篇。先后主持国家重点基础研发计划项目、国家高技术研究发展计划（863计划）项目、国家科技攻关项目、江苏省科技成果转化基金项目20余项。拥有国家授权发明专利百余件。

张晓琴　南京林业大学党委常委、副校长，研究员。主要研究方向为社会生态学、生态文明教育、高等教育管理。主持省部级课题5项，发表论文40余篇。曾获梁希科普人物奖、梁希科普活动奖。兼任中国高等教育学会生态文明教育研究分会常务理事，江苏省生态文明研究与促进会常务理事，中国林学会林业史分会副理事长。

高　强　博士，南京林业大学农村政策研究中心主任、经济管理学院党委书记，教授，农业农村部乡村振兴专家咨询委员会委员、江苏省农村改革试验区咨询专家。入选江苏省“333工程”中青年科技领军人才。主要从事农村政策分析、农业农村现代化、土地制度等研究。曾任中央一号文件起草组成员，有6项研究成果获得党和国家领导人重要批示，多项成果获得省部级领导批示。主持国家自然科学基金项目、国家社会科学基金项目等20余项，在国内外期刊发表学术论文80余篇，出版专著2部，获2020年度“江苏发展研究奖”一等奖，江苏省政府哲学社会科学优秀成果奖二等奖，中央农办、农业农村部乡村振兴软科学研究优秀成果奖等。

高晓琴　博士，南京林业大学人文社科处处长。主要从事林业生态工程、高等教育管理、生态文化、林业遗产等研究。曾获全国高校学生工作优秀学术成果奖一等奖、二等奖，公开发表相关论文20余篇，主持国家林草局软科学项目等省部级项目3项，参与编写教材等5部。

杨加猛　博士，南京林业大学国际合作处处长、教授。长期从事生态文明建设与评价、资源与环境管理等研究。曾获梁希林业科学技术奖二等奖、教育部高等学校科学研究优秀成果奖（人文社会科学）三等奖等。在国内外各类刊物发表论文80余篇，出版《生物多样性：呵护人类共同家园》《绿色中国：理论、战略与应用》等10部著作。主持国家社会科学基金项目3项，主持教育部人文社会科学基金项目、江苏省社会科学基金项目、江苏省软科学计划项目等10余项。入选江苏省“333工程”中青年学术技术带头人、江苏省“六大人才高峰”高层次人才。

序　一

生态文明建设是关系中华民族永续发展的根本大计。党的十八大把生态文明建设纳入中国特色社会主义事业“五位一体”总体布局，明确提出大力推进生态文明建设，努力建设美丽中国，实现中华民族永续发展。党的二十届三中全会通过的《中共中央关于进一步全面深化改革　推进中国式现代化的决定》，对新时代新征程深化生态文明体制改革作出重大部署，将聚焦建设美丽中国、促进人与自然和谐共生作为进一步全面深化改革总目标的重要方面，部署了深化生态文明体制改革的重点任务和重大举措，彰显了生态文明制度体系在中国特色社会主义制度和国家治理体系中的重要地位。当前，我国经济社会发展已进入加快绿色化、低碳化的高质量发展阶段，生态文明建设处于压力叠加、负重前行的关键期，必须聚焦美丽中国建设全面深化改革，从人与自然和谐共生的高度谋划发展。

南京林业大学是中国近代林业高等教育的发祥地，肩负着“推进人与自然和谐共生”的光荣使命。1952年，学校独立办学之初就将服务林业作为初心和使命。在改革开放和社会主义现代化建设的征程上，南林人始终与国家同呼吸共命运，与时代同步伐共发展，以“将论文写在祖国大地上”的使命和担当，围绕“大树”做科研，产出“大成果”，支撑“大产业”。中国南方的各个林业大省（区），都有南林人扎根奉献的身影。例如，学校四代林业人扎根福建省洋口国有林场，建设“国家杉木种质资源库”，形成“给我一个细胞，还您一片森林”的研发新模式，在南方省（区）推广良种4000万亩，筑牢了中国南方生态本底，相关成果荣获国家科学技术进步奖一等奖。此外，广西的桉树产业、云南和海南的橡胶产业等也都凝结着老一辈南林人的贡献和心血。

进入新时代新征程，南京林业大学秉承“让黄河流碧水，赤地变青山”的理想信念，以服务国家生态文明建设为导向，确立了“奋力开创特色鲜明高水平大学高质量发展新局面”的奋斗目标，在主动对接国家重大战略方面进行了深入探索实践。第一，学校坚持用党的创新理论指导实践，积极打造“党建引领、资源共享、优势互补、推动发展”的党建共同体，牵头创建“两山双碳”“党建+”服务战略联盟，与20余家政府、企事业单位开展党建共建102项，整合资源开展组团服务，梳理重大科技任务、关键技术等需求200余项，为助力经济社会发展做出积极贡献。第二，学校优化学科布局，着力破解“卡脖子”难题，聚焦高水平科技自立自强，构建完善以一流学科为引领的林科特色生态文明学科体系。学校依托学科新布局，打造了五位院士领衔、一流科学家担纲、青年科学家为主力的5个具有国际影响力的高端创新团队，力求在林木良种创新、智慧林业、生物多样性保护、生物质新能源新材料、集成家居产品智能制造等重大领域科技创新上实现新突破。第三，学校推进有组织科研，打造服务地方发展动力源。学校充分发挥全国重点实验室、教育部协同创新中心、龙头企业产业研究院等共建单位优势，协同开展核心技术攻关和成果转移转化，突破了杨树、杉木、银杏等重要生态经济树种的现代分子育种，以及森林质量精准提升等理论和关键技术，创制一批生物质能源与医用、智能结构材料等战略产品。第四，学校聚焦“强富美高”新江苏现代化建设和林业强省目标，服务林业事业高质量发展，助力江苏以全国0.7%的林地面积，创造全国7%的林业产值。

中国特色新型智库是“双一流”大学建设的有机组成部分，也是高校服务生态文明建设等国家重大战略的重要载体。南京林业大学生态文明建设与林业发展研究院从成立至今已有5年。5年来，研究院积极推动智库建设与人才培养、科学研究、社会服务、文化传承创新和国际交流合作等高校职能深度融合，全面开展理论研究、决策咨询和实地调查，为党和政府决策提供服务，形成了大批优质成果。2023年，研究院成功获批江苏省重点培育智库，服务学校“双一流”建设和内涵式高质量发展取得积极成效。研究院重点在山水林田湖草沙系统治理、林业碳汇市场化机制、乡村生态振兴等方面开展研究，产出了一批高质量咨政建言成果。研究院还获批“江苏省决策咨询研究基地”1个、国家高端智库重点课题1项；获党和国家领导人肯定性批示5件、省部级领导人重要批示30余件。研究院发布“生态文明绿皮书”“生态林业蓝皮书”共5部，构建了生态林业综合评价指标体系和生态文明评价指标体系，为江苏林业高质量发展和全国分区域生态文明评价贡献“南林智慧”。

此次出版的《中国特色生态文明建设报告（2024～2025）》既是学校有组织科研的一种重要体现，也是学校智库持续关注生态文明建设重大问题的一种延续。未来，南京林业大学将继续坚持以习近平新时代中国特色社会主义思想为指导，坚守“为党育人、为国育才”的使命担当，进一步聚焦生态文明建设的迫切需求，不断提升服务能力和贡献水平，为建设美丽中国、促进人与自然和谐共生做出新的更大贡献。

南京林业大学党委书记

2025年1月

序　二

党的二十大报告提出："中国式现代化是人与自然和谐共生的现代化。"党的二十届三中全会提出："必须完善生态文明制度体系，协同推进降碳、减污、扩绿、增长，积极应对气候变化，加快完善落实绿水青山就是金山银山理念的体制机制。"党的二十大和二十届三中全会关于生态文明建设的重要部署，标志着我国生态文明建设跃升到新阶段。

积极稳妥推进碳达峰、碳中和将是今后很长一段时间我国生态文明建设的重心。随着碳达峰、碳中和相关工作被纳入生态文明建设整体布局，我国生态文明建设的重心也将随之转移。推进人与自然和谐共生的现代化，需要立足新发展阶段、贯彻新发展理念、构建新发展格局，完善生态文明基础体制、健全生态环境治理体系、创新绿色低碳发展机制，推动经济社会发展绿色化、低碳化。

生物多样性保护在生态文明建设中的地位日趋重要。生物多样性是实现地球健康、人类福祉和经济繁荣的基础，是地球生命共同体的血脉和根基。2021年，联合国《生物多样性公约》第十五次缔约方大会（COP15）第一阶段会议正式通过"昆明宣言"。2022年，联合国《生物多样性公约》第十五次缔约方大会（COP15）第二阶段会议正式通过"昆明-蒙特利尔全球生物多样性框架"。从"昆明宣言"到"昆明-蒙特利尔全球生物多样性框架"，生物多样性保护实现了从政治承诺到法律约束的关键转变，也在发展理念、法律效力和政策实施方面逐步深化。中国作为生物多样性资源大国，在此过程中不仅要始终坚持"绿水青山就是金山银山"的发展理念，还要通过国家公园体系的法律化和生态补偿机制的完善，着力提升保护措施的执行力和有效性。

推进生态文明建设需要协同推进碳达峰、碳中和目标实现与生物多样性保护。国际社会越来越清醒地认识到协同推进碳达峰、碳中和目标实现与生物多样性保护的必要性和紧迫性，并在国际议程中将其由两个相互独立的议题转变成两个相互关联、嵌套、协同的议题。协同推进碳达峰、碳中和目标实现与生物多样性保护，需要将二者同步纳入各类规划和战略，持续开展生态保护修复，创新政府主导、企业主体、社会参与、多元协同的治理机制等。

发展新质生产力是生态文明建设的应有之义。2023 年 9 月，习近平总书记在黑龙江考察调研期间首次提出“新质生产力”①；2024 年 1 月，习近平总书记在二十届中央政治局第十一次集体学习时首次提出“新质生产力本身就是绿色生产力”②。作为促进经济社会发展与生态环境保护相协调的生产力形态，新质生产力的核心在于实现经济发展的绿色化、低碳化和循环化。作为生态文明建设的关键一环，推动我国新质生产力的发展不仅是对新发展理念的深入实践，也是实现经济高质量发展的必由之路。

林业在我国生态文明建设的新征程中具有重要地位。森林生态系统是地球上最大的陆地生态系统，也是生物多样性最丰富的陆地生态系统，具有多种生态功能，是“水库、钱库、粮库、碳库”。通过“扩绿、兴绿、护绿”并举，科学推进大规模国土绿化、拓展绿水青山转化为金山银山的路径、加强林草资源保护等，能够有效提升我国森林生态系统的碳汇能力和生态系统服务功能，助力我国碳达峰、碳中和目标实现和生态多样性保护。同时，通过强化林业科技攻关、深化林业种业创新、优化林业科技装备、加快传统林

---

① 《习近平在黑龙江考察时强调：牢牢把握在国家发展大局中的战略定位　奋力开创黑龙江高质量发展新局面》，中国政府网，2023 年 9 月 8 日，https：//www. gov. cn/yaowen/liebiao/202309/content_ 6903032. htm。

② 《习近平：发展新质生产力是推动高质量发展的内在要求和重要着力点》，中国政府网，2024 年 5 月 31 日，https：//www. gov. cn/yaowen/liebiao/202405/content_ 6954761. htm。

业产业转型、深化集体林权制度改革、推进森林经营智能化等，能够有效推动林业新质生产力发展，助力绿色发展和生态环境治理。

作为新时代的南林人，面对我国生态文明建设的新阶段、新目标、新任务，我们需要着力开展有组织的科研攻关，建立跨学科、跨单位、跨地区的科研创新团队，实现强强联合、协同创新，共同攻克重大科学问题和关键技术难题，更需要激励更多青年才俊踔厉奋发，勇攀科学高峰，在“双碳”目标实现、生物多样性保护、新质生产力发展等生态文明建设重大议题上贡献“南林智慧”。

曹福亮

中国工程院院士

2024 年 12 月

摘　要

建设生态文明，关系国家未来，关系人民福祉，关系中华民族永续发展。党的十八大以来，以习近平同志为核心的党中央站在坚持和发展中国特色社会主义、实现中华民族伟大复兴中国梦的战略高度，将生态文明建设融入中国特色社会主义事业总体布局，以前所未有的力度推进生态文明建设。党的十九大之后，党中央更是将生态文明建设与党建、强军、经济发展、民生改善等并列为“十四个坚持”的重要内容，进一步提升其战略地位。与此同时，“生态文明建设”“绿色发展”“美丽中国”相继被写进党章和宪法，逐渐成为全党意志、国家意志和全民共同行动方针。党的二十大报告提出，“站在人与自然和谐共生的高度谋划发展”“加快发展方式绿色转型”“积极稳妥推进碳达峰碳中和”，为我国生态文明建设指明了前进方向、提供了战略指引。本书分为总报告、评价研究篇、绿色生产力篇、政策研究篇与实践案例篇五个部分，从多个角度对中国特色生态文明建设展开研究，以期为国家和地方推进生态文明建设、制定相关政策提供理论支撑和参考。

总报告主要从中国特色生态文明建设的进展、任务目标、总体布局、现实挑战、需要处理好的重大关系及前景展望等方面展开研究，提出推进中国特色生态文明建设的总体思路和对策建议。总报告回顾了近年来我国在污染防治、绿色低碳发展、生态保护修复、环境风险管控以及生态环境立法等方面取得的积极成效。同时，明确了我国生态文明建设任务目标，分析了我国生态文明建设总体布局，总结了当前面临的现实挑战，梳理了中国生态文明建设需要处理好的重大关系，并在此基础上对未来发展前景进行展望。

评价研究篇主要结合中国特色生态文明建设的“人与自然和谐共生的现代化”目标，从绿色发展和自然生态高质量两个结果维度，以及绿色生产、绿色生活、环境治理和生态保护四个路径维度，构建中国特色生态文明建设评价指标体系；并采用CRITIC和线性加权法对2011~2021年全国及各省（区、市）的特色生态文明建设水平进行时空动态评价分析。研究发现，中国特色生态文明综合指数持续上升，但各省（区、市）因其经济基础和生态环境等方面的异质性，特色生态文明综合指数差异显著；绿色发展指数和自然生态高质量指数稳定增长，部分路径指数有所波动，但各省（区、市）发展不均衡，部分指标仍存在明显短板。

绿色生产力篇主要分析以高水平保护支撑高质量发展的重要价值、突出问题与实践路径，并针对当前全球两大热点问题和生态难题“应对气候变化和保护生物多样性”进行了探讨，提出保护生物多样性与应对气候变化具有紧密的耦合关系，应充分发挥其协同效应。同时，相关专题报告还从理论与实践层面阐释“新质生产力本身就是绿色生产力”的理论逻辑，并从五个方面揭示其本质内涵，并提出实践路径；分析数字技术在环境监测、资源管理、能源优化等领域的应用情况，强调其在提高生态效率、减少资源消耗、改善环境质量等方面具有巨大的潜力，并指出当前数字技术应用于生态文明建设的瓶颈，探讨数字技术赋能生态文明建设的逻辑机理和实施路径。

政策研究篇重点研究全面推进美丽中国建设的法治保障体系，探讨现有法治体系在生态文明建设中的不足，分析生态文明语境下中国生物多样性保护法律体系的现状与面临的挑战，总结全球生物多样性保护的法律演进及启示，梳理中国生物多样性保护的法治实践，分析生态环境分区管控的现实样态、制度梗阻与完善路径。同时，对生态文明背景下国家公园的建制、国家公园立法中多元利益识别与衡平的建构路径、“以竹代塑”的市场前景与潜在问题，以及我国林草全面现代化建设取得的成就和面临的现实挑战进行分析，并提出相应的政策建议。

实践案例篇，主要通过大运河、长江国家文化公园建设的江苏实践，花园城市建设的首都实践以及农林高校开展生态文化育人的实践探索等具体案例，诠释中国特色生态文明建设的实践探索。实践表明，作为大运河文化与长江文化交汇的典型城市，常州正在从探源、构建、创新三个维度协同推进长江、大运河两大国家文化公园建设，为协同推进大运河、长江国家文化公园建设打造“江苏样本”。在首都花园城市建设实践中，北京把花园城市建设作为包括人、城、环境、服务、治理等在内的综合性系统工程，探索形成“示范先行、规划设计、标准指引、科技助力”的有效路径。同时，南京林业大学开展的生态文化育人实践表明，构建顶层设计、教学改革、平台搭建、队伍建设、环境营造“五位一体”的生态文化建设和育人体系，将生态文化融入人才培养全过程，形成独具特色的生态文化育人格局，取得显著的育人效果。

总体而言，本书围绕中国特色生态文明建设这一主题，对我国生态文明建设的发展现状、面临的挑战、战略方向、重点任务、政策布局等展开深入研究，并得出一些有价值的研究结论，力求为新时代推进生态文明建设提供政策参考。

关键词： 生态文明建设 生态文明指数 绿色生产力 新质生产力

目 录

I 总报告

II 评价研究篇

III 绿色生产力篇

Ⅳ　政策研究篇

Ⅴ　实践案例篇

皮书数据库阅读使用指南

总 报 告

G.1 中国特色生态文明建设分析及前景展望

赵茂程　蒋建清　张晓琴　高 强　杨博文*

摘　要： 中国特色生态文明建设需要依托明确的目标指引和方法路径，牢牢把握生态文明建设的重点任务及需要处理好的重大关系。近年来，我国在污染防治、绿色低碳发展、生态保护修复、环境风险管控以及生态环境立法等方面取得积极成效，并在推动减污降碳协同增效、贯彻落实《生态保护补偿条例》等方面取得重要进展。党的二十届三中全会对新时代新征程上深化生态文明体制改革做出重大部署，明确提出要加快经济社会发展全面绿色转型，健全生态环境治理体系。推进生态文明建设，应当统筹循环经济与生态

* 赵茂程，工学博士，教授，南京林业大学党委书记，主要研究方向为计算机视觉在农林工程中的应用等；蒋建清，工学博士，教授，南京林业大学中国特色生态文明建设与林业发展研究院首席专家，主要研究方向为高等教育、金属材料等；张晓琴，研究员，南京林业大学党委常委、副校长，主要研究方向为社会生态学、高等教育管理等；高强，管理学博士，教授，南京林业大学农村政策研究中心主任，主要研究方向为农林政策、乡村生态振兴等；杨博文，法学博士，南京农业大学人文与社会发展学院副教授，南京林业大学中国特色生态文明建设与林业发展研究院兼职研究员，主要研究方向为环境治理、生态文明建设等。

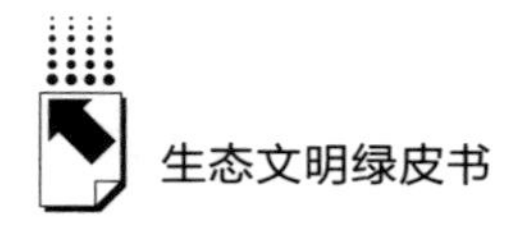

保护、污染攻坚与联动防治、生态恢复与损害修复、外部规制与内部激励等若干重大关系，妥善解决绿色转型成本过高、生态产品价值实现机制不健全等现实问题。我国应当坚持以国家“江河战略”推动生态环境协同治理，以新质生产力推动绿色经济发展与环境保护责任落实，健全生物多样性保护与气候变化应对协同治理体系等，推进“十五五”生态环境保护整体规划布局，为美丽中国建设奠定基础。

关键词： 生态文明　美丽中国建设　减污降碳

引　言

2023 年是全面贯彻落实党的二十大精神的开局之年。我国生态文明建设在污染防治、减污降碳、生态改善和资源开发利用等方面均实现既定目标，生态文明建设取得积极成效。党的二十届三中全会提出，“中国式现代化是人与自然和谐共生的现代化。必须完善生态文明制度体系，协同推进降碳、减污、扩绿、增长，积极应对气候变化，加快完善落实绿水青山就是金山银山理念的体制机制”，为进一步推进生态文明建设指明了方向。

首先，污染防治是生态环境质量提升的关键。我国在大气、水、土壤等重要生态要素的污染防治方面稳中求进，污染物排放总量得到有效管控，“三北”地区防沙治沙工程全面落地实施。全国范围内的 $PM_{2.5}$ 和 PM_{10} 浓度持续下降，多个城市的空气质量显著提升。全国多地已经开展大气污染防治与温室气体排放总量控制的协同治理。在水污染防治方面，生态环境监管部门通过加强对重点流域和水体的监测与治理，不断提升地表水的质量，许多河流和湖泊的水质得到明显改善。此外，我国还加大对地下水污染的防治力度，通过建立地下水污染防治体系，确保地下水资源的安全和可持续利用。在土壤污染防治方面，我国已启动第三次全国土壤普查工作，各地针对土壤污染的专项检查也在有序进行，重点治理农用地和建设用地的土壤污染，一些受污染的土壤得到及时修复和治理。在固体废物管控方面，我国加大对危险废物的监管和处置力度，确保危险废物得到安全和规范的处理。

其次，减污降碳是我国实现生态环境综合整治的重要抓手。自我国提出碳达峰、碳中和目标（以下简称“双碳”目标）以来，各地积极稳妥推进减污降碳的治理工作，促进绿色低碳转型发展。以“硬规制”和“软约束”相结合的方式实现减污降碳目标。一方面，从“硬规制”的角度严格监控各类污染物排放情况，要求市场主体根据《排污许可管理条例》规定，按照许可证载明内容进行排污，并做好建设项目的环境影响评价，建立污染物排放与温室气体排放协同治理的政策体系，进一步发挥现有环境政策合力。另一方面，从“软约束”的角度制定减污降碳的政府激励政策、市场激励政策和社会激励政策，全国各地陆续建起环境“四权”（排污权、水权、碳排放权和用能权）交易一体化机制，以市场化方式确保企业主动履行减污降碳的环境保护义务。同时，政府凭借环境综合行政指导、财政补贴等措施引导和鼓励企业承担环境保护责任，并以企业 ESG（Environmental，Social and Governance）规范等形式，评估其对环境产生的影响。

再次，生态环境改善是我国生态文明建设的最终目的。2023 年我国生态环境保护督察制度效果显著，相关部门针对违法违规排污、违规开采矿产等 25 个典型案例进行公开披露，彰显公众参与原则起到的重要作用。生态环境监管部门通过严守生态保护红线、维护综合生态系统服务的完整性和独特性，将自然文化遗产和生物多样性保护作为核心，充分发挥重要生态空间、自然保护地（区）以及濒危物种保护的协同效应。

最后，资源的合理开发和利用是可持续发展的关键要义。2023 年，燃煤发电已逐步减少，全国新能源、可再生能源的发电装机规模再创新高，已超过全球的 50%。同时，我国已明确提出逐渐将能耗总量和强度“双控”转变为碳排放总量和强度“双控”，这意味着新能源和原料用能将不再受限制，我国以更合理的方式提高了能耗管理的韧性。生态产品价值转化的进程逐步加快，各地已从多维度入手建立生态产品价值核算体系，畅通生态产品价值转化渠道，以生态富民的方式实现助农增收。我国在过去一年取得的生态文明建设成果为美丽中国蓝图的绘制奠定重要基础，并以具体行动将这一美丽愿景逐步转化为现实。

2023 年，在国际生态文明建设中我国贡献了智慧和成果。在人类命运共同体理念的指导下，我国坚持走“绿色经济复苏”的道路，以可持续发展原则和国际环境合作原则为基础，为国际环境保护贡献力量。在全球生物多样性保护方面，我国作为东道国成功举办《生物多样性公约》第十五次缔约方大会，推动达成“昆明-蒙特利尔全球生物多样性框架”，并向各国展示了青藏高原生物多样性保护的相关成果。我国还加强与共建“一带一路”国家的环保合作，通过绿色“一带一路”倡议，与共建国家合作推广绿色基础设施和可再生能源项目，促进区域可持续发展。在国际海洋环境保护方面，我国加强与国际组织和沿海国家的合作，积极参与海洋塑料污染治理和海洋生态系统保护，推动建立更加完善的国际海洋环境治理机制。

一　中国特色生态文明建设进展

（一）污染防治攻坚战取得新的成果

污染防治攻坚战取得的总体成果，体现了我国环境治理以预防为主的基本原则。我国在污染防治方面始终保持向好的态势，污染防治的阶段性成果不仅体现在生态环境质量的全面提高上，更体现在减污降碳协同治理机制完善、减排技术创新及治污政策严格执行等多方面。污染防治攻坚战以“人与自然和谐共生的现代化”和“美丽中国”建设的总体目标为核心，兼顾环境保护与经济高质量发展。在大气污染防治中，我国空气质量长期保持向好态势，成为污染防治攻坚战的重要亮点。全国地级及以上城市 $PM_{2.5}$平均浓度降至 30μg/m^3，远低于“十四五”规划设定的年度目标；空气质量达标城市数量显著增加，达到 203 个，占比为 59.9%，较 2019 年增加 46 个[①]，重要污染物平均浓度得到进一步控制。

这些成果均有赖于大气污染治理的持续深化，包括北方地区清洁取暖的稳步推进、重点行业超低排放改造的完成，以及挥发性有机物（VOCs）治理的显著加强。同时，区域联防联控机制的有效运行使得京津冀及周边地区、汾渭平原等重点区域空气质量得到显著提高。在水污染防治方面，全国地表水水质优良（Ⅰ～Ⅲ类）断面比例达到 89.4%，同比上升 1.5 个百分点，水质得到稳步提升。[②] 此外，近岸海域海水水质总体得到改善。水污染防治成果的取得有赖于我国“碧水保卫战”的深入推进，包括长江流域水生态考核试点的持续推进、城市黑臭水体整治行动的有效开展，以及饮用水安全保障水平的不断提升。在土壤污染防治方面，积极开展第三次全国土壤普查，加大土壤污染治理力度，土壤环境风险得到基本管控，土壤污染加重趋势得到初步遏制。我国通过实施 124 个土壤污染源头管控重大工程项目，完成 6400 余家土壤污染重点监管单位隐患排查“回头看”，土壤污染问题得到有效治理，农用地土壤环境状况总体稳定，受污染耕地安全利用率达到 91%以上，重点建设用地安全利用得到有效保障。[③] 这一系列措施的实施，不仅保障了粮食安全，也促进了土地资源的可持续利用。在噪声污染防治方面，2023 年全国城市噪声昼夜达标率保持上升态势（见图 1）。

---

① 《生态环境部：2023 年全国地级及以上城市 $PM_{2.5}$平均浓度较 2019 年下降 16.7%》，中国新闻网，2024 年 1 月 30 日，https://m.chinanews.com/wap/detail/chs/zw/10155465.shtml。

② 《2023 年全国空气和水环境质量完成年度目标》，中国政府网，2024 年 1 月 5 日，https://www.gov.cn/lianbo/bumen/202401/content_6928235.htm。

③ 《生态环境部部长黄润秋在 2024 年全国生态环境保护工作会议上的工作报告》，中国政府网，2024 年 3 月 8 日，https://www.gov.cn/lianbo/bumen/202403/content_6938128.htm。

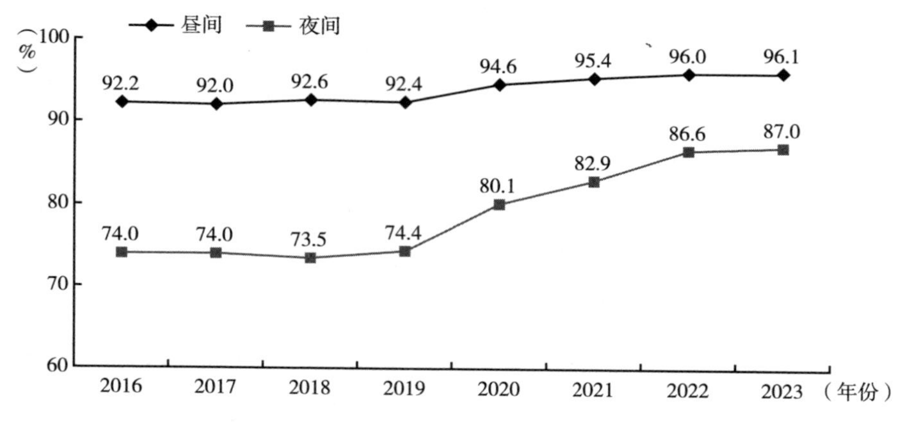

图 1　2016~2023 年全国城市噪声昼夜达标率

资料来源：《2023 中国生态环境状况公报》。

在污染防治攻坚战中，数字化技术创新发挥了关键作用。在 O_3 污染监测预警、来源解析、监管治理等方面取得了一系列创新性成果。同时，政府生态环境监管机构积极构建污染防治综合保障体系，加强生态保护修复和监管，为污染防治攻坚战提供了坚实的制度保障。污染防控攻坚战取得的新成果也是各地区各部门深入贯彻习近平生态文明思想、协同推进经济高质量发展和生态环境高水平保护的重要体现。

（二）绿色低碳发展拓展广度、保持力度

我国绿色低碳发展已经进入一个全新的阶段，展现出良好的发展态势。2023 年，我国绿色低碳发展拓展广度、保持力度，体现在能源结构调整、产业转型升级和减排技术创新等多个方面。

一是拓展广度。我国绿色低碳发展的理念已渗透社会经济的各个领域，形成全方位、多层次的绿色转型格局。一方面，清洁能源的快速发展成为显著标志。2023 年，水电、核电、风电、太阳能发电等清洁能源发电量持续攀升，较 2022 年增长 7.8%，这表明我国在能源结构优化方面取

得显著成效。[1] 国家大力推进风电和光伏发电规模化发展，多个大型风电和光伏发电基地相继建成并投入运营，极大地提升了清洁能源在能源结构中的比重。我国还加大对分布式能源系统的支持力度，鼓励地方政府和企业建设分布式光伏发电系统，推动能源生产和消费的分散化与多样化。另一方面，绿色低碳理念在产业、交通、建筑等多个领域得到深入实践。工业绿色发展规划的推进，使得绿色环保产业产值持续增长，预计到 2025 年将达到 11 万亿元。[2] 新能源汽车、绿色建筑等新兴产业的快速发展，不仅推动经济结构优化升级，也为实现“双碳”目标奠定坚实基础。在产业升级方面，钢铁、化工、水泥等高耗能、高排放行业通过技术改造和工艺优化，显著降低能源消耗和污染物排放。我国还加大对新能源汽车产业的支持力度，不断推动新能源汽车的研发、生产和推广应用。2023 年，我国新能源汽车的市场占有率进一步提升，充电基础设施建设也取得显著进展，为绿色出行提供有力保障。我国将大数据、人工智能等技术手段与绿色低碳发展现实诉求相融合，有效推动产业链上下游的协同减排。

二是保持力度。党的二十大报告和 2023 年中央经济工作会议均将绿色低碳发展作为重要议题，并明确了重点任务。一系列支持绿色发展的财税、金融、投资、价格政策和标准体系相继出台，为绿色低碳产业发展提供了强有力的政策保障。减排技术创新逐渐成为绿色低碳发展的关键驱动力。我国不断推动高效太阳能电池、可再生能源制氢、可控核聚变等低碳前沿技术的研发与应用。智能电网技术、新型储能技术等有望实现重大突破，为绿色低碳发展提供强有力的技术支撑。此外，生态环境监测体系、环境治理信息化平台等基础设施的建设与完善也为绿色低碳发展政策的精准实施提供了有力保障。从我国推动绿色低碳发展的战略布局来看，一方面，各地通过生态环境高水平保护支撑区域高质量发展。同时，各地扎实推进美丽河湖与海湾建

---

① 《中华人民共和国 2023 年国民经济和社会发展统计公报》，中国政府网，2024 年 2 月 29 日，https：//www. gov. cn/lianbo/bumen/202402/content_ 6934935. htm。

② 《“十四五”工业绿色发展规划》，中国政府网，2021 年 12 月 3 日，https：//www. gov. cn/zhengce/zhengceku/2021-12/03/5655701/files/4c8e11241e1046ee9159ab7dcad9ed44. pdf。

设等，实现城乡生态环境质量的全面提升。另一方面，各地通过推进绿色低碳与经济发展的深度融合，综合采取引导绿色消费、加快绿色产业发展、加强绿色基础设施建设等手段，推动生产生活方式的绿色转型。特别是在战略性新兴产业领域，新能源、新材料、高端装备等产业加速发展，为绿色低碳经济提供新的增长引擎。

（三）生态保护修复和监管持续加强

生态系统修复是维护自然环境完整性的关键和核心。我国已采取多项举措对生态系统服务开展本底调查，并评估受损害生态系统的情况，对可能造成损害的生态系统风险进行敏捷治理和监测预防。

从全国层面来看，我国已经对生态保护红线进行划定，生态保护红线面积合计约 319 万平方公里，其中陆域生态保护红线面积约 304 万平方公里（占我国陆域国土面积的比例超过 30%），海洋生态保护红线面积约 15 万平方公里。[①] 我国生态保护修复工作坚持“山水林田湖草沙”生命共同体理念，实施一系列科学规划与系统修复工程。我国通过深入开展生态系统本底调查与评估，科学划定生态保护红线，明确保护优先、自然恢复为主的总体方针。在重点生态功能区，如三江源、祁连山、秦岭等区域，实施更为严格的保护措施，通过退耕还林还草、湿地保护与恢复、生物多样性保护等，有效提升生态系统质量和稳定性。我国根据国土空间规划情况，对生态系统的分布情况进行合理规划，强化对自然资源的合理开发和利用。我国实施一系列重大生态修复工程，包括森林、草原、湿地和海洋生态系统的修复与保护等。生态环境监管部门、林草部门等通过制定退耕还林还草、退牧还草等政策，进一步恢复、增加森林和草原面积，提升生态系统的碳汇能力和生物多样性。在湿地保护方面，我国加大对重要湿地的保护力度，恢复多个湿地生态系统，增强湿地的生态功能和水质调节能力。在

① 《我国首部生态保护红线蓝皮书正式发布》，中国政府网，2023 年 8 月 16 日，https：//www. gov. cn/lianbo/bumen/202308/content_ 6898527. htm。

海洋生态保护方面，我国实施海洋生态修复工程，保护和恢复海洋生物栖息地，提升海洋生态系统的健康水平。我国对不同类型的生态环境资源开展具有针对性的修复工作，强化对生态资源修复效果的评估。同时，我国进一步加强对生态产品价值转化实现机制的探索，构建生态系统核算体系，并引导社会资本积极参与生态修复。

从地方层面来看，各地积极探索生态保护修复的新路径、新方法和新模式。多个地方政府结合本地资源禀赋和生态环境特点，制定地方性的生态保护规划和行动计划。地方政府通过实施一系列生态修复工程和环境治理项目，在改善生态环境、提升生态系统功能方面取得显著成效。各地根据生态环境部要求，积极开展“绿盾 2023”自然保护地监督检查工作，并针对生态状况的变化进行摸底调查。在生物多样性保护方面，各地通过修复和保护关键生态系统，恢复多个濒危物种的栖息地，提升生物多样性。同时，各地还强化生物多样性监测网络的建设，利用先进的技术手段对生物资源进行动态监测和评估。

（四）生态环境风险得到有效管控

我国全面深入地组织开展各类突发环境事件的风险隐患排查工作，覆盖工业、农业、交通、能源等多个领域。生态环境部门通过现场检查、数据分析与风险评估等方式，共识别出 10.65 万项潜在的环境风险隐患，通过实施严格的整改措施，目前已有约 95%的风险隐患得到有效解决。这些措施不仅提升了环境安全水平，还坚定了公众对环境保护工作的信心。在核与辐射安全方面，生态环境部门督促落实核与辐射安全隐患排查三年行动计划中的问题整治工作，通过系统性的隐患排查和整改，确保核设施和辐射环境的安全。同时，相关部门还持续监测我国管辖海域范围的海洋辐射环境，确保海洋生态系统的安全和健康。生态环境部门日常监管工作也在扎实推进，确保核电厂和研究堆的安全运行。2023 年，全国共有 55 台核电机组、18 座民用研究堆和 21 座民用核燃料循环

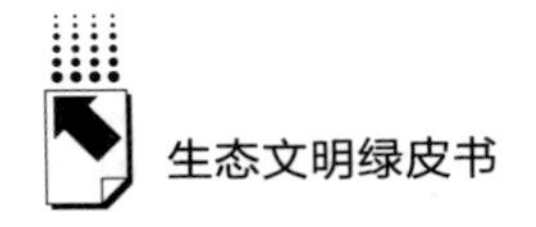

设施在安全运行中。[①] 在建的核电机组和研究堆的建造质量整体受控，确保了未来核设施的安全性。应急管理部门在危险化学品安全风险治理方面取得重要进展，通过采取一系列治理措施，提升危险化学品的管理水平，减少潜在的安全隐患。工业和信息化部门推动城镇人口密集区危险化学品生产企业的搬迁改造工作。截至 2023 年，已有 1151 家企业完成搬迁改造。[②] 这些措施有效落实了《中华人民共和国环境保护法》风险预防的基本原则，避免环境"邻避效应"等问题发生。

在外来物种入侵防护和生物安全管控方面，我国出台一系列政策，取得积极成效。我国继续加大对自然保护区、国家公园和生态红线区域的保护力度，实施一系列生物多样性保护项目。此外，我国还加强外来物种入侵口岸防控的监测网络建设，利用先进的技术手段对生物资源进行动态监测和评估。例如，利用遥感技术和无人机，对大面积生态区域进行实时监测，及时发现和应对生态环境的变化。全国海关严格进出境动植物检疫，严防外来物种入侵。2023 年，全国共检出检疫性有害生物 7.5 万种次，从进境寄递和旅客携带物品中查获外来物种 1186 种 3123 批次，其中"异宠"296 种 4.4 万只。[③] 此外，中华人民共和国海关总署还宣布在全国各口岸统一开展为期三年的严防外来物种入侵专项行动，并联合最高人民法院和最高人民检察院依法惩治非法引进外来入侵物种犯罪。公安部也开展"昆仑 2023"专项行动，进一步规范外来物种入侵的防控方式。同时，我国还建立生物多样性数据库，收集和整理大量的生物安全信息，为科学研究和政策制定提供重要的数据支持。

---

① 《2023 年度环境状况和环境保护目标完成情况的报告显示全国生态环境质量稳中改善》，中国人大网，2024 年 4 月 25 日，http://www.npc.gov.cn/c2/c30834/202404/t20240425_436761.html。

② 《2023 年度环境状况和环境保护目标完成情况的报告显示全国生态环境质量稳中改善》，中国人大网，2024 年 4 月 25 日，http://www.npc.gov.cn/c2/c30834/202404/t20240425_436761.html。

③ 《人民网：2023 年全国海关检出检疫性有害生物 7.5 万种次》，中华人民共和国宁波海关网站，2024 年 1 月 31 日，http://tianjin.customs.gov.cn/ningbo_customs/ztjj92/4339883/5661806/index.html。

（五）生态环境立法和督察执法不断强化

2023 年，生态环境立法工作取得显著进展，不仅体现在对现有法律法规的修订与完善上，更体现在对新领域、新问题的立法探索上。十四届全国人大常委会立法规划提出推进环境（生态环境）法典的编纂工作，这一举措代表着我国将对生态环境法律体系进行全面整合与提升。党的二十届三中全会通过的《中共中央关于进一步全面深化改革　推进中国式现代化的决定》提出编纂生态环境法典。生态环境法典的编纂，旨在以习近平生态文明思想为引领，构建一部具有中国特色、体现时代特点、反映人民意愿、系统规范协调的生态环境法律总纲。该项举措的意义不仅在于法律条文的汇编，更在于我国将通过法典的形式，实现生态环境法律关系的重大调整，为生态环境保护工作提供更为坚实的法治保障。我国还出台和修订了一系列重要的生态环境法律法规，例如，出台《中华人民共和国青藏高原生态保护法》，修订《中华人民共和国海洋环境保护法》等。这些法律法规的出台和修订，进一步完善了我国生态环境法律体系，提高了我国生态环境保护法律规范的整体性。同时，积极推进《碳排放权交易管理暂行条例》《消耗臭氧层物质管理条例》等行政法规的制定或修订，为应对气候变化、保护臭氧层等全球性环境问题治理提供有力的法律支持。与立法工作的强化相呼应，生态环境督察执法也呈现更加严格、规范的态势。2023 年，第二轮中央生态环境保护督察整改情况全部公开，这不仅提高了督察工作的透明度，也推动了督察成果的有效转化。

生态环境部持续深化生态环境保护综合行政执法改革，会同公安部、最高人民检察院等部门开展一系列专项行动，严厉打击危险废物环境违法犯罪、重点排污单位自动监测数据弄虚作假等违法行为（见表 1）。同时，生态环境部门不断加强排污许可执法监管，将大量固定污染源纳入排污许可管理范围，实现对污染源的精细化管理。这些措施的实施，有效提升了生态环境执法的权威性和有效性，为提高生态环境质量提供了有力保障。

表1　2023年全国生态环境执法与司法情况

执法与司法类型	具体数量
环境行政处罚决定书	7.96万份
罚没款金额	62.7亿元
立案侦办破坏环境资源保护刑事案件	6.6万起
破坏环境资源类犯罪案件提起公诉	2.1万件
立案办理生态环境和资源保护领域公益诉讼案件	8.4万件

资料来源：《国务院关于2023年度环境状况和环境保护目标完成情况的报告——2024年4月23日在第十四届全国人民代表大会常务委员会第九次会议上》，中国人大网，2024年4月24日，http：//www.npc.gov.cn/c2/c30834/202404/t20240424_436701.html。

二　中国特色生态文明建设任务目标与总体布局

（一）中国特色生态文明建设任务目标

1. 推动绿色新质生产力发展

新质生产力本身也是绿色生产力。作为生态文明建设的关键一环，推动我国新质生产力发展，不仅是对新发展理念的深入实践，也是实现经济高质量发展的必由之路。绿色新质生产力，即以“绿水青山就是金山银山”的生态文明理念为引领，通过绿色和低碳技术创新、能源产业升级和制度优化，促进经济社会发展与生态环境保护相协调，其核心在于实现经济活动的绿色化、低碳化和循环化。传统的高能耗、高排放、低效益的生产方式已难以为继，必须加快转变经济发展方式，推动生产力向绿色和低碳化方向转型。这一转型不仅关乎生态环境的持续改善，更是经济结构优化升级、国际竞争力提升的内在要求。我国将通过发展绿色新质生产力，构建绿色低碳循环发展的经济体系。绿色、低碳高质量发展已经融入我国经济社会发展全过程、各领域，绿色低碳发展与生产力创新有着不可分割的一致性，两者相互促进、相辅相成。我国在不断加强绿色低碳技术创新的基础上，引领社会绿色低碳转型，完善企业绿色低碳供应链体系。我国已经明确提出推动能耗“双控”向碳排放“双控”转变，形成减污降碳的全新模式，这些均为绿色新质生产力的发展提供有力支撑。产业是绿色新质生产力发展的主战场。我国已对落后产能进行淘汰和革新，推进供给侧结构性改革，大力培育绿色低碳的新兴产业和未来产业。一方面，企业通过技术改造和设备更新，推动钢铁、化工等传统产业实现节能减排和清洁生产；另一方面，政府部门鼓励加快发展新能源、新材料、节能环保等战略性新兴产业，以此构建高效生态绿色产业集群。以发展新质生产力促进产业升级和结构优化，不仅提高了经济发展的质量和效益，还显著增强了区域环境的承载能力。

推动经济从高投入、高消耗、高污染的“三高”传统模式向绿色、低碳、可持续的现代模式转变。这一目标不仅要求在生产过程中减少能源消耗和污染物排放，还强调在产品设计、生产、流通、消费和废弃物处理等各个环节全面实现绿色低碳转型。2023 年，国家加大对绿色技术研发的投入力度，设立多个专项基金，支持控排企业、高校和科研院所开展绿色技术创新。例如，在新能源领域，我国加快太阳能、风能和生物质能等可再生能源技术的研发与推广，显著提高可再生能源在能源结构中的比重，通过技术改造和设备更新，大幅降低能源消耗和污染物排放。同时，我国还大力发展绿色新兴产业，如新能源汽车、绿色建筑、环保装备制造等，为经济增长注入新的活力。很多企业通过推广节能技术和清洁生产工艺，推动单位 GDP 能耗和污染物排放量大幅下降，资源利用效率显著提升。

2. 建立新污染物防控机制

较传统污染物而言，新污染物更加不易被识别，同时危害的影响时间较长且不可逆，近年来新污染物导致的环境问题与健康风险日益凸显。内分泌干扰物、微塑料等新污染物长期被忽视，由于其产生的环境问题和健康风险尚未得到科学界定，因而对其治理的难度较大。党的二十大报告明确提出“开展新污染物治理”，将新污染物防控提升至国家战略高度。《新污染物治理行动方案》就是为加强新污染物治理、保障生态环境安全和维护人民健康而制定的。此外，我国也将在编纂生态环境法典时，把新污染物防治纳入污染控制编的调整范围，以此加强对新污染物生产、使用和排放的监管。这些措施旨在通过法律手段控制新污染物的产生和传播，从而保护环境和公众健康。

构建新污染物防控机制需遵循全生命周期环境风险管理理念，从入口预防、过程控制到后端治理，形成全方位、多层次的防控体系。从新污染物形成的前端管控来看，我国已针对新污染物进行精准识别与清单管理。生态环境部会同相关部门发布的《重点管控新污染物清单（2023 年版）》，明确当前需要重点管控的 14 种新污染物，包括持久性有机污染物、内分泌干扰物、抗生素及已淘汰的持久性有机污染物等。这一清单的发布，为新污染物防控提供了明确的指引，有利于针对新污染物形成和扩散实施分类治理和全过程科学风险管控。我国也在不断强化新污染物的源头管控与准入管理。此外，我国还制定了对新污染物的影响评价制度，防止有新污染物的建设项目投产，对新污染物的产生和排放进行监管。以《新化学物质环境管理登记办法》为重要依据，相关部门对新污染物的产生进行登记，强化新污染物防控过程中的主体责任。同时，我国还将在编纂生态环境法典时纳入禁止、限制新污染物的生产、加工使用和进出口等相关内容。从新污染物形成的过程端管控来看，为从源头减少新污染物的使用，政府部门修订《产业结构调整指导目录》，加强对可能产生新污染物的工业化学品的管控，防治其可能产生的环境健康风险。从新污染物形成的后端管控来看，生态环境部门建立新污染物的监测评估与信息公开体系。根据现有污染物监测网络，在重点区域、行业和示范园区开展新污染物环境调查监测试点，逐步建立新污染物环境评估体系。不断创新新污染物环境监测大数据技术，确保监测数据的科学性和准确性。我国不断加强信息公开和公众参与，提高新污染物防控的社会认知度和参与度。从新污染物防治的政策支持情况来看，我国已大力推动新污染物检测和治理技术的研发与应用。2023 年，国家设立多项新污染物防治专项科研基金，支持高校、科研机构和企业开展新污染物检测与治理技术研究。例如，针对持久性有机污染物、内分泌干扰物等新污染物开展研究，以创新性的防治技术提高这些污染物的检测精度和效率，也为新污染物治理提供有力的技术支撑。

3. 维护生态环境安全

生态环境安全是国家安全的重要组成部分。我国不断加大对自然保护区、自然保护地的保护力度，并对生态保护红线范围内的自然资源环境进行风险排查。自然保护地体系建设以国家公园为重要载体，充分发挥其辐射带动作用，取得了较为明显的成效。生态保护红线的划定对我国生态系统起到重要的保护作用。我国结合不同要素资源环境特征，采取有针对性的保护措施。例如，针对自然景观生态系统、生物多样性系统等均制定了具有特色的保护模式，还对生态廊道等带状生态资源环境进行合理规划，拓展对自然资源丰富区域的保护广度和深度。结合地方特点，我国在青藏高原、长江、黄河等重点流域以及海岸带等重点生态保护区，采取有关自然保护地水源涵养、生物多样性维护的措施。我国不断完善和健全生态环境风险监测预警和应急响应机制，并逐步加强对生态环境风险的识别、评估、预警和处置。同时，我国还将加强生态环境领域的安全生产监管，防范和化解生态环境领域的安全风险隐患。

外来物种入侵将导致本土物种的生存环境受到严重影响，甚至引发生态失衡。为防止外来物种入侵给农业安全、生物安全带来威胁，我国制定《重点管理外来入侵物种名录》，进一步细化了管理措施，明确了重点防控对象和具体要求。外来物种监测预警机制的建立与完善使我国能够及时发现并跟踪外来物种的动态变化，为制定精准防控策略提供数据支持。生态环境监管部门通过建立监测网络，及时发现和报告外来物种的入侵情况，并采取防控灭除措施，遏制外来物种的扩散蔓延。“口岸防控”是外来物种防控的重要环节。我国在各大口岸加强对动植物的检疫检查，严防境外动植物疫情疫病和外来物种的传入。我国通过采取严格的检疫措施，阻止大量潜在的外来物种入侵，保护生态环境安全。《中华人民共和国生物安全法》和《外来入侵物种管理办法》的施行，为我国外来物种入侵防控工作提供了法律支撑，使我国在外来物种入口管控、风险评测以及后端防控等方面形成全生命周期的防控体系。生态环境监管部门凭借监测预警等手段将潜在的生物安全威胁遏制在初始阶段，并采取有效的治理措施，确保重要生态系统、生物物种和生物遗传资源得到全面保护。

4. 加强核与辐射安全监管

核安全技术和设备的先进性及管理的严密性，是我国维护核与辐射安全的必要条件。然而，真正实现全面的核安全，还需要不断完善配套措施。2023 年，我国已在区域核与辐射应急方面形成较为成熟的监管机制。高温气冷堆核电站示范工程作为我国核安全科技创新的重大项目投产运用。同时，国家核安全局制定了国内第一个核电站废旧金属熔炼运行许可规则，对人工核素污染废旧金属再利用行业存在的缺陷进行弥补。我国在核与辐射安全专项行动计划中，全面提升监管水平和强度。

国家核安全监管机构通过提升相关方面对核安全的科学认知，确保决策的科学性和准确性。在维护核与辐射安全的进程中，我国不断提升核安全科学决策支持的精准性，确保核安全政策制定的科学性。规范核信息的传播也是保障核安全的关键。核信息披露是核电行业和相关监管机构向公众和利益相关者公开核设施运营、核安全管理、环境影响等信息的过程。规范核信息披露，提高其透明度，可以增强公众对核电安全的信任，加强社会监督。披露内容通常包括核电站运行状况、核安全事件及其处理情况、环境监测数据、应急准备和响应措施等。核信息披露不仅有助于增强核电企业的社会责任感，还能推动行业的持续改进和高质量发展。政府和企业需建立完善的信息披露机制，确保信息及时、准确、全面。政府部门通过及时、准确地向社会公众传递核安全信息，可以有效减少恐慌和误解，增强社会公众对核安全的信心。同时，建立舆情应对机制，有助于在面对突发事件时迅速、准确地回应公众关切，防止谣言和错误信息的传播。我国将严格按照核安全标准对核设施进行监管，确保核设施在设计、建造、运行和退役等各个阶段都符合安全要求，并加强对核设施的定期检查和评估工作，及时发现并消除安全隐患。我国还将加强核与辐射安全监测网络建设，实现对核设施、核材料以及废物的全方位、全过程、全时段监测。我国不断开发和应用先进的核安全监测设备，建立实时监测系统，以便及时发现和预警潜在的安全隐患。此外，利用大数据和人工智能技术，对核设施的运行数据进行分析和预测，提高核安全管理的智能化水平。核安全配套支持政策措施的综合实施，有助于全面提升我国核安全水平，确保核电事业在安全、可控的轨道上稳步前进。对核安全的监管需要落实主体责任，针对核辐射环境影响评估以及核材料运输等，进行严格的监督和管理，以最严格的标准保障我国核与辐射安全。

5. 健全中国式现代化环境治理体系

人与自然和谐共生是现代化环境治理的核心。党的二十届三中全会进一步明确加快构建中国式现代化环境治理体系，不断完善环境治理的制度体系，这也是推动经济社会绿色低碳转型的关键举措。在健全中国式现代化环境治理体系的过程中，不仅要在“绿水青山就是金山银山”的理念下达成广泛共识，而且要从生态文明法治建设、绿色低碳发展市场机制、减排技术革新以及环境污染治理监测预警、国际合作等多个维度综合施策，构建一套体现环境完整性，并实现经济社会与环境治理协同共治的新模式。我国在编纂生态环境法典时，要进一步强调统筹污染防治、自然资源保护和绿色低碳发展。从污染防治的角度引导企业自主履行环境保护义务，实现对企业排污行为的精细化、动态化监管。要利用市场机制激励企业减排，促进环境资源要素优化配置，不断完善促进绿色经济发展的政策体系，通过制定绿色金融和气候金融政策措施鼓励企业通过市场化方式减排，引导社会资本投向绿色产业，以更好地将可持续金融理念注入实体产业。生态系统价值核算标准制定也是中国式现代化环境治理体系的一部分，其重要任务是探索实现生态产品价值化的路径。与此同时，深化环境信息依法披露制度改革，要保障公众的环境知情权、参与权和监督权，加快构建环保信用监管体系，利用信用手段增强企业环保意识。

建立现代化生态环境监测体系是提升环境治理效能的关键。建立减污降碳的协同监测一体化平台，有助于精准掌握污染物与温室气体排放等具体状况，为科学治污和精准减排提供数据支撑。同时，我国将继续提升生态质量监测水平，实现对不同类型生态环境要素的全时段、多行业评估和监测，及时发现并解决潜在的环境风险问题。治污和减排技术创新是我国生态文明建设的重要驱动力。大力推进生态环境领域科技创新，集中攻克一批与环境治理相关的关键核心技术，开展长江生态环境保护修复、黄河流域保护修复等联合研究，形成一批可复制、可推广的治理模式和经验。我国减污降碳还需要以先进技术为引领，加强碳捕获与封存等技术的开发和利用，并对可能产生的环境风险进行评估。此外，政府部门还通过实施重要的生态环境保护工程，不断加强生态环境基础设施建设，为改善生态系统服务功能、保护生物多样性等奠定了物质基础。这些工程包括但不限于水污染防治、土壤修复、生态屏障构建等，旨在从根本上解决环境问题，提升生态系统质量和稳定性。

（二）中国特色生态文明建设总体布局

1. 推动减污降碳协同增效

污染物排放和温室气体排放协同管控是我国环境综合治理的重要举措，同时也是新时代中国特色社会主义生态文明建设的关键任务之一。减污降碳的首要目的是在处理环境问题上，打破条块分割的治理格局。由于生态系统是一个综合的“连通器”，因而在控制污染物的同时要兼顾温室气体总量控制要求，只有这样才能实现减污降碳的目标。从部门职能来看，应当建立互联互通的监管机制，将污染物排放与温室气体排放一同推进。我国一直在不断优化两种排放源的协同管控手段，确保温室气体总量控制政策和能耗利用政策能够产生合力，进而共同服务我国“双碳”目标的实现。在解决污染物排放问题和实现温室气体排放总量控制的同时，应当重点关注基于自然的解决方法，创新市场激励机制和碳汇补偿机制等，探索多元化减污降碳治理机制和模式。我国已于2022年制定《减污降碳协同增效实施方案》（以下简称《方案》），强调源头防控和治理重点领域问题的重要性。《方案》提出要将“双碳”目标纳入“三线一单”控制范围。减污降碳的关键之一是对产业集群进行调整，通过制定产业调整政策、规划政策等实现对落后产能的淘汰，我国非化石能源发电装机量在稳步提升（见图2），未来应当进一步加大政策支持力度，增加对非化石能源的使用。

政府在推进减污降碳协同增效的过程中还应当充分运用市场手段，构

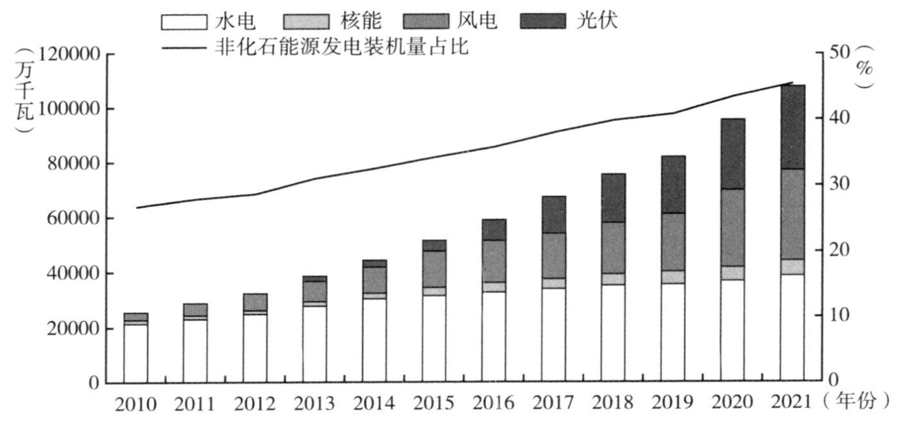

图 2　2010~2021 年我国非化石能源发电装机量及其占比

资料来源：《中国落实国家自主贡献目标进展报告（2022）》。

建环境“四权”（排污权、水权、碳排放权和用能权）交易一体化机制，促进环境资产的有形化、标的化，使控排企业能够通过市场对多种环境权益进行交易，进而实现减排目标，同时获得经济效益。对中小企业而言，可以通过环境资产管理实现融资目的。依靠市场化机制减污降碳，进一步增强企业履行环境保护责任的动力，从“被动控排”变为“主动履约”。为实现减污降碳目标，政府部门应倡导社会公众低碳出行、低碳消费。我国已发布有关碳足迹认证的规范体系，将进一步引导社会公众关注消费产品的碳标签和碳足迹。我国低碳城市试点工作已取得初步进展，今后为提升减污降碳效能，可以在各地设置减污降碳示范区，对不同地区城市的减污降碳经验进行总结，发挥减污降碳示范区的示范效应，带动全国各地实现减污降碳目标。

2. 贯彻落实《生态保护补偿条例》

我国《生态保护补偿条例》的出台，是党中央、国务院在深刻把握生态文明建设规律的基础上，做出的重大决策部署。该条例旨在通过横向补偿、纵向补偿和市场补偿等多种机制，激发和调动多元主体参与生态保护的积极性，推动生态文明建设向纵深发展。生态补偿是我国生态文明建设的关

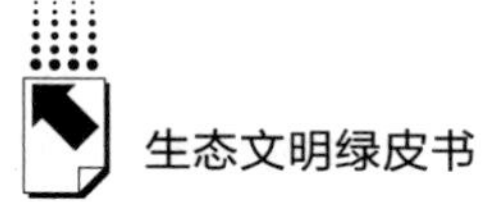

键一环。我国不断探索构建稳定的资金投入机制，确保各项补偿措施落到实处。《生态保护补偿条例》明确以财政转移支付、生态产品营销、生态资产交易等多种方式，对在生态保护中做出贡献的单位和个人给予合理补偿，有效激发多元社会主体参与生态保护的动力。《生态保护补偿条例》的实施为生态保护提供了法律保障。该条例明确了生态保护补偿的基本原则、补偿范围和方式，规定了各级政府、企业和社会组织在生态保护中的责任与义务。这一法律框架的建立，促使各级政府在生态保护中承担起更多的责任，确保生态保护工作有章可循。该条例规定有关部门要为生态环境的修复和保护提供资金支持，激励地方政府和企业积极参与生态治理，形成保护与发展的良性循环。2023 年，全国各地落实生态保护补偿具体要求，积极探索生态保护补偿的新模式、新路径。从整体布局来看，我国应当根据重要生态屏障分布情况，在生态保护补偿方面建立健全生态补偿制度体系，这不仅可以提高生态公益林、湿地、耕地等关键生态要素的补偿标准，而且能够完善地区间横向生态保护补偿机制，推动跨流域、跨区域生态环境协同治理。该条例鼓励地方政府通过财政资金、税收优惠等多种方式，对积极参与生态保护的企业和个人进行补偿，从而激励更多的社会力量参与生态保护。这种机制不仅有助于增强公众的环保意识，而且有助于推动绿色经济发展，使生态保护与经济增长相辅相成。

我国将加大社会资本介入生态补偿的力度，提高补偿基础标准，丰富和扩大生态保护补偿类型和范围。地方政府可以通过与企业合作，推动生态保护与产业发展相结合。在这一过程中，生态保护不仅成为政府的职责，也成为企业和社会组织的共同使命，全社会共同参与生态文明建设的良好格局初步形成。与此同时，我国不断发挥市场机制在生态保护补偿中的作用，健全生态产品价值实现机制。同时，我国还将加强生态保护补偿的监管和评估工作，确保各项补偿措施落到实处、取得实效。这一要求促使地方政府更加重视生态环境的监测和数据收集，为政策的调整和优化提供科学依据。生态环境监管部门通过定期评估生态保护的成效，可以及时发现问题并采取相应措施，提高生态保护补偿机制的有效性和可持续性。

3. 构建流域系统保护与治理机制

流域系统保护与治理作为生态文明建设的重要组成部分，其质量提升直接关系区域乃至全国的生态安全。因此，构建流域系统保护与治理机制，不仅对生物多样性保护具有重要意义，更是健全“河湖长制”等跨行政区划流域治理制度体系的必然要求。2023 年，我国通过采取一系列创新举措，初步构建起以流域为单元，统筹上下游、左右岸、干支流，协同推进水资源管理、水污染防治、水生态保护和水灾害防治的流域系统保护与治理新格局。

为强化流域系统的跨区域保护与治理，继《中华人民共和国长江保护法》出台后，我国又制定《中华人民共和国黄河保护法》，这不仅是对黄河这一重要流域资源的特殊保护，也为其他流域的法律制定树立了标杆。该法明确了流域生态保护的基本原则、目标和措施，建立跨部门、跨区域的协调机制，为黄河流域的系统治理提供法律依据。同时，我国其他流域的立法工作也在加快推进，将逐步构建起覆盖全国的流域生态保护法律体系。各地通过采取财政投入、PPP（公私合营）、水权市场交易等多种手段，激励和引导社会资本参与流域治理项目。我国通过加强对流域内生态环境的监测与评估工作，并利用大数据监测等数字技术，实现对流域生态环境的全面、精准、动态管理。各地还通过建立流域生态监测网络，实时掌握流域内的生态环境变化情况，及时发现流域生态违法犯罪行为。同时，科学的评估与信息披露能够为流域生态环境协同治理提供数据支撑，不仅可以提高流域治理效率，也有助于增强公众对流域保护工作的信任与支持。2023 年，我国不同流域的水质量得到明显提高（见图 3）。

在流域治理方面，各地通过加强水源涵养、水土保持、防洪减灾等工程建设，有效提高不同类型流域的生态环境质量。同时，我国还重视发挥流域内各地区的比较优势，推动形成优势互补、协同发展的流域经济体系。从整体出发，我国正在加紧制定综合性治理方案，推动水资源的合理配置和生态环境的全面修复。我国应当根据《“十四五”重点流域水环境综合治理规划》，进一步加强生态空间规划，整治环湖开发违法建设项目，遏制无序造

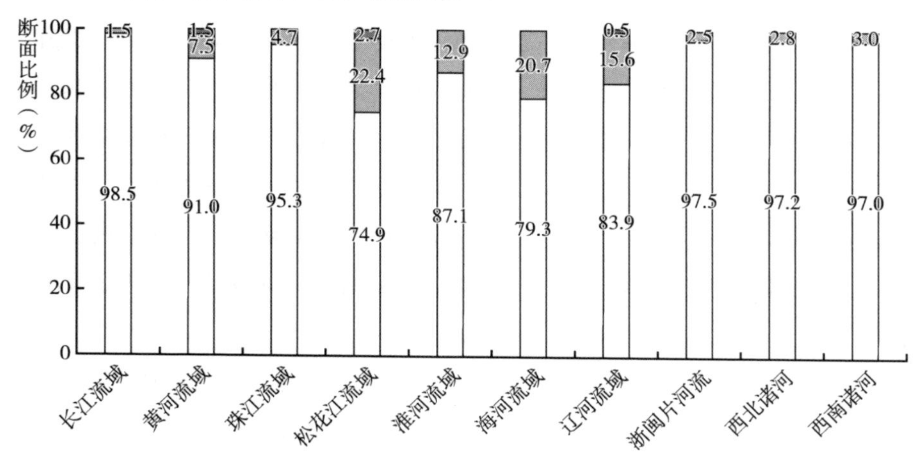

图3　2023年七大流域及其他主要河流水质情况

资料来源：《2023中国生态环境状况公报》。

湖，加速构建流域与其他生态系统的综合管控体系。生态环境监管部门应当管控入湖污染，促进水资源高效利用，并与水权市场交易形成耦合的治理效果。各地通过不断完善河湖长制，建立流域综合治理监管评价机制，以此保障我国流域治理的整体性、科学性和共通性。

4. 建立以国家公园为主体的自然保护地体系

建立以国家公园为主体的自然保护地体系是生态文明建设核心内容之一。自然保护地是具有特殊生态系统服务功能的环境资源，能够发挥生态涵养、景观服务和维护生物多样性等多重作用。我国已建立起数量众多、类型丰富、功能多样的各级各类自然保护地，为生态安全筑起坚实屏障。遵循生态环境整体性理念，我国应当在生态文明整体布局下建立更加系统和科学的自然保护地体系。以国家公园为主体的自然保护地体系不仅是对自然保护地管理体制的延伸，也是在生态保护红线的基础上，维护生态系统服务功能的重要支撑。国家公园不仅是资源最丰富的生态景观，而且是维护国家生态安全的关键区域。我国应当针对自然保护地进行科学合理的筹划，明确国家公园及各类自然保护地的总体布局和发展规划，包括青藏高原的三江源、羌塘，黄河流域、长江流域的重要生态区域，以及东北虎、大熊猫等珍稀物种的栖息地。我国 49 个国家公园候选区（见图 4）充分考虑了生态重要性、国家代表性和管理可行性，确保每一个重要的生态区域都能采取最适宜的保护方式。

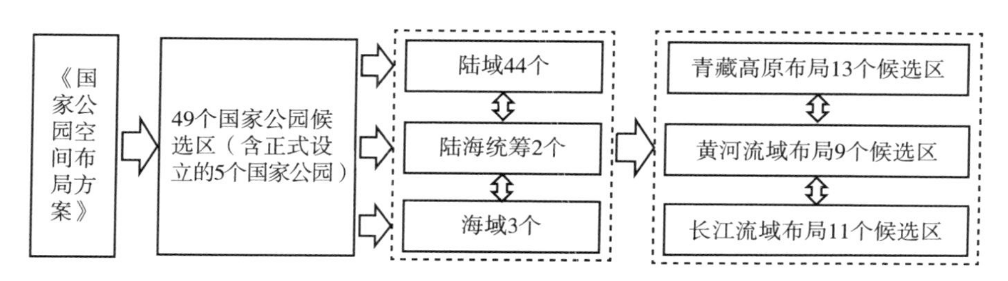

图 4　我国 49 个国家公园候选区及其分布框架

资料来源：《国家公园空间布局方案》。

在制度层面，国家公园法被列入立法工作计划，标志着国家公园的法治化进程正在加速推进。同时，全国各地启动自然保护地规划调整工作，有效纾解以国家公园为代表的自然保护地建设面临的重大困境，健全自然保护地管理体制，确保国家公园能够得到有效管理和保护。以往的生态保护过于依赖政府的单方面管理，缺乏公众的参与和社会力量的支持。而国家公园的管理模式强调多方参与，包括地方政府、企业、社会公众和非政府组织等多种主体的协同合作。这种多元化的国家公园保护结构不仅提高了监管的透明度和社会公众的参与度，也使得生态保护的措施更加符合地方实际，能够增强以国家公园法为基础的自然保护地治理体系的可操作性和有效性。政府部门通过特许经营、志愿服务、设立生态管护公益性岗位等多种形式，鼓励社会公众和原住居民参与国家公园的保护建设管理，这不仅能够增强社会公众对国家公园等自然保护地的认识，也能够为国家公园生态系统服务功能的提升注入新的活力。以国家公园为基础的自然保护地体系的建立不仅是对生态环境资源的保护、修复，更是对生态文化遗产和生态文明的传承。国家公园不仅拥有独特的自然景观，还承载着丰富的文化历史和民族传统。在国家公园的管理中，保护和传承地方历史文化与保护生态环境同样重要。

5. 为全球气候治理贡献中国力量

我国是《巴黎协定》的重要缔约国之一。作为负责任的发展中大国，我国在全球气候治理中一直向国际社会展现独特的生态文明理念。2023 年，在《联合国气候变化框架公约》第二十八次缔约方大会（COP28）中，我国向国际社会展示了自身在节能减排、国际气候合作、推动绿色低碳转型方面的经验成果，为全球减缓和适应气候变化提供可持续的解决方案。2023 年，我国继续坚持减缓与适应气候变化并重的发展模式，推动新能源、可再生能源的转型升级。我国明确提出要加快实现“双碳”目标，并在碳捕获与封存等减排技术方面取得突破，有效推动碳排放的“双控”转型。这一系列政策不仅为我国有序实现《巴黎协定》国家自主贡献目标奠定了基础，也为国际社会树立了减缓和适应气候变化的典范。我国始终积极参与全球气候谈判，并维护发展中国家的发展权和合法利益诉求，倡导“真正的多边合作”，摒弃“有选择的多边合作”。2023 年，我国在联合国气候变化大会等国际平台上，贯彻落实《全球发展倡议》，强调各国应在《巴黎协定》提出的“CBDR 原则”基础上强化互信合作，共同减少气候变化带来的损失与损害。目前，世界各国已进入绿色经济复苏阶段，我国积极推动南南合作，向发展中国家分享低碳减排技术和经验，帮助其他国家提升减缓和适应气候变化的能力，为受气候变化影响较大的发展中国家提供物料和资金方面的支持。

我国成为世界上最大的可再生能源投资国和生产国。在减排技术创新和产业升级的基础上，我国低碳相关技术也逐步走向国际市场。低碳减排技术创新不仅有助于全球减排目标的实现，也有助于加速绿色经济复苏进程。在适应气候变化方面，我国不断推动以碳汇等“基于自然的解决方案”实现减排目标，采取规模化造林、草原增汇等措施，有效提升生态系统碳汇能力。同时，我国强化对重要生态系统的保护和修复，提高环境完整性，特别是在应对土地退化和生物多样性丧失方面，展现我国在适应气候变化方面做出的积极努力。我国积极参与全球气候金融市场，提出要进一步加强气候金融政策的制定和实施，加大对减缓和适应气候变化项目的投资力度，推动资本向低碳产业倾斜。在全球气候治理框架下，我国倡导构建公平合理、具有气候正义导向的减缓和适应气候变化制度体系，推动各国在应对气候变化方面加强合作。

三　中国特色生态文明建设面临的现实挑战

（一）绿色转型成本过高制约地方绿色转型

我国在生态文明建设中取得丰硕成果，但在绿色低碳转型过程中仍存在一些问题，如控排企业由于在减排技术研发、环境污染处理设施等方面投入成本过高等，绿色转型动力不足。控排企业和重点排放单位在绿色低碳转型过程中面临减排技术革新、能源产业结构调整以及资金投入等多个方面的挑战。对企业而言，成本收益仍然是最重要的考量因素。传统的高投入、高消耗、高污染“三高”产业向绿色低碳转型，往往需要企业投入大量资金，以实现技术升级、设备更新和环保设施建设。这些投入在短期内难以直接转化为经济效益，甚至可能导致企业运营成本上升，削弱其市场竞争力，从而抑制企业主动转型的积极性。尤其是对中小企业而言，资金压力更大。地方政府在推进绿色项目时需要投入大量资金，这些资金将用于基础设施建设、技术研发和生态修复等方面。例如，发展可再生能源、改造传统产业、提升公共交通系统等，都需要大量资金支持。然而，许多地方政府面临财政压力，尤其是在经济下行压力加大的情况下，地方财政收入增长乏力，难以承担较高的转型成本。与此同时，地方政府需要在短期内实现经济增长与社会稳定，这使得它们在资源配置上更倾向于选择回报周期较短的传统项目，而不愿意发展依靠长期投入的绿色项目。从控排企业和重点排放单位的绿色低碳转型来看，化石燃料依赖型传统企业将面临淘汰或重组。

控排企业和重点排放单位的绿色转型核心在于减排和节能技术创新，而减排和节能技术创新本身就是一个高风险、高投入、长周期的过程。我国虽然在新能源、节能环保等领域取得了一定的成果，但整体上看绿色技术的自主研发能力仍待加强，关键技术和核心设备对创新能力的要求较高。同时，减排和节能技术的商业化应用面临市场接受度、成本效益比等多重因素考验，这进一步加大了绿色转型的难度。绿色转型的技术壁垒也是造成地方政府动力不足的重要原因。虽然国家层面已经制定了一系列政策和标准推动绿色技术的研发与应用，但是由于研发成本和人力资本过高，许多地方控排企业和重点排放单位在推进绿色转型时，面临技术不成熟、应用难度大等问题，绿色低碳转型项目实施的风险增加，进而降低了地方政府的积极性。市场化和商业化机制的不完善也是导致地方绿色转型动力不足的一个重要原因。虽然国家已经出台一系列政策鼓励绿色投资和消费，但在实践中绿色产品和服务的市场需求仍然较低，价格竞争力较弱。各地在推动绿色转型时，难以得到足够的市场支持，导致投资回报率不高。此外，绿色转型过程中可能市场环境会发生变化，这使得地方政府决策更加谨慎，进而影响地方政府对绿色项目的投入。地方政府在绿色转型过程中还面临来自社会各界的压力和期望。公众对环境保护和可持续发展的关注度日益提升，地方政府需要在满足公众期望与实现经济增长之间找到平衡。然而，绿色转型一般需要较长时间才能实现，这与公众对短期经济利益的追求形成矛盾。地方政府在面对社会舆论时，可能会选择更加保守的做法，从而影响其在绿色转型上的决策和行动。

（二）生态环境服务功能损失的司法认定困难

生态环境服务功能的维护与修复，是我国生态文明建设的重要内容。然而，针对生态环境服务功能损失的司法认定面临多重困难，因为生态环境服务功能损失司法认定本身具有专业性和复杂性，而且其涉及司法技术和具体评估等多个层面。生态环境服务功能涉及水源涵养、气候调控等多种功能，这些功能之间存在相互作用。在司法认定过程中，准确评估某一具体生态环境服务功能的损失，一般需要准确的数据。然而，目前我国无法精准地判定生态系统损失的具体价值，例如资源利用价值减少以及生态景观与文化价值损失等。司法鉴定机构也无法对其进行准确的判断和计量，而且还有很多受损害的生态系统无法进行人工恢复。尽管《中华人民共和国民法典》以法律的形式明确规定了生态环境损害赔偿费用的范围，然而在司法实践中如何具体量化这些损失，如何确定损失的计算方法和标准，仍然缺乏明确的指导和规范。这导致法院在认定生态环境服务功能损失时，往往莫衷一是，难以形成统一的裁判标准。在对生态环境服务功能损失进行司法认定时，一般采用多种方法，包括司法鉴定、依据专家意见或行政意见、法官核算以及能动计算等。然而这些认定方式并非统一适用于所有的生态环境。司法鉴定或专家意见虽然具有较强的专业性，但鉴定机构或专家的中立性与公正性有时会受到质疑；行政意见虽然具有一定的权威性，但可能滋生自由裁量权力寻租的风险；法官核算和能动计算则可能因法官的主观判断而结果不一致。此外，由于缺乏统一的认定标准和量化指引，这些认定方式在实践中难以规范运作，认定结果存在不确定性和争议。

同时，在对生态环境服务功能损失进行评估时，常采用虚拟治理成本法等多种评估方法。这些评估方法各有其适用范围和局限性，但在实际应用中往往被混用或误用。例如，虽然虚拟治理成本法是经常被运用的评估方式，但其量化结果是否包含生态修复费用、功能损失费用和永久性功能损失费用等尚未明确。此外，由于评估方法的选择和评估参数的设定存在较大的主观性，不同评估机构或专家对同一生态环境服务功能损失的评估结果可能存在较大差异。这种差异不仅影响评估结果的准确性和公信力，也会加大司法认定的难度。

（三）流域水生态环境治理体制不完善

流域水生态环境治理是一项复杂且系统的工程，它要求跨越行政区划、行业界限，实现多部门、多领域的协同合作。然而，在我国当前的流域治理体制下，这种协同合作机制尚未健全，流域水生态环境治理涉及的部门众多，包括水利、生态环境、自然资源、农业农村等多个职能部门。各部门在各自领域内拥有一定的管理权限和职责，但在流域水生态环境治理这一共同目标下，各部门间往往缺乏有效的沟通与协作。各个部门之间存在壁垒、利益冲突和职责不清等问题，严重制约流域水环境协同治理工作的开展。虽然《中华人民共和国长江保护法》和《中华人民共和国黄河保护法》的出台能够解决部分流域治理方面的现实难题，但是其他流域的治理规范匮乏，应对流域水生态环境治理中的复杂问题仍存在困难，同时，流域治理的司法执行力度和惩治力度也有待加大。

虽然随着生态环境治理技术不断进步和革新，新的污水治理技术和流域治理方法不断涌现，但是我国在流域水生态环境治理领域的技术成果转化水平和应用能力还有待提升。流域水生态环境治理的技术支持不足，缺乏系统的监测和评估体系。流域水生态环境治理需要大数据的支持，然而，目前我国在流域水生态监测、评估和预警方面的能力不足。许多流域缺乏系统的水质监测网络和生态监测体系，导致有关部门对水生态环境状况的了解不够全面和准确。不同流域水质监测的耦合协同性较差，导致有关部门在制定综合流域治理方案时缺乏科学依据，影响流域协同治理效果的评估和调整。除此之外，流域水生态环境治理的市场机制尚不健全。目前，虽然我国已建立水权交易市场，然而流域水环境治理领域的市场化、产业化发展水平仍有待提升。控排企业和重点排放单位在流域水环境治理中的参与度不高，社会资本利用率较低，存在治理资金不足、技术创新乏力等问题。同时，由于缺乏有效的激励机制和约束机制，企业和公众参与水环境治理的积极性难以激发。流域水生态环境治理的保障机制亟待完善。流域水生态环境治理是一项长期且复杂的系统工程，需要大量的资金投入。然而，当前我国在流域治理方面的财政投入相对不足，尤其是在一些偏远地区，中小流域、河道，治理资金短缺问题尤为突出。现有的流域治理资金投入机制依赖政府财政拨款，缺乏多元化的融资渠道和机制，导致很多流域的生态修复工作停滞不前。

（四）新污染物监测和管理体系亟待健全

新污染物由于具有较大的隐匿性和不确定性，成为我国污染物防治的重大威胁。塑料微粒、持久性有机污染物等新污染物的污染源广泛、性质复杂、去除难度大，传统的污染物监测和管理体系难以适应新形势下的环境保护需求。因此，我国新污染物监测和管理体系需要不断健全，以应对日益严峻的环境挑战。新污染物监测技术滞后是新污染物监测和管理体系不健全的重要表现之一。新污染物种类繁多、性质各异，其环境行为和生态效应复杂多变，对监测技术提出更高要求。然而，我国新污染物监测技术研发水平还需要进一步提升，目前由于缺乏高效、精准的监测手段，我国对新污染物的识别和监测能力不足。很多新污染物在环境中长期存在而未被及时发现和有效控制，使环境面临很大的不确定性。我国相关部门虽然制定了《国务院办公厅关于印发新污染物治理行动方案的通知》，然而目前的《中华人民共和国大气污染防治法》《中华人民共和国水污染防治法》等并未将新污染物全部纳入，立法层面存在一定的滞后性。此外，针对新污染物的行政执法也主要依托于一些行政法规和部门规章，法律位阶较低，针对新污染物的专门性法规和标准仍显不足。这使得在新污染物的识别、评估、控制等方面缺乏明确的法律依据和标准指导，管理措施的针对性和有效性不强。同时，各部门难以形成有效的协同监管机制，使得新污染物的环境风险难以得到有效控制。

由于生态环境具有连通性，新污染物可以存在于土壤、水源等环境要素中，不同环境介质中的新污染物相互影响，形成复杂的污染链条。针对新污染物的数据摸底调查欠缺，未对新污染物进行全面评估。由于新污染物的防控缺乏统一的管理机构和协调机制，难以形成合力，新污染物监测和管理工作的整体效能不高。此外，各地基层监测和管理能力薄弱也是体系不健全的重要原因之一。例如，虽然抗生素分级管理制度已经建立，但针对过期抗生素的处置方式等并未得到有效执行，导致抗生素污染土壤、水源等生态环境问题频发。目前，我国还未设立新污染物防治的试点省份，缺乏协同治理新污染物的经验，除此之外，受到新污染物污染的地块、水源等生态修复能力有限。从技术上看，由于新污染物的危害周期较长，传统的生态修复方式是否能够发挥作用，尚未形成定论。因而不论从事前的预防、事中的控制还是事后的处置来看，新污染物防治的各个环节都需要不断完善，并需要根据农药、抗生素等不同类型的新污染物建立专项的防治标准。

（五）碳排放数据造假现象频发

“双碳”目标的落实使各地高度重视碳排放数据信息披露，但各地数据造假案例也开始出现，表明我国在碳排放数据监测与报告方面仍存在一些亟待解决的问题。碳排放数据造假现象的发生与地方政府的考核机制密切相关。一些控排企业和重点排放单位为符合“双碳”目标下的碳减排要求，可能会倾向于通过伪造碳排放数据的方式取得更好的考核结果。在短期利益的驱动下，部分地方政府疏于管理，一些控排企业在碳排放数据的统计和报告中采取了不实手段，甚至直接虚报或隐瞒排放数据，以展示更为“优秀”的减排效果。这种现象不仅影响了政府部门对碳排放的整体把握，也使得一些企业在实际排放控制中存在“假象”，从而导致碳排放“表面减少实际增加”的现象发生。一方面，部分企业和个人为追求经济利益或避免承担更多责任，可能会采取各种手段伪造或篡改碳排放数据。另一方面，由于监管力量的分散和不足，以及技术手段的局限性，一些违规行为得以摆脱制裁。由于数据造假违法行为存在隐蔽性和复杂性，目前仍难以杜绝此类行为的发生。一些企业可能通过不正当手段获取碳排放数据，或者通过修改检测设备的参数影响数据的准确性。这些行为不仅违反了相关法律法规，也破坏了碳排放交易市场的公平竞争环境。

碳排放数据的监测体系和监管机制尚不完善，导致数据造假行为惩治力度不足。虽然我国已初步建立了碳排放监测网络，但在具体实施过程中监测手段和技术水平参差不齐，尤其是在一些基层单位，监测设备的精度和数据采集的规范性难以保证。此外，生态环境和市场监管等部门的力量和执法水平也相对有限，难以对所有企业和地方政府的碳排放数据进行全面、深入的审查。由于缺乏有效的监测和审查机制，部分企业和地方政府在碳排放数据上弄虚作假，从而形成恶性循环。公众参与和社会监督的不足也是导致碳排放数据造假现象难以杜绝的重要原因。尽管近年来公众对环保问题的关注度有所提升，但在碳排放数据的监测和报告中，社会监督机制作用发挥仍显不足。公众往往缺乏足够的信息获取渠道了解和监督企业与地方的碳排放情况，这使得一些数据造假行为难以被及时揭露。企业在碳排放数据报告中的责任意识和自律性不足，也是导致数据造假现象频繁出现的重要因素。在许多情况下，企业为降低成本或提升自身形象，可能会选择联合第三方机构隐瞒实际的排放情况，甚至通过虚报数据达到合规要求。由于缺乏有效的行业自律和惩戒机制，许多企业在碳排放数据报告中存在侥幸心理，认为即使被发现也不会受到严厉的处罚。这种现象不仅影响了碳市场的公平性，也不利于碳减排目标的实现。

四　中国特色生态文明建设需要处理好的重大关系

（一）处理好循环经济发展与生态保护的关系

循环经济是协同推进生态环境保护和优化能源产业布局的发展模式。现阶段，我国循环经济规模不断扩大，但仍然面临发展不均衡、保护力度不足等问题。统筹循环经济发展与生态保护之间的关系，可以从激活绿色金融市场活力、创新污染防治和减排技术等方面发力。绿色金融资源是循环经济增长的重要基础，充沛的市场活力和稳定的价格是循环经济可持续发展的重要保障，而污染防治和减排技术创新是循环经济发展的动力源泉。循环经济发展是生态保护的前提和基础。循环经济发展意味着新质生产力的提升、传统能源与清洁能源结构的调整以及减排技术创新能力的增强。在绿色经济复苏的背景下，我国通过将更多社会资本投入生态治理和保护中，推动形成绿色低碳发展方式和消费方式。同时，循环经济发展意味着资源利用效率的提高和浪费的减少，这有助于减轻环境压力，为生态保护创造更好的条件。

循环经济发展与生态保护之间的关系可以理解为相辅相成、相互促进的辩证关系。循环经济发展对经济增长而言不仅是量的增加，更是质的提升，强调“绿色普惠”的发展理念。政府部门通过推动经济结构优化升级，发展绿色金融，推动形成绿色生产和消费方式，这一系列政策措施都体现了循

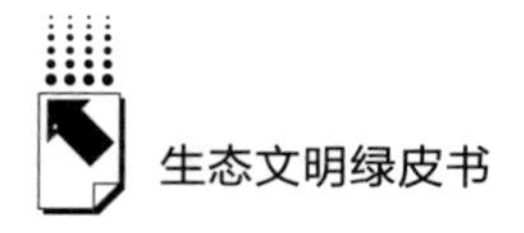

环经济发展与生态保护的深度融合。在实践中，各地在统筹循环经济发展与生态保护之间也形成诸多典型经验。许多地方政府建立"气候康养生态产品价值化实现路径"，深度挖掘并合理利用当地优质的气候资源，创建具有地方特色的气候生态品牌，将气候生态资源与康养、旅游等资源有机结合。有的地方还通过开发全域性全时季系列旅游产品，满足游客多样化需求，还有的地方通过多元化、规模化开发季节性休养康养产品，吸引更多消费者，并注重品牌化和标识化，开发绿色农林牧渔产品。生态保护也有助于满足人民对循环经济发展的现实需要。我国通过提供优质生态产品满足人民群众的需要，让良好生态环境成为最公平的公共产品、最普惠的民生福祉，也对循环经济发展进行规范和引导。同时，我国还进一步加强生态环境监管，为循环经济发展奠定坚实的基础。在推动循环经济发展与生态保护的过程中，污染防治和减排技术创新是关键驱动力。我国在绿色科技创新方面不断加大投入，通过科技进步推动能源结构转型，发展清洁能源和可再生能源，降低碳排放，推动循环经济发展。

（二）处理好污染攻坚与联动防治的关系

多部门、多主体的联动治理是污染防治的关键。在污染治理协同化和协同治理联动化推进的过程中，政府、社会公众和控排企业等多元主体需要共同参与。联动防治能够为减污降碳和多污染物防治等提供有利条件，为创新一体化的治污、防污、减排等模式提供更加便捷和精准的平台。各地通过构建纵向的政府间污染防控联动机制和横向的多污染物及温室气体减排防控联动机制，集中力量攻克减污降碳领域难题，充分发挥多元主体对生态环境污染防治的重要作用。实践中，各地还将深入推动工业污染治理、生活污染治理、农业面源污染防治等，提高水污染防治的综合效能。我国还将通过创新污染物的联动防治机制，及时解决新污染物产生的问题。污染防治联合攻关在生态环境要素联动治理中发挥了关键作用，我国已采取多污染物的治理模式，同时在京津冀、长三角、珠三角等不同区域制定联合治理污染物的政策。但是，随着污染物种类的增多、污染行为的隐匿，新问题也随之出现。

例如，在不同区域的交界地带产生的污染行为，如果不对此开展联合整治，就会产生“环境邻避效应”。因此，我国应进一步加强污染防治顶层设计，加大污染防治力度，处理好污染攻坚与联动防治的关系。

联动防治是连接各个治理环节的重要纽带。联动防治强调不同部门、不同地区之间的协作。我国应当通过更加灵活和多元的防治模式谋划和推进新时代污染防治工作。在实践中，联动防治要求从政策制定、政策执行到监督评估各个环节都保持高度的一致性和协调性。污染防治一体化政策制定要充分考虑各部门、各地区的实际情况和需求，确保政策的针对性和可操作性。在执行过程中，要加强各部门、各地区间的信息共享和资源整合，提高治理效率。同时，建立健全监督评估机制，对联动防治的效果进行定期评估和反馈。因此，污染攻坚与联动防治之间是相互依存、相互促进的关系。污染攻坚为联动防治指明了目标和方向，而联动防治为污染攻坚提供了有力的支持和保障。

（三）处理好生态恢复与损害修复的关系

在自然资源和生态环境保护修复中，应坚持生态恢复与损害修复并重。生态恢复是指在生态系统遭到破坏后，依靠生态资源使生态系统服务功能恢复到原来的状态。这一过程强调生态系统的本体调节能力，通常时间较长，且其效果易受到其他多种自然因素的影响。生态恢复的优势在于其成本相对较低，且能够维持生态系统的内在稳定性与多样性。因此，生态恢复有助于增强生态系统服务功能，使生态系统在面对外部压力时能够更好地适应和恢复。与生态恢复相比，损害修复则是通过人为的干预手段或替代性方式，对生态系统进行恢复和重建。这种方法通常在生态恢复无法有效进行时采用，尤其是在严重退化或破坏的生态环境中，损害修复可以快速改善生态状况，恢复生态功能。损害修复的措施包括植树造林、湿地恢复、土壤改良等，虽然这些措施能够在短期内见效，但也可能导致生态系统的单一性和脆弱性。因此，在实施损害修复时，必须充分考虑生态系统的复杂性和多样性，避免人为干预导致新的生态问题出现。要综合运用生态恢复和损害修复两种手段，根据实际情况进行灵活调整和优化组合。在某些地区和某个时期，可能要以生态恢复为主，辅以必要的损害修复；而在另外一些地区和某个时期，可能更需要损害修复来加速生态系统的恢复。

此外，为确保生态环境修复的有效性，还需要加强监管和评估工作，包括建立不同指标，对受损害的生态系统服务功能重新评估和监测等。通过采取这些措施，可以确保生态保护修复工作的规范性和严肃性，防止出现形式主义，从而真正提升生态系统的多样性、稳定性和持续性。生态恢复与损害修复应当形成相互补充、协同发展的良好格局。生态恢复是损害修复的基础，而损害修复是对生态恢复的有效补充。生态恢复可以为损害修复奠定良好的基础；而在生态恢复效果不明显或时间过长的情况下，损害修复可以加速生态系统的恢复进程。因此，在实际操作中，必须根据自然资源环境状况，灵活选择生态恢复与损害修复策略。在实践中，很多生态修复的优秀案例也体现了生态恢复与损害修复有效结合的重要性。例如，北京市水务局就成功运用生态恢复与损害修复相结合的方法，提高了生物多样性，实现了生态恢复的目标。在黄土高原，相关政府部门在实施水土保持工程的同时，鼓励自然植被的恢复，通过保护和恢复自然植被，增强土壤的保持能力，减少水土流失。这种方式不仅提高了生态修复的效果，还增强了当地居民的生态保护意识。

（四）处理好外部规制与内部激励的关系

生态文明建设需重视不同环境要素之间的相互作用，强调外部通过法律法规进行“硬约束”，内部通过激励机制进行“软约束”，进而构建内外部相结合的治理体系。不论是外部规制还是内部激励的缺失，均可能造成治理的失灵现象。因此，在生态文明建设目标实现过程中，内外部之间相互配合是不可或缺的。生态环境监管部门通过定期开展生态环境保护督察工作，利用环境信息披露等提升污染物防治水平，并对不符合环境标准的重点排放单位和控排企业进行通报，通过行政指导等方式解决日常生态环境监管中的问题，制定突发重大环境事故应急预案，这些都是外部约束的具体体现。在这样的外部规制下，加强内部激励，成为我国生态环境保护机制建立的关键。内部激励主要来源于国家的政策导向、社会的生态意识以及经济发展。我国应当通过创新环境权市场交易机制、引进和应用减排技术等方式，加强生态环境保护的内部激励。政府部门需要通过有效的政策引导，鼓励企业和社会组织积极参与生态保护。在政策层面，国家已采取一系列措施处理外部规制与内部激励的关系。例如，建立生态补偿机制，鼓励地方政府和企业通过保护生态环境获得经济利益。这种机制不仅符合外部规制的要求，也激发了地方政府和企业的积极性，使其在发展经济的同时，积极开展生态保护行动。

外部规制需要进一步与内部激励相结合，构建“被动履约”和“主动遵约”相结合的污染治理与减排控排格局。生态环境监管部门可以通过让控排企业和重点排放单位设计与制定本年度的环境治理目标来进行激励，促使各地控排企业主动完成既定污染防治和减排目标。这种内外部相结合的治理模式，能够使污染防治主体参与减排目标设定，并有利于编制污染防治和减排计划。政府通过明确不同类型的企业允许排污的限度和市场激励措施，减少被动减排带来的弊端，鼓励控排企业和重点排放单位主动参与污染防治计划或减排目标的制定，以此激发控排企业和重点排放单位的能动性，调动企业履行环境保护义务的积极性。同时，生态环境部门通过环保约谈、督察考核等方式对环境治理信息进行反馈，提高环境治理的质效。处理好外部规制与内部激励的关系，实际上摒弃了唯 GDP 论，将 GEP 等生态环境效益指标纳入考量范围。推进生态文明建设，绝非将污染防治和减排目标进行简单分解，而是将其分解至各个部门（农业、工业、水利等），再从各个部门落实至不同类型的企业，并确保生态文明建设目标的完成情况可以有效评估，从而促进多元主体自主设定目标，进行污染防治和减排。

（五）处理好“双碳”目标实现与自主减排的关系

实现“双碳”目标，首先需要明确自主减排的重要性。自主减排是指在国家政策框架内，各地区、各部门和各企业根据自身实际情况，主动采取碳排放总量控制措施，推动碳排放总量的有效减少。这一过程不仅有助于实现国家的碳减排承诺，更是推动经济结构转型和能源结构优化的内在要求。在气候治理的框架下，需要进一步明确自主减排的必要性和紧迫性。我国已经制定了一系列支持自主减排的政策措施。例如，“1+N”系列政策体系明确了各行业、各领域的减排目标，并提出具体的实施路径。“1+N”系列政策体系不仅为地方政府和企业提供了行动指南，也为自主减排营造了良好的制度环境。同时，我国还通过绿色金融、碳交易等市场激励措施，鼓励企业投资绿色技术和可再生能源，推动其主动履行碳排放总量控制义务。这种政策引导不仅符合“双碳”目标的要求，也增强了企业的内生动力，使其在追求经济效益的同时，主动参与碳排放总量控制。在具体实践中，我国控排企业自主减排已在多个领域取得显著成效。例如，在能源领域，许多地方政府和企业积极推动可再生能源的开发和利用，逐步减少对化石能源的依赖。

在“双碳”目标约束下，我国许多企业通过采取清洁生产、发展循环经济等措施，提高资源利用效率。这些实践表明，自主减排不仅能够推动“双碳”目标的实现，也能够为经济可持续发展注入新的动力。此外，自主减排的推进还需要全社会共同参与。我国制定《关于建立碳足迹管理体系的实施方案》，拟通过构建统一规范的碳足迹追踪体系，明确产品碳足迹核算标准，促进企业进行低碳改造。这一举措不仅有助于企业精准掌握自身的碳排放情况，还能促使消费者自主减排。碳足迹管理体系的构建有助于产品向市场传递低碳信息，进而提高品牌价值。这些举措将有力促进全社会形成多阶段、全过程的碳减排模式，为实现“双碳”目标奠定坚实基础。

五　中国特色生态文明建设前景展望

（一）以国家“江河战略”推动生态环境协同治理

国家“江河战略”将变革传统的流域治理模式，推动各部门之间条块分割的流域治理体制转向一体化的流域综合治理模式，实现从分散的流域监管向整体监管转变。在“河长制”等新的流域监管体制导向下，流域治理的协同性日益凸显。随着中国特色生态文明建设加快推进，流域治理的框架也逐步向开放协同转变。流域治理有赖于生态环境监管部门，与重点排放单位和控排企业关系密切，同时需要社会公众的参与。

无论是从流域治理的要素还是从流域治理的过程来看，流域治理都应以江河湖海为载体，通过统筹推进的方式，加强生态环境的协同治理。国家“江河战略”对推动我国环境治理体系完善和治理能力提升具有深远影响。例如，在一些水资源匮乏的地区，地方政府通过实施节水措施、推广水循环利用技术，有效地缓解了水资源紧张问题。同时，随着水资源污染修复技术的不断进步，许多地方在河流治理中引入水资源工程理念，利用自然的力量进行水资源污染修复。流域治理的平台建设能够优化和转变现有的流域治理结构，使污染风险排查、污染信息披露更加全面。从环境完整性的价值理念到流域可持续发展的共识，江河湖海污染防治以及河湖生物多样性保护已成为与其他生态要素连接的纽带，而其他生态要素的治理水平、生态系统服务功能以及区域资源配置也会得到改善。流域治理的创新模式能够与我国其他环境要素的污染防治等全面融合，尤其是随着江河湖海的跨区域治理和污染防治信息共享，流域治理创新不仅停留在部门之间的互动上，而且能够进一步加强不同区域企业间的合作。协同治理技术与制度创新的双重保障，使得国家“江河战略”能够更好地推动环境治理。

（二）以新质生产力推动绿色经济发展与环境保护责任落实

新质生产力的核心在于以绿色生产力为引领，强调治污能力和减排技术进步、环境治理制度创新等。这种绿色生产力不仅关注传统意义上的生产效率，更注重资源高效利用与循环经济发展。在这一框架下，绿色低碳经济的内涵得到丰富。绿色低碳经济不仅是环保产业，而且是涵盖从生产、消费到资源循环利用各环节的全产业链，强调在经济活动中最大限度地减少对环境产生的负面影响。推动绿色低碳经济发展的关键在于推动传统化石能源依赖型的产业结构转型升级。绿色生产力强调通过减排或治污技术创新和产业升级，实现传统产业的绿色转型。例如，制造业可以通过引入新能源技术、智能化设备和绿色设计理念，减少资源消耗和废弃物排放。同时，新能源、节能环保等新兴产业的发展，可以为经济增长注入新的活力。在这一过程中，政府部门对新质生产力发展的政策引导与支持至关重要。政府部门应当通过采取支持绿色低碳经济发展的措施，激励控排企业和重点排放单位在绿色技术研发、清洁生产和资源循环利用方面加大投资力度。例如，设立绿色信贷、绿色税收优惠等政策，鼓励企业采用环保技术和设备，推动形成绿色生产模式。同时，政府还应加强对绿色经济的监管，确保企业在生产过程中遵循环保标准，履行环境保护的责任。

新质生产力培育发展，需要依托绿色资源要素市场。与其他要素市场相比，绿色资源要素市场具有独特性，即绿色资产是企业的附属资产。随着排污权交易市场、碳排放权交易市场、水权交易市场规模逐渐扩大，绿色资源要素市场建设也在不断推进，削弱了传统生产方式对要素供给产生的负面影响。绿色资源要素同其他要素相比，在技术创新等方面能够发挥更大的价值。绿色资源要素具有可持续性等特征，与传统能源消费的单一性不同。绿色资源要素可以融入企业的生产、经营、消费等环节，能够促进企业形成绿色低碳供应链，进而实现生态效益与经济利益的统一。推动绿色资源要素与其他实体产业结合形成绿色资本，也是提升新质生产力的关键。新质生产力不仅能够直接促进循环经济发展，提升企业的资源利用效率，还能够促进“三高”型企业向清洁型企业转变，实现与国际绿色生产经营标准体系的对接。

（三）健全生物多样性保护与气候变化应对协同治理体系

气候变化作为当前全球最紧迫的环境问题之一，不仅威胁生态系统的平衡，还加剧了生物多样性丧失。我国是全球生物多样性最为丰富的国家之一，同时也是气候变化敏感区和影响显著区，面临更为严峻的挑战。因此，健全生物多样性保护与气候变化应对的协同治理体系，不仅是生态环境保护的内在要求，也是推动经济社会可持续发展的重要途径。生物多样性与气候变化之间存在内在联系。气候变化通过影响生态涵养、植被带分布以及栖息地状况，直接影响生态系统的稳定。同时，生物多样性丧失会削弱生态系统的碳汇功能，进一步加剧气候变化。因此，应对气候变化与保护生物多样性是相辅相成、不可分割的统一目标，需要健全协同治理体系。

我国已出台一系列纲领性文件，如《中国生物多样性保护战略与行动计划（2011—2030 年）》《国家适应气候变化战略 2035》等，为我国不同阶段生物多样性保护和减缓、适应气候变化提供了指引。未来，我国仍需进一步提升这些政策的协同性，促进应对气候变化与保护生物多样性的有效衔接，并制定更加系统的国家生态安全规则体系。例如，在制定减排目标和气候适应策略时，考虑生态系统的保护和恢复，以避免政策导致生态破坏。同时，政府还应加强对生态保护区的管理，确保这些区域不仅能够保护生物多样性，还能在气候变化的背景下发挥其生态服务功能。要持续加强对气候变化和生物多样性的系统监测、研究和评估，为协同应对提供坚实支撑。要利用现代科技手段，如遥感技术、大数据分析和人工智能技术等，提升监测评估的精准度和效率。同时，制定基于自然的解决方案，探索提高生态系统质量和稳定性、增强碳汇能力的有效方法，实现生态保护与气候治理的双赢。高校和科研院所要建立跨学科的研究平台，加强生态学、气候科学、经济学等领域的合作，更好地应对复杂的生态环境问题。除此之外，气候变化和生物多样性问题是全球性挑战，单靠一国之力难以解决。各国应加强在技术、资金和经验等方面的交流与合作，共同应对气候变化。

（四）完善 CCER 市场制度

党的二十届三中全会提出，健全碳市场交易制度、温室气体自愿减排交易制度，积极稳妥推进碳达峰、碳中和。全国温室气体自愿减排交易市场（以下简称“CCER 市场”）是碳市场的核心，其制度的完善不仅关乎市场本身的稳定运行，更对提升全国碳市场整体效能、促进绿色低碳转型具有深远意义。CCER 市场自 2012 年启动建设以来，经历了试点探索、正式运行及暂停备案等多个阶段。随着全球气候变化问题的日益严峻和国内“双碳”目标的深入实施，重启并完善 CCER 市场显得尤为迫切。CCER 市场作为碳排放配额交易（CEA）的重要补充，通过鼓励非重点控排企业参与自愿减排，为碳市场注入更多活力，有助于优化资源配置、提高减排效率，并推动全社会形成绿色低碳的生产生活方式。完善 CCER 市场是一个系统工程，需要从多个维度入手，增强内生动力。从顶层设计来看，应当加快构建针对 CCER 市场的规则体系。我国相继发布《温室气体自愿减排交易管理办法（试行）》《温室气体自愿减排项目审定与减排量核查实施规则》等文件，为 CCER 市场的有序运行奠定基础。这些制度明确了项目业主、审定与核查机构、注册登记机构、交易机构等各方权利、义务和法律责任，规范了项目设计、审定、核查、注册登记、交易等各个环节的操作流程。

目前，CCER 市场的透明度和信息披露机制亟须提高和完善。透明的信息是市场高效运作的基础，市场参与者需要及时获取碳价格、交易量、减排项目等方面的信息，以便做出科学合理的决策。因此，建立一个信息共享平台，定期发布市场动态、交易数据和减排项目的相关信息，能够有效提升市场透明度。此外，有关政府部门和市场监管机构应定期发布市场评估报告，分析市场运行情况，识别潜在风险，并提出改进建议，进而引导市场健康发展。完善的项目审核和认证机制是 CCER 市场的核心。为提高市场的流动性和项目的可及性，政府应简化审核流程，明确审核标准，提升审核效率。同时，可以考虑引入第三方认证机构，提高审核的独立性和公正性。此外，针对不同类型的减排项目，制定相应的审核标准和指南，以适应不同项目的特点，鼓励更多创新型减排项目落地。市场的灵活性和适应性也是 CCER 市场完善的重要方面。随着技术的发展和市场环境的变化，CCER 市场需要具备一定的灵活性，以便及时调整政策和规则，适应新的市场需求。例如，针对新兴的减排技术和方法，政府可以设立专项基金或采取激励措施，鼓励企业和研究机构开展相关的研发工作。同时，市场参与者应具备一定的灵活性，能够根据市场变化及时调整自身的减排策略，以实现最佳的经济效益和环境效益。方法学是 CCER 市场开发和减排量核算的重要依据，应继续加强方法学的研究与创新，根据行业特点和减排潜力，开发更多具有针对性的方法学，以满足不同领域、不同行业的减排需求。

（五）开展双边、多边全球气候治理行动

在应对全球气候变化的背景下，积极开展双边和多边全球气候治理行动显得尤为重要。气候变化是一个跨国的问题，单一国家的努力难以产生显著效果。因此，国际社会需要通过双边和多边合作，共同制定和实施有效的应对策略。双边合作是气候治理的重要组成部分。两国通过签订双边气候协议，共同分享减排技术和可国际转让的减缓成果。例如，中美两国发布《关于加强合作应对气候危机的阳光之乡声明》，挖掘双边气候合作的巨大潜力。中国还与巴西发布《中国—巴西应对气候变化联合声明》，这不仅有助于推动各自减排目标的实现，也促进了绿色“一带一路”发展。国家之间通过加强双边气候伙伴关系，能够在气候治理中形成合力，共同实现全球温升控制目标。与此同时，多边合作机制在全球气候治理中发挥着不可或缺的作用。《联合国气候变化框架公约》第二十八次缔约方大会（COP28）已对各国在《巴黎协定》框架下提交的国家自主贡献进行盘点，各缔约国将进一步延续 COP28 的积极势头和落实阿联酋共识。《联合国气候变化框架公约》第二十九次缔约方大会（COP29）聚焦气候融资议题，推动发达国家在现有的融资水平的基础上，进一步兑现资金供给承诺。在多边框架下，各国可以在减排目标、资金支持、技术转让等方面进行深入的讨论与协商，形成普遍接受的规则和标准。此外，多边机制还可以促进各国在应对气候变化领域加强经验分享，帮助发展中国家提升应对气候变化的能力。推动双边和多边合作需要建立在互信的基础上，让各方寻求共同利益和合作空间。发达国家应承担更多的减排责任，以帮助发展中国家实现可持续发展目标。

创新合作模式和合作机制是强化全球气候治理的关键。世界各国可以通过建立气候变化合作基金、技术转让平台等方式，促进资金和技术的流动。例如，国际社会应当强化私营气候融资，支持发展中国家在清洁能源、绿色技术等领域的投资，帮助其实现低碳转型。这种创新的合作模式不仅能够有效应对气候变化，还能促进全球经济的可持续发展。面对新情况、新问题，国际社会需不断探索和完善治理机制，建立更加灵活高效的资金分配方式，

确保气候正义的实现。同时，要利用大数据、人工智能等现代信息技术手段，提升气候监测、预警和应对能力，为科学决策提供依据。对于发展中国家而言，要帮助它们跨越“绿色鸿沟”，有效控制温室气体排放总量，确保全球气候治理的公平性和包容性。

参考文献

崔龙燕：《中国生态文明建设研究——以生态供需矛盾为视角》，光明日报出版社，2023。

王英伟、刘君杰：《中国特色社会主义生态文明建设的理论与实践研究》，中国社会科学出版社，2022。

蔡晓梅、吴泳琪：《协同环境治理视角下国家公园游憩可持续发展机制》，《旅游学刊》2024 年第 7 期。

陈明华、谢琳霄：《新时代绿色低碳发展：实践逻辑、现实挑战与路径探赜》，《马克思主义与现实》2024 年第 3 期。

陈涛、李慧：《绿色转型：关系调适、基本样态及其发轫机制》，《江苏社会科学》2024 年第 1 期。

单菁菁：《探索构建中国特色新污染物防控治理体系》，《人民论坛》2023 年第 4 期。

高利红、苏达：《“双碳”目标下流域生态修复的法律规制转型》，《湖北大学学报》（哲学社会科学版）2024 年第 1 期。

高世楫：《绿色生产力与绿色低碳发展的创新路径》，《探索与争鸣》2024 年第 3 期。

顾佰和等：《进一步深化碳达峰、碳中和战略转型路径的若干思考》，《中国科学院院刊》2024 年第 4 期。

韩跃民：《全球气候治理中的生态利益博弈与中国对策》，《青海社会科学》2024 年第 1 期。

蒋云飞、唐艺嘉：《新污染物风险法律规制的域外经验及其启示》，《环境保护》2024 年第 7 期。

金志丰、张晓蕾、陈诚：《自然资源管理创新助力生态产品价值实现：关键环节与实施路径》，《中国土地科学》2024 年第 4 期。

荆珍、张鑫：《“双碳”目标下我国碳抵消机制的法律保障创新研究》，《干旱区资源与环境》2024 年第 4 期。

廖军华、郭哲、范海芹：《国家文化公园投融资机制创新研究》，《重庆社会科学》2024 年第 6 期。

吕忠梅：《环境法典编纂论纲》，《中国法学》2023 年第 2 期。

马超：《“后巴黎”时代中国引领全球气候治理的理念、挑战及进路》，《社会科学家》2023 年第 12 期。

任以胜等：《流域生态补偿与乡村居民可持续生计互动的研究进展与展望》，《自然资源学报》2024 年第 5 期。

孙佑海：《在习近平法治思想指引下依法打好污染防治攻坚战》，《环境保护》2023 年第 18 期。

吴隽雅：《我国湿地保护法治的功能演进与发展因应》，《中国土地科学》2024 年第 5 期。

于佳曦、徐梓文：《基于减排视角的环境保护税税制要素研析》，《税务研究》2022 年第 6 期。

张倩霓等：《生态产品价值实现的适宜性评价与路径配置》，《干旱区资源与环境》2024 年第 6 期。

张舟航、王灿发：《碳捕集与封存技术适用风险预防原则的理论建构与路径完善》，《中国环境管理》2024 年第 1 期。

周杰文、高翔、解佩佩：《“双碳”目标下环境规制对中国绿色低碳转型发展的影响研究》，《江苏大学学报》（社会科学版）2024 年第 2 期。

周业晶等：《生态系统调节服务价值的熵增曲面模型横向补偿方法研究》，《中国环境管理》2024 年第 3 期。

Bäckstrand, Karin, “Accountability of Networked Climate Governance: The Rise of Transnational Climate Partnerships,” *Global Environmental Politics* 3 (2008).

Berkes, Fikret, “Environmental Governance for the Anthropocene? Social-ecological Systems, Resilience, and Collaborative Learning,” *Sustainability* 7 (2017).

Kofinas, Gary P., “Adaptive Co-management in Social-ecological Governance,” *Principles of Ecosystem Stewardship: Resilience-based Natural Resource Management in a Changing World* (2009).

Marquardt, Jens, “Conceptualizing Power in Multi-level Climate Governance,” *Journal of Cleaner Production* 154 (2017).

Miao et al., “How Do the Exploitation of Natural Resources and Fiscal Policy Affect Green Growth? Moderating Role of Ecological Governance in G7 Countries,” *Resources Policy 85* (2023).

Oh, Tick Hui, and Shing Chyi Chua, “Energy Efficiency and Carbon Trading Potential in Malaysia,” *Renewable and Sustainable Energy Reviews* 7 (2010).

Okereke et al., “Conceptualizing Climate Governance Beyond the International Regime,”

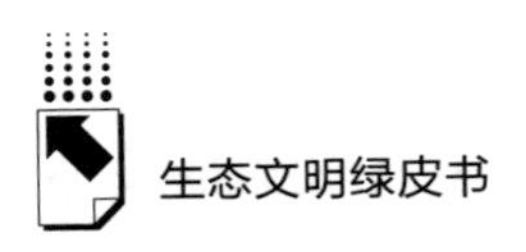

Global Environmental Politics 1 (2009).

Perdan, Slobodan, and Adisa Azapagic, "Carbon Trading: Current Schemes and Future Developments," *Energy policy* 10 (2011).

Robertson, Peter J., and Taehyon Choi, "Ecological Governance: Organizing Principles for an Emerging Era," *Public Administration Review* 70 (2010).

Van der Heijden et al., "Advancing the Role of Cities in Climate Governance-promise, Limits, Politics," *Journal of Environmental Planning and Management* 3 (2019).

Zelli, Fariborz, "The Fragmentation of the Global Climate Governance Architecture," *Wiley Interdisciplinary Reviews: Climate Change* 2 (2011).

Gang Zhao, Lei Wu, and Ang Li, "Research on the Efficiency of Carbon Trading Market in China," *Renewable and Sustainable Energy Reviews* 79 (2017).

评价研究篇

G.2
2024年中国特色生态文明指数评价报告

生态文明指数评价课题组*

摘　要： 生态文明是人类文明的最高形态。中国特色生态文明建设的目标是实现人与自然和谐共生的现代化，结果表现在绿色发展和自然生态高质量两个维度，需要通过绿色生产、绿色生活、环境治理和生态保护等系统化路径予以推进。本报告构建了基于“目标—结果—路径”的中国特色生态文明建设评价指标体系，对2011~2021年全国及30个省（区、市）的特色生

* 课题组负责人：杨加猛，管理学博士，南京林业大学国际合作处处长、港澳台事务办公室主任，教授，主要研究方向为资源、环境与生态经济。课题组成员：高强，管理学博士，南京林业大学经济管理学院党委书记、农村政策研究中心主任，教授，主要研究方向为农村政策、土地制度；邓德强，管理学博士，南京林业大学经济管理学院副院长，教授，主要研究方向为管理会计、可持续会计、道德决策；陈岩，管理学博士，南京林业大学经济管理学院教授，主要研究方向为资源与环境管理、“双碳”政策与管理；董加云，管理学博士，南京林业大学经济管理学院教授，主要研究方向为森林治理、森林食物经济；丁振民，管理学博士，南京林业大学经济管理学院副教授，主要研究方向为资源经济、环境管理；魏尉，管理学博士，南京林业大学经济管理学院讲师，主要研究方向为农产品电商、社交媒体营销；卢璐，图书情报硕士，南京林业大学图书馆信息咨询部馆员，主要研究方向为数据挖掘与分析；余红红，管理学博士，常州工学院讲师，主要研究方向为生态与环境管理；张文瑞，南京林业大学经济管理学院博士研究生，主要研究方向为生态与环境管理。

态文明建设情况进行评价和分析，得出以下几点结论。一是中国特色生态文明综合指数整体呈现上升趋势，2011～2021年的年均复合增长率达到11.70%，并且在2021年达到峰值。二是从中国特色生态文明建设的结果指数来看，2021年约为2011年的5.2倍，结果指数的年均复合增长率达到17.93%，这反映出我国在绿色发展和自然环境改善方面取得显著成效。三是绿色生产、绿色生活、环境治理和生态保护等路径指数呈现波动上升态势，2021年的路径指数约为2011年的1.9倍，年均复合增长率为6.67%。四是各省（区、市）都在积极推进生态文明建设，并取得了阶段性成果，但因自然资源条件、经济发展基础等方面的差异，各省（区、市）生态文明建设水平有所不同，部分省（区、市）在生态环境治理体系和治理能力上仍有提升空间。

关键词： 生态文明建设　绿色发展　环境治理

一　中国特色生态文明建设评价指标体系

（一）中国特色生态文明的理论基础

不同阶段的人类文明，体现人类需求与生态环境之间的不同关系。在工业文明阶段，人类开始尝试对生态环境进行“征服”，生态环境遭到巨大破坏。如今，气候变化、环境污染和资源枯竭已严重威胁人类生存。生态文明是目前最高阶段的人类文明，是人类遵循人与自然和谐共生这一客观规律而取得的物质与精神成果的总和。

1. 中国特色生态文明的思想基础

第一，中国特色生态文明的创新发展有赖于深厚的传统文化积淀。儒家的“践仁知天”、道家的“道法自然”以及墨家的“固本节用”等无不蕴含经典的生态文明思想，要求人类顺应自然、尊重自然。第二，按照马克思主义，人类的生产劳动是目的性与规律性的统一，需要在人的自然化与自然的人化二者之间寻找平衡点。第三，作为习近平新时代中国特色社会主义思想的重要组成部分，习近平生态文明思想将生态文明建设与社会主义核心价值观融入其中，积极建设生态型国家、生态型社会和生态型公民，坚持走“绿水青山就是金山银山”的和谐发展道路。

2. 中国特色生态文明的价值观：人与自然和谐共生

习近平总书记在党的十九大报告中，将“坚持人与自然和谐共生”纳入新时代坚持和发展中国特色社会主义的基本方略，提出中国特色生态文明建设的基本价值观。关于人与自然和谐共生，有如下四个方面的理解。第一，“人”是个人，更是个人、社会、国家的统一体。第二，“自然”是绿水青山，是山水林田湖草沙冰，是生态系统。第三，“共生”即相互依赖。第四，“和谐”是习近平生态文明思想的具体表现，也是“共生”的本质特征。

（二）中国特色生态文明建设的目标、结果与实现路径

1. 中国特色生态文明建设的目标

自党的十八大以来，党中央、国务院多次强调生态文明建设的重要性、紧迫性。党的十九大后，党中央、国务院将黄河流域、长江流域生态保护提上日程。党的二十大报告强调“推进美丽中国建设，坚持山水林田湖草沙一体化保护和系统治理”。到 2035 年，我国生态领域的发展目标是“广泛形成绿色生产生活方式，碳排放达峰后稳中有降，生态环境根本好转，美丽中国目标基本实现”。2024 年 4 月 3 日，习近平总书记在参加首都义务植树活动时强调“绿化祖国要扩绿、兴绿、护绿并举”[①]“推动森林‘水库、钱库、粮库、碳库’更好联动”[②]，即“三绿并举，四库联动”。党的二十届

① 《“扩绿、兴绿、护绿并举”》，国家林业和草原局（国家公园管理局）网站，2024 年 4 月 6 日，https://www.forestry.gov.cn/c/www/zyxx/555373.jhtml。

② 《第一观察丨从“三绿”并举“四库”联动看总书记的绿化观》，国家林业和草原局（国家公园管理局）网站，2024 年 4 月 4 日，https://www.forestry.gov.cn/lyj/1/szxx/20240404/555197.html。

三中全会提出，中国式现代化是人与自然和谐共生的现代化，必须完善生态文明制度体系。

2. 中国特色生态文明建设的结果与实现路径

中国特色生态文明建设的目标是人与自然和谐共生的现代化。本报告认为，第一，“人与自然和谐共生的现代化”包含“人”的发展现代化和“自然”的发展现代化两大结果。第二，“人与自然和谐共生的现代化”必然要求整体的实现路径，包括绿色生产、绿色生活、环境治理和生态保护四大路径。

“人”的发展现代化，是人与自然和谐共生条件下的发展，即“绿色发展”。以生态文明理念为核心，在人与自然和谐共生条件下，绿色发展可分为绿色经济发展与绿色社会发展。绿色经济作为一种全新的以环保健康为理念的经济形式，旨在实现经济与环境的共同发展。在绿色经济发展的基础上，绿色社会发展以推动经济社会全面绿色转型为核心目标，让人民群众共享发展成果。

“自然”的发展现代化，是“自然”在满足“人”（人类）生存和发展条件下的高质量状态，即“自然生态高质量”。自然生态高质量体现在以下几个方面：一是水质量高，二是空气质量好，三是土壤质量高，四是生物多样性丰富，五是森林覆盖率高。

绿色生产是一种新型生产模式，主要体现在以下几个方面：一是清洁生产；二是减少废物排放；三是减少生产过程中的能源消耗；四是实现原材料的循环利用，提高利用效率；五是使用清洁的能源和原材料等。

绿色生活是一种全新的生活方式，主要体现在以下几个方面。一是绿色消费，其本质是一种以保护生态为特征的新型消费行为；二是绿色产品，是绿色消费的对象，是指比同类产品更环保的新型改良型产品；三是节约用水，是指在生活用水方面倡导厉行节约，优化用水方式；四是绿色出行，即倡导人们选择对环境影响较小的出行方式；五是绿色居住，提倡居民建造或购买绿色住宅；六是城市垃圾无害化处理。

环境治理是对已产生的污染进行整治与管理，主要分为工业污染治理和生活污染治理。工业污染治理主要针对的是工业生产排放的“三废”，即废水、废气、废渣的治理。生活污染治理主要针对粪便、垃圾和污水等生活污染物的治理。

根据生态功能极重要区和生态极敏感区的分布情况，进行自然保护区和重要生态功能保护区的规划与建设。生态保护主要针对森林资源总量不足、分布不均衡，天然草原过度利用和退化，天然湿地大面积萎缩、消亡、退化，海域污染严重等问题展开。

总之，绿色生产、绿色生活直接影响绿色发展的实现路径；环境治理、生态保护直接影响自然生态高质量的实现路径。同时，绿色生产、绿色生活、环境治理与生态保护又相互影响，如图 1 所示。

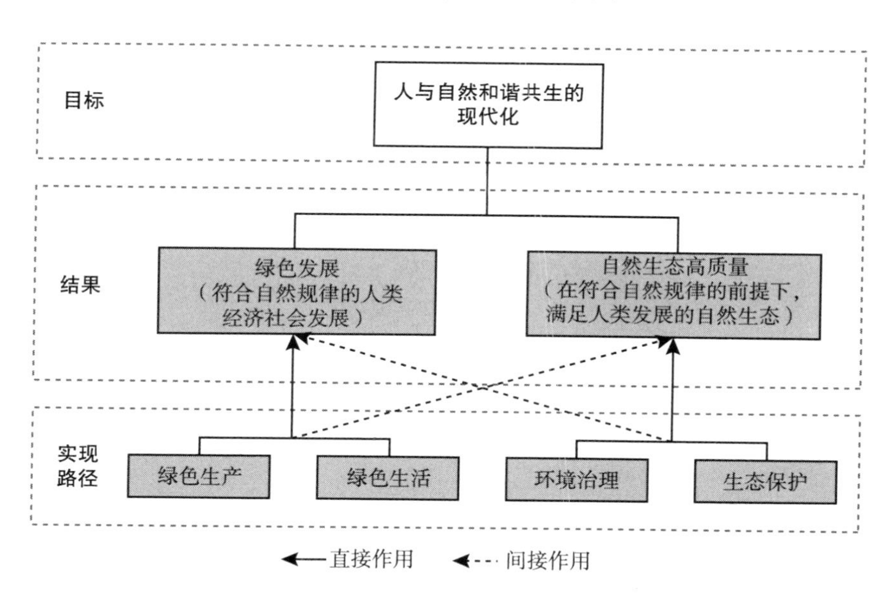

图 1　中国特色生态文明建设的目标、结果与实现路径

（三）中国特色生态文明建设评价指标体系的构建

根据上文对中国特色生态文明建设目标的梳理，依据科学性与权威性、导向性与前沿性、普适性与特色性、动态性与可操作性等原则，本

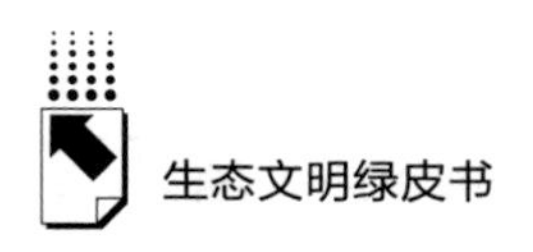

报告沿用《中国特色生态文明建设报告（2023）》中“结果维度+路径维度”指标体系，具体包括绿色发展、自然生态高质量、绿色生产、绿色生活、环境治理和生态保护 6 个一级指标，共 30 个二级指标（见表 1）。

表 1　中国特色生态文明建设评价指标体系

目标层	维度层	准则层	指标层
人与自然和谐共生的现代化	结果维度	C_1 绿色发展	C_{11}人均 GDP 增长率
			C_{12}碳排放强度
			C_{13}能源消耗强度
			C_{14}恩格尔系数
			C_{15}死亡率
		C_2 自然生态高质量	C_{21}生物丰度指数
			C_{22}空气质量指数
			C_{23}地表水达到或好于Ⅲ类水体比例
			C_{24}森林覆盖率
			C_{25}土地沙化程度
	路径维度	C_3 绿色生产	C_{31}化学需氧量排放总量减少
			C_{32}氨氮排放总量减少
			C_{33}二氧化硫排放总量减少
			C_{34}单位 GDP 能源消耗降低
			C_{35}可再生能源和清洁能源消费量占能源消费总量的比重
		C_4 绿色生活	C_{41}绿色产品市场占有率
			C_{42}生活用水消耗率
			C_{43}人均绿色低碳出行
			C_{44}城镇绿色建筑占地面积占城市建设用地面积的比重
			C_{45}人均粮食消耗量
			C_{46}城市生活垃圾无害化处理率
		C_5 环境治理	C_{51}一般工业固体废物综合利用率
			C_{52}县城生活垃圾处理率
			C_{53}城市污水处理厂集中处理率
			C_{54}突发环境事件数量
			C_{55}工业污染治理完成投资占 GDP 的比例

续表

目标层	维度层	准则层	指标层
人与自然和谐共生的现代化	路径维度	C_6 生态保护	C_{61} 自然保护区面积占辖区面积的比例
			C_{62} 林业生态投资占 GDP 的比例
			C_{63} 市容环境卫生投资占 GDP 的比例
			C_{64} 农用化肥、农药使用减少量与总量比例折算指数

二　中国特色生态文明建设评价模型

（一）评价指标权重和综合指数的计算方法

在确定指标权重时，有主观赋权法与客观赋权法两种常用方法。客观赋权法对评价指标间的关系或其蕴含的信息进行分析，主要采用数学工具处理原始数据。客观赋权法包括以下三类：一是通过分析数据离散状况确定权重，如熵权法；二是依据指标的相关性或相互作用确定权重，如相关系数法与主成分分析法；三是通过分析数据差异确定权重，如均方差法、变异系数法。

本报告选用 CRITIC（Criteria Importance Through Intercriteria Correlation）法确定指标权重，这是一种客观赋权法。CRITIC 法不仅重视各指标的变异性，还会考虑它们的相关性，从而测算各个指标的权重。运用该方法确定中国特色生态文明建设评价指标的权重，并结合标准化数据，计算全国以及各省（区、市）生态文明建设方面综合指数。详细的计算步骤和缺失值插补方法参考《中国特色生态文明建设报告（2023）》。

（二）数据来源

本报告的数据来自 2012~2022 年《中国统计年鉴》、2011~2022 年《中国林业和草原统计年鉴》、2012~2022 年《中国环境统计年鉴》、2012~2022 年《中国能源统计年鉴》、各省（区、市）统计年鉴、中国空气质量在线分析平台、各省（区、市）的环境状况公报、国家统计局、《省级温室气体清单编制指南》、中国碳核算数据库。

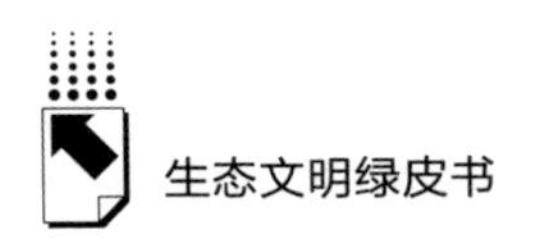

三 中国特色生态文明指数计算结果及变化趋势分析

（一）中国特色生态文明建设评价指标体系权重

首先运用CRITIC法分别计算结果维度和路径维度各指标权重，如表2所示。

表2 中国特色生态文明建设评价指标权重

维度层	准则层	指标层	权重	方向
结果维度	C_1 绿色发展	C_{11}人均GDP增长率(%)	0.0460	正向
		C_{12}碳排放强度(百万吨/亿元)	0.0415	逆向
		C_{13}能源消耗强度(吨标准煤/万元)	0.0494	逆向
		C_{14}恩格尔系数(%)	0.0620	逆向
		C_{15}死亡率(‰)	0.0486	逆向
	C_2 自然生态高质量	C_{21}生物丰度指数	0.0615	正向
		C_{22}空气质量指数	0.0226	逆向
		C_{23}地表水达到或好于Ⅲ类水体比例(%)	0.0550	正向
		C_{24}森林覆盖率(%)	0.0578	正向
		C_{25}土地沙化程度(%)	0.0554	逆向
路径维度	C_3 绿色生产	C_{31}化学需氧量排放总量减少(%)	0.0257	正向
		C_{32}氨氮排放总量减少(%)	0.0082	正向
		C_{33}二氧化硫排放总量减少(%)	0.0236	正向
		C_{34}单位GDP能源消耗降低(%)	0.0100	正向
		C_{35}可再生能源和清洁能源消费量占能源消费总量的比重(%)	0.0120	正向
	C_4 绿色生活	C_{41}绿色产品市场占有率(%)	0.0300	正向
		C_{42}生活用水消耗率(%)	0.0381	逆向
		C_{43}人均绿色低碳出行(万人次)	0.0293	正向
		C_{44}城镇绿色建筑占地面积占城市建设用地面积的比重(%)	0.0229	正向
		C_{45}人均粮食消耗量(公斤/人)	0.0283	逆向
		C_{46}城市生活垃圾无害化处理率(%)	0.0268	正向
	C_5 环境治理	C_{51}一般工业固体废物综合利用率(%)	0.0496	正向
		C_{52}县城生活垃圾处理率(%)	0.0254	正向

续表

维度层	准则层	指标层	权重	方向
路径维度	C_5 环境治理	C_{53}城市污水处理厂集中处理率(%)	0.0343	正向
		C_{54}突发环境事件数量(次)	0.0182	逆向
		C_{55}工业污染治理完成投资占 GDP 的比例(‰)	0.0208	正向
	C_6 生态保护	C_{61}自然保护区面积占辖区面积的比例(%)	0.0391	正向
		C_{62}林业生态投资占 GDP 的比例(%)	0.0180	正向
		C_{63}市容环境卫生投资占 GDP 的比例(%)	0.0190	正向
		C_{64}农用化肥、农药使用减少量与总量比例折算指数	0.0209	正向

中国特色生态文明建设评价指标权重雷达图（见图 2）。

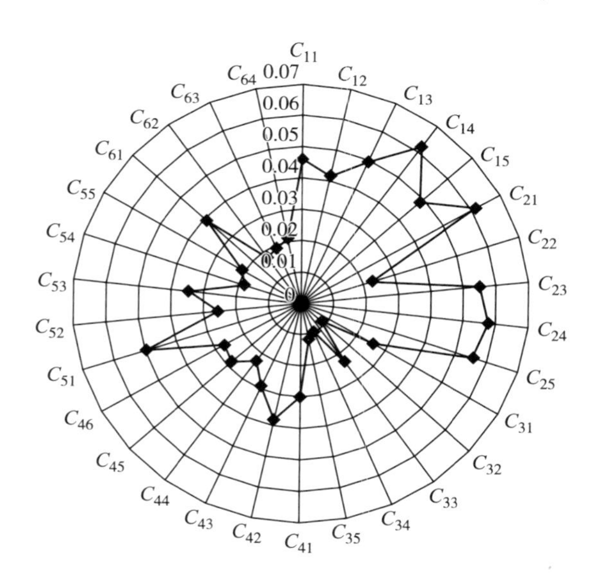

图 2　中国特色生态文明建设评价指标权重

（二）中国特色生态文明指数分析

1. 中国特色生态文明综合指数分析

2011~2021 年中国特色生态文明指数情况如表 3 所示。

表 3　2011～2021 年中国特色生态文明指数情况

指数	2011 年	2012 年	2013 年	2014 年	2015 年	2016 年	2017 年	2018 年	2019 年	2020 年	2021 年
综合指数	23. 79	25. 32	35. 71	40. 46	46. 89	58. 11	54. 15	59. 03	60. 47	63. 88	72. 26
结果指数	16. 32	18. 74	31. 06	30. 25	38. 07	50. 04	52. 79	61. 34	63. 05	64. 38	84. 93
路径指数	31. 25	31. 91	40. 36	50. 68	55. 70	66. 17	55. 51	56. 71	57. 89	63. 38	59. 59
C_1	24. 25	21. 80	41. 09	46. 58	57. 14	68. 89	76. 82	79. 06	77. 04	69. 12	69. 48
C_2	8. 59	15. 70	21. 00	13. 88	18. 95	31. 05	28. 57	43. 22	48. 54	58. 97	99. 24
C_3	27. 24	12. 15	24. 19	24. 74	30. 57	91. 02	38. 19	27. 53	30. 91	33. 06	30. 42
C_4	28. 91	33. 00	37. 79	39. 19	56. 90	63. 46	65. 36	71. 68	71. 46	65. 67	66. 76
C_5	36. 58	47. 71	57. 59	68. 71	66. 59	59. 03	49. 67	50. 64	52. 02	62. 22	67. 14
C_6	30. 63	21. 89	31. 85	65. 11	57. 45	61. 66	60. 83	62. 83	64. 41	83. 23	61. 85

2011～2021 年，中国特色生态文明综合指数的变化趋势如图 3 所示。中国特色生态文明综合指数整体呈现上升趋势，并于 2021 年达到峰值。2011～2016 年，中国特色生态文明综合指数的增长速度较快，但 2017 年中国特色生态文明综合指数有所下滑，2018～2021 年中国特色生态文明综合指数维持稳定的增长态势。2021 年中国特色生态文明综合指数约是 2011 年的 3 倍，2011～2021 年中国特色生态文明综合指数年均复合增长率达到 11. 70%，这表明中国生态文明建设总体发展态势良好。

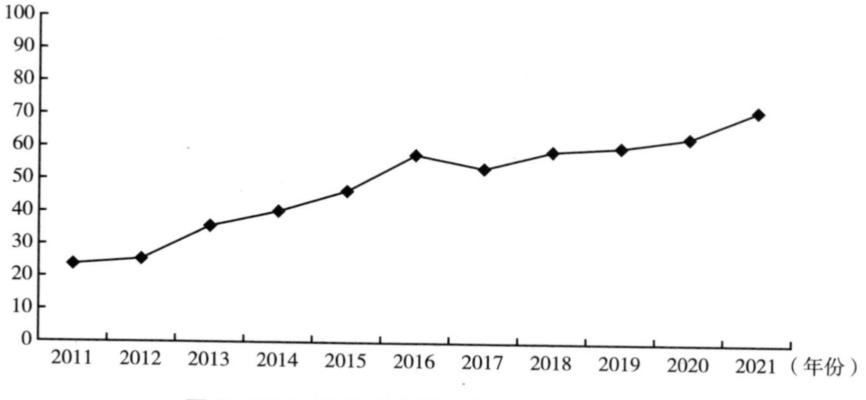

图 3　2011～2021 年中国特色生态文明综合指数

2. 中国特色生态文明结果指数和路径指数分析

为分析中国特色生态文明的建设情况，本报告对中国特色生态文明的结果指数和路径指数分别进行了分析，2011～2021 年中国特色生态文明结果指数和路径指数如图 4 和图 5 所示。其中，中国特色生态文明结果指数呈现显著的上升趋势，并于 2021 年达到峰值。2011～2016 年，中国特色生态文明结果指数增速较快，年均复合增长率为 25. 12%。尽管自 2016 年起增速有所放缓，但依然保持增长态势。2021 年，中国特色生态文明结果指数为 2011 年的 5. 2 倍，年均复合增长率为 17. 93%。这一变化表明，我国在推动绿色

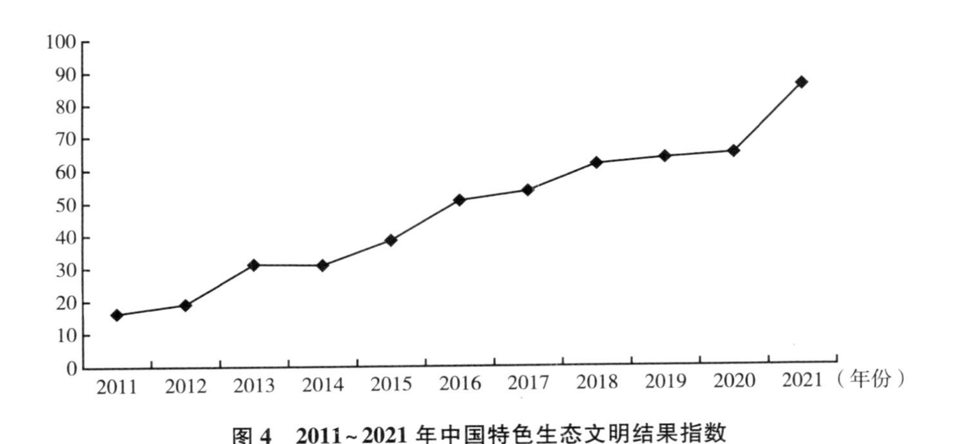

图 4　2011～2021 年中国特色生态文明结果指数

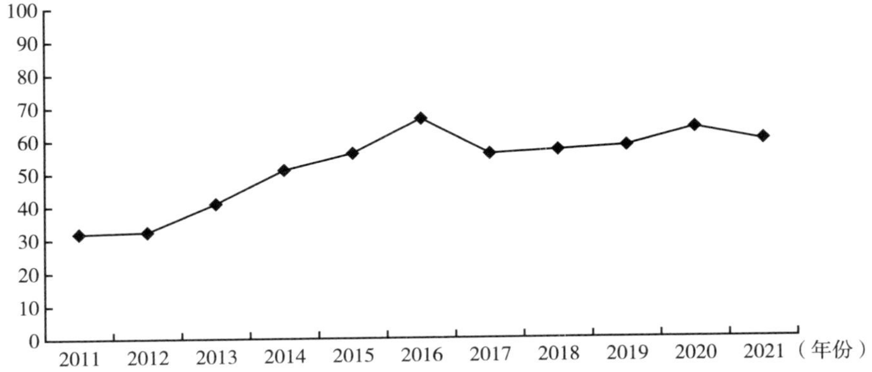

图 5　2011～2021 年中国特色生态文明路径指数

发展和提升自然生态质量方面取得显著进展。中国特色生态文明路径指数波动较大，2016 年达到峰值。2011～2014 年，路径指数增速较快，年均复合增长率为 17.49%。然而，2016～2018 年中国特色生态文明路径指数有所下降，之后自 2018 年起缓慢回升。2021 年，中国特色生态文明路径指数为 2011 年的 1.9 倍，且年均复合增长率为 6.67%。这一变化表明，我国在绿色生产、绿色生活、环境治理和生态保护等方面稳步前进。

（三）各省（区、市）特色生态文明指数分析

通过收集各省（区、市）数据，运用评价指标和归一化数据对 30 个省（区、市）特色生态文明指数进行计算。由于西藏的很多指标数据缺失，本报告此次只计算除港澳台和西藏以外的 30 个省（区、市）的特色生态文明指数。

1. 中国省域特色生态文明指数的横向比较分析

（1）中国省域特色生态文明综合指数横向比较分析

本报告计算了 30 个省（区、市）2011～2021 年特色生态文明综合指数，并对 2011 年、2015 年、2020 年、2021 年各省（区、市）特色生态文明综合指数进行横向比较分析。结果显示，2011～2015 年，浙江、广东和福建的特色生态文明综合指数较高，同时贵州、云南、河北、上海和湖南的特色生态文明综合指数增长显著，其中贵州增幅为 15.58%，云南增幅为 13.05%。2015～2020 年，浙江、广东和湖南的特色生态文明综合指数依然保持较高水平，江苏、四川、江西和贵州的增幅尤为显著，其中江苏的特色生态文明综合指数增长 10.71%。2020～2021 年，浙江、湖南和福建的特色生态文明综合指数表现较好，上海、广西、湖北、北京、重庆和辽宁的特色生态文明综合指数提升较快，上海的特色生态文明综合指数增长 10.94%，广西增长 9.86%。

总体而言，福建、浙江、广东、北京和江西的特色生态文明综合指数较高且较为稳定，反映出这些省份生态文明建设情况良好。而贵州、上海、江苏、湖南和河北的特色生态文明综合指数显著上升，表明这些省份在 2011～

2021 年生态文明建设取得显著进展，其中贵州和上海的表现尤为突出。

（2）中国省域特色生态文明结果指数横向比较分析

为进一步分析 30 个省（区、市）特色生态文明建设的成效和过程，本报告对各省（区、市）特色生态文明结果指数进行计算和分析。通过比较分析，2011~2015 年，福建、广东和江西的特色生态文明结果指数表现较好，贵州、青海、北京、云南和重庆的特色生态文明结果指数显著上升，特别是贵州，其增幅达到 15.66%。2015~2020 年，福建、浙江和江西的特色生态文明结果指数较高，天津的增速最快，达到 14.76%。2020~2021 年，福建、浙江和广东的特色生态文明结果指数保持稳定，江苏、陕西和天津的特色生态文明结果指数增长较快，其中江苏的增幅为 9.65%。

总体来看，福建、浙江、江西、广东和湖南的特色生态文明结果指数保持较高水平，表明这些地区在绿色发展和自然生态高质量方面取得良好的进展，并且保持相对稳定的态势。同时，贵州、北京、江苏、上海和重庆的特色生态文明结果指数显著上升，表明这些地区在特色生态文明建设方面，尤其是在绿色发展和生态质量提升方面取得显著成效，贵州和北京的表现尤为突出。

（3）中国省域特色生态文明路径指数横向比较分析

本报告对 30 个省（区、市）2011~2021 年特色生态文明路径指数进行计算，并进一步分析各省（区、市）特色生态文明路径指数的变化情况。结果表明，2011~2015 年，北京、山东和上海的特色生态文明路径指数表现优异，河北、山西、湖南、甘肃和宁夏的特色生态文明路径指数增长显著，尤其是河北（上升 33.25%）和山西（上升 29.18%）。2015~2020 年，上海、江苏和天津的特色生态文明路径指数保持较高水平，江西的增速最快，达 19.51%。2020~2021 年，上海、江苏和青海的特色生态文明路径指数表现良好，贵州、湖北、重庆和辽宁的特色生态文明路径指数提升速度较快，分别上升 5.79%、4.71%、3.51%和 3.18%。

总体而言，上海、北京、山东、江苏和天津的特色生态文明路径指数保持在较高水平，表明这些地区在绿色生产、绿色生活、环境治理和生态保护方面持续稳定发展。而甘肃、湖南、贵州、安徽和吉林的特色生态文明路径指数显著提升，反映出这些地区的生态文明建设取得积极进展，尤其是在绿色发展和生态保护方面取得显著成效。

2. 中国省域特色生态文明指数的纵向变化分析

为进一步分析30个省（区、市）2011～2021年特色生态文明建设成效，本报告计算了30个省（区、市）特色生态文明综合指数的年均复合增长率（见表4）。结果显示，30个省（区、市）的特色生态文明综合指数普遍呈现增长趋势，表明全国范围内生态文明建设成效显著。甘肃、贵州、云南、黑龙江和河南的特色生态文明年均复合增长率较高，反映出这些省份在绿色发展和生态保护等方面取得较好成绩。

表4　2011～2021年30个省（区、市）特色生态文明综合指数的年均复合增长率

单位：%

省（区、市）	年均复合增长率	省（区、市）	年均复合增长率
甘　肃	3.6161	北　京	1.6798
贵　州	3.3043	新　疆	1.5901
云　南	2.9976	广　东	1.4584
黑龙江	2.6943	辽　宁	1.2840
河　南	2.5792	浙　江	1.2594
宁　夏	2.5396	福　建	1.1454
江　苏	2.3889	江　西	1.0330
上　海	2.3524	海　南	0.9931
河　北	2.2168	陕　西	0.9314
湖　南	2.2139	重　庆	0.9043
青　海	2.1212	四　川	0.7258
安　徽	1.9966	内蒙古	0.7208
山　东	1.9153	吉　林	0.6845
湖　北	1.8126	广　西	-0.1774
山　西	1.7336	天　津	-1.4602

进一步分析发现，甘肃特色生态文明综合指数的年均复合增长率最高，资源的匮乏促使甘肃群众更加注重节约和环保，养成良好的生活习惯和生活

方式。此外，近年来甘肃在环境治理、污染防治和生态保护方面取得显著进展，这些因素共同推动其特色生态文明综合指数持续提升。贵州特色生态文明综合指数的增速也位居前列，这得益于其较为优越的自然生态环境。贵州在推动绿色发展的过程中，注重控制碳排放和降低能耗，并加大对可再生能源的利用力度，进一步推动该省绿色经济发展。其在生态保护方面做出的努力，也为该省的生态文明建设增添了动力。

（四）各分项指数分析

1. 绿色发展

（1）全国绿色发展指数分析

2011~2021 年，全国绿色发展指数如图 6 所示。全国绿色发展指数整体呈现上升趋势，2011~2012 年出现小幅下降。自 2012 年以来全国绿色发展指数出现大幅上升，2017 年开始逐渐趋于平稳，但是 2019~2020 年出现较为明显的下滑，2020~2021 年则保持稳定。

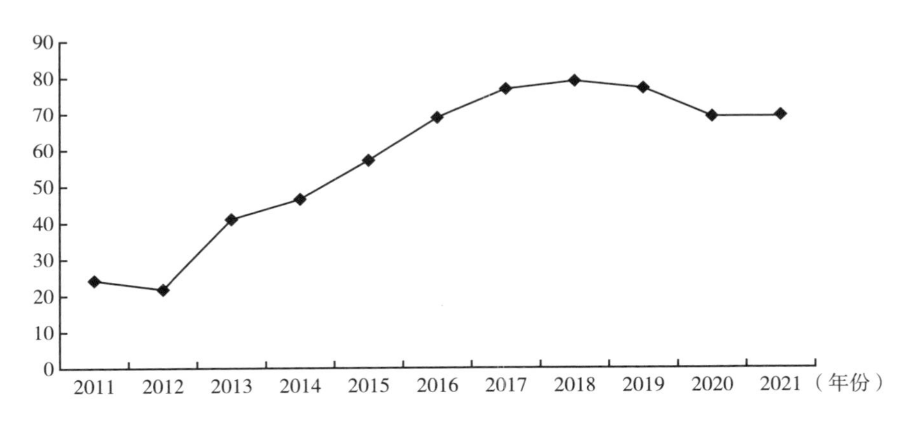

图 6　2011~2021 年全国绿色发展指数

2011~2012 年全国绿色发展指数出现小幅下降，主要原因是 2012 年人均 GDP 增长率较 2011 年出现大幅下降。2012 年世界经济低迷，间接影响经济增长速度。2012 年后，在人均 GDP 增速较为稳定的基础上，碳排放强度、能源消耗强度、恩格尔系数等指标数值逐步降低，使得全国绿色发展指数整体呈现上升趋势。2019~2020 年，全国绿色发展指数出现明显下降，是因为 2020 年全球范围内暴发了较为严重的新冠疫情。我国大部分产业受疫情影响，停工停产，人均 GDP 增长率断崖式下降，同时恩格尔系数有所上升，纵然碳排放强度、能源消耗强度有所下降，但全国绿色发展指数呈现下降趋势。虽然 2021 年人均 GDP 增长率上升，但全国绿色发展指数相较 2020 年变化不大。

（2）区域绿色发展指数分析

根据中国特色生态文明建设评价指标体系，本报告对 2011~2021 年四大经济区域层面的生态文明建设情况在绿色发展维度进行了综合评价。需要说明的是，由于西藏、台湾、香港和澳门的数据缺失，本报告未将其纳入研究范围。

①东北地区绿色发展指数分析

2011~2013 年，辽宁绿色发展指数呈现明显的波动，如图 7 所示。2013~2019 年，辽宁绿色发展指数整体呈现先下降后上升的趋势；2019~2020 年，该指数出现显著下降，并达到最低点；而在 2021 年，该指数又出现大幅上升。2021 年辽宁绿色发展指数大幅上升，主要是因为人均 GDP 增长率大幅上升，碳排放强度、能源消耗强度和恩格尔系数略有下降。2021 年，辽宁的 GDP 达到 27584.1 亿元，同比增长 5.8%，其中农林牧渔业、工业、建筑业等增加值均较上年有明显提升。居民人均可支配收入实现 7.2% 的增长，收入的增加有助于提高居民的消费能力和生活水平，进而推动经济增长。

2011~2015 年，黑龙江绿色发展指数出现波动，2015~2019 年呈现上升趋势。然而 2020 年，这一指数出现显著下降，2021 年有所回升。2021 年，黑龙江绿色发展指数出现上升，主要是因为人均 GDP 增长率上升 8.13 个百分点，碳排放强度、能源消耗强度和恩格尔系数则略有下降。2021 年，黑龙江 GDP 为 14879.2 亿元，比上年增长 6.1%。工业生产稳定增长，支柱产业稳固发展，特别是能源工业城市大庆的 GDP 增长迅猛，对整体经济的增

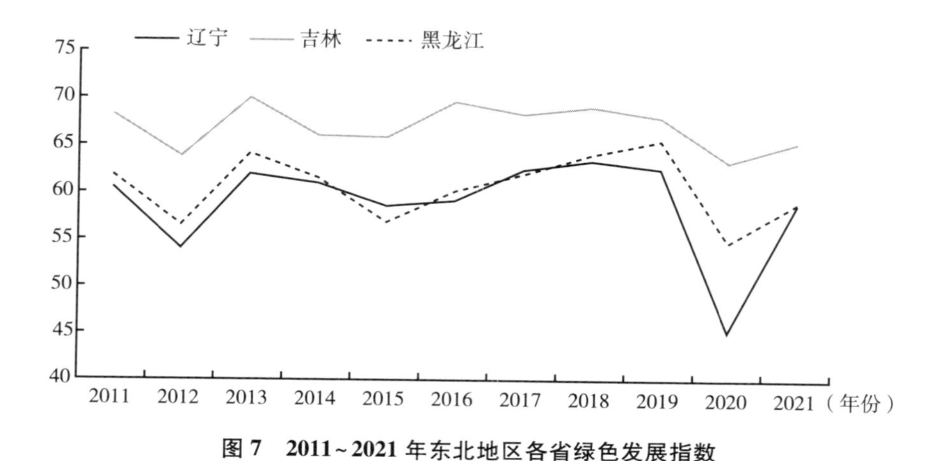

图 7　2011~2021 年东北地区各省绿色发展指数

长起到重要的推动作用。

2011~2021 年，吉林绿色发展指数波动较大。2011~2019 年，吉林绿色发展指数不稳定，波动幅度较大。2020~2021 年，吉林绿色发展指数由 63.34 增加至 65.48，主要受到人均 GDP 增长率变化的影响。人均 GDP 增长率较上年增长 43.51 个百分点，同时恩格尔系数由 29.00%降至 28.05%。2021 年，吉林省政府加快实施“一主六双”高质量发展战略，全省经济社会稳步恢复，发展质量效益同步提升，但发展速度尚需进一步加快。

②东部地区绿色发展指数分析

2011~2021 年，北京绿色发展指数始终处于前列，发展态势保持稳定。如图 8 所示，2011~2021 年，北京绿色发展指数整体呈现平稳上升趋势，2019~2020 年有所下降，2021 年大幅上升。2021 年，北京绿色发展指数迅速上升，这主要是因为人均 GDP 增长率达到 14.24%的历史高点，同时碳排放强度和能源消耗强度持续下降。2021 年，中国经济在经历了 2020 年新冠疫情的冲击后迅速复苏。北京作为全国的首都，受益于国家的各项经济刺激政策和市场需求的恢复，经济活动明显恢复。消费和服务业，特别是与旅游、餐饮和娱乐相关的行业，均出现显著回升。这些行业在北京经济中占有重要地位，对人均 GDP 的增长贡献显著。

2011~2021 年，天津绿色发展指数呈波动上升趋势，总体处于上游的位

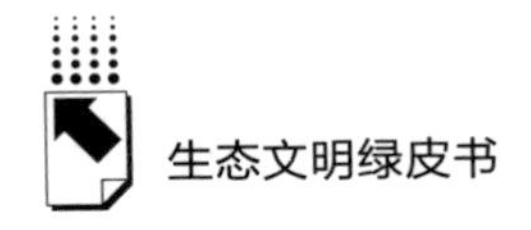

置，绿色发展水平较高。2019~2020年，天津绿色发展指数显著下降，其主要原因是该年度天津人均GDP出现负增长现象。除了受到新冠疫情的影响外，也受到产业结构偏重偏旧、新动能转换尚未完全见效、资源环境难以为继等因素影响。2020~2021年，天津绿色发展指数再创新高，主要是因为人均GDP增长率显著提升，由-0.48%升至12.46%，同时恩格尔系数也由29.92%降至27.93%。这得益于2021年天津全市经济全面恢复，京津冀协同发展也取得丰硕成果。

河北绿色发展指数整体呈现上升态势。2021年，河北绿色发展指数迅速上升，这主要是因为人均GDP增长率达到12.17%的历史高点，同时碳排放强度和能源消耗强度持续下降至历史最低水平。这一年，河北的GDP达到40391.3亿元，同比增长6.5%，其中批发业、零售业、餐饮业、旅游业以及农业等多个行业均保持增长势头。不过，常住人口数量在2020年的基础上减少16万人，降至7448万人，这可能对人均GDP增长率产生积极影响。此外，2021年河北的能源消费总量为32590.1万吨，相较上年有所下降。

上海绿色发展指数在全国范围内处于领先位置。2013~2019年，上海绿色发展指数稳定在全国前列，2020年略有下降，2021年再次回升，位于全国前列。如图8所示，2021年上海绿色发展指数快速上升，这主要是因为人均GDP增长率达到11.87%的高点，同时碳排放强度、能源消耗强度和恩格尔系数出现小幅下降，死亡率大幅下降。随着新冠疫情得到有效防控，上海经济复苏加速，尤其是服务业和消费领域表现强劲，提升了整体经济效益和生产率。与此同时政府出台了一系列促进经济发展的政策，包括税收优惠、投资刺激和创新支持等，推动经济增长，带动新的项目和企业发展。

2011~2021年，江苏绿色发展指数处于相对高位，这说明江苏绿色发展水平较高，在全国一直位居前列。如图8所示，2021年江苏绿色发展指数迅速上升，这主要是因为人均GDP增长率达到13.95%的高点，同时碳排放强度和能源消耗强度持续下降。2021年全球供应链逐步恢复，江苏制造业产能迅速提升，推动经济增长。同时江苏作为外向型经济大省，2021 年全球经济复苏带动国际市场需求增加，江苏的出口额显著增长，有力支撑人均 GDP 的有效提升。

2011~2021 年，浙江绿色发展指数基本稳定在全国前列，说明浙江绿色发展水平整体居于全国领先水平。如图 8 所示，2021 年浙江绿色发展指数显著上升，这主要是因为人均 GDP 增长率达到 13.01%的高点，同时碳排放强度小幅上升，能源消耗强度、恩格尔系数和死亡率均出现小幅下降。浙江始终是制造业大省，2021 年在政策的支持下，传统制造业加快向高端制造业和智能制造业转型升级，其产业附加值得到提高，经济实现增长。随着全球经济的逐步复苏，浙江的出口贸易恢复强劲，特别是在纺织、机械和高技术产品领域，出口额的增长为人均 GDP 的提升做出重要贡献。

2011~2021 年，福建绿色发展指数呈现稳定向好的发展态势。如图 8 所示，2021 年福建绿色发展指标数大幅上升，这主要是因为人均 GDP 增长率达到 12.98%的历史高点，同时碳排放强度出现小幅上升，能源消耗强度、恩格尔系数和死亡率均出现小幅下降。究其原因，福建的经济结构以传统制造业、轻工业和劳动密集型产业为主，高新技术产业和现代服务业的占比相对较小。随着全国范围内产业升级的推进，福建的产业结构调整压力较大，影响经济增长的速度。另外，福建是外贸大省，其经济对国际市场的依赖较大。尽管 2021 年全球经济逐步复苏，但国际市场的不确定性、供应链问题以及贸易摩擦对福建的外贸增长造成一定影响，从而影响其经济增长。

2011~2021 年，山东绿色发展指数波动较大，绿色发展水平位于中上游。如图 8 所示，2020~2021 年山东绿色发展指数明显上升，由 63.78 升至 70.83，绿色发展水平显著提升，主要原因是人均 GDP 增长率由 2020 年的 2.75%增至 2021 年的 13.48%，同时 2021 年的碳排放强度较上年下降 12.57%。山东从 2018 年开始深化新旧动能转换，推动经济高质量发展。2021 年，山东压减焦化产能，可再生能源发电装机容量占电力装机容量的 33.7%，绿色发展稳步推进。

2011~2021 年，广东绿色发展指数基本稳定，偶有波动。总体来看，广东绿色发展水平位于全国前列。如图 8 所示，2021 年广东绿色发展指数迅速上升，这主要是因为人均 GDP 增长率达到 11.34%，同时碳排放强度小幅下降，能源消耗强度小幅上升，恩格尔系数小幅下降。广东作为全国最大的外贸省份，由于全球市场需求回升，广东出口额快速增长，尤其是在电子产品和家电等领域，这对人均 GDP 的提升起到重要作用。2021 年受疫情影响，某些弱势群体，尤其是老年人和有基础疾病的群体健康受到影响，故疫情可能是死亡率上升的影响因素。

海南绿色发展指数除了 2020~2021 年出现大幅波动以外，总体呈现平稳发展态势，如图 8 所示。2021 年，海南绿色发展指数大幅上升至最高点，主要是因为人均 GDP 增长率上升 12.63 个百分点，恩格尔系数和死亡率也略有下降。随着疫情防控政策的优化调整，海南的旅游业和消费快速恢复。旅游业的恢复带动酒店业、餐饮业等相关服务业增长，从而促进海南经济发展。

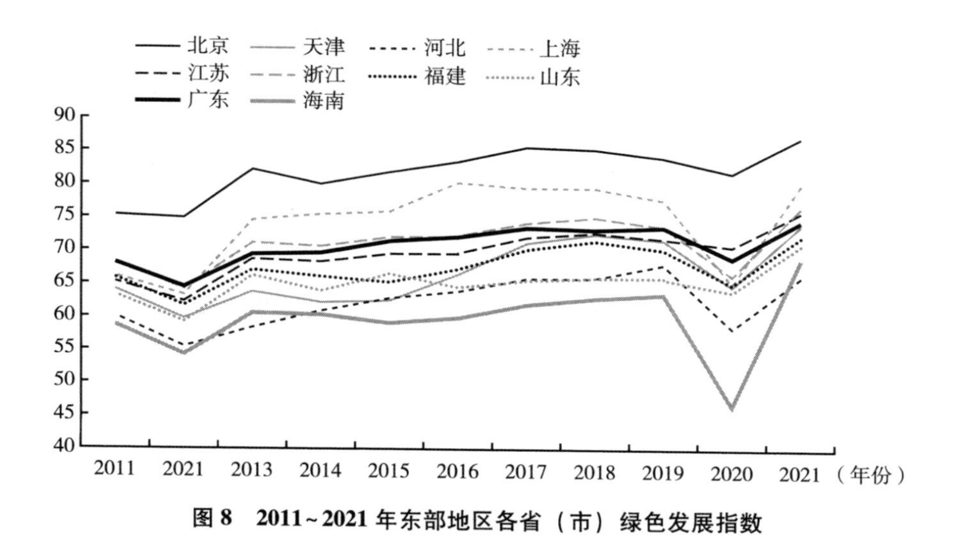

图 8　2011~2021 年东部地区各省（市）绿色发展指数

③中部地区绿色发展指数分析

2011~2021 年，山西绿色发展指数呈现大幅波动，如图 9 所示。2021 年，山西绿色发展指数迅速上升，主要是因为人均 GDP 增长率较 2017 年上升23.22个百分点。与此同时，碳排放强度、能源消耗强度、恩格尔系数均有所下降。2021年，山西GDP增长9.1%，总量突破2万亿元大关。山西继续推进产业结构调整和升级，煤炭先进产能占比突破75%，同时新能源和高新技术产业的发展也为经济增长注入新的活力。

2019~2020年，安徽绿色发展指数有所下降，主要原因是人均GDP增长率出现下降，从8.02%降至3.05%。同时恩格尔系数有所上升，从31.77%升至33.27%。2021年，虽然安徽人均GDP增长率较上年有所提升，但是死亡率由5.91%升至8.00%，恩格尔系数也有所下降，导致绿色发展指数没有发生较大变化。2021年，安徽绿色发展指数与上年持平。

2011~2021年，江西绿色发展指数相对稳定，绿色发展水平较高。如图9所示，2020~2021年江西绿色发展指数显著提升，这主要得益于人均GDP增长率由4.44%升至15.69%，死亡率也有所下降。2021年，江西全省上下扎实做好“六稳”工作、全面落实“六保”任务，全省经济持续平稳增长，质量效益稳步提高，GDP同比增长8.8%。

2011~2021年，河南绿色发展指数保持在中上游。如图9所示，2011~2016年，河南绿色发展指数整体保持较高水平且呈现稳步上升的趋势。2017~2019年，河南绿色发展指数保持平稳，但2019~2020年出现明显下滑。2020~2021年，河南绿色发展指数呈现显著的增长趋势。具体来看，2021年河南人均GDP增长率从0.62%大幅提升至7.12%，同时死亡率从9.24%下降到7.36%。这些积极的变化共同促进河南绿色发展指数提升。

2011~2021年，湖北绿色发展指数保持在全国中上游。如图9所示，2011~2019年，湖北绿色发展指数整体呈现波动上升的趋势。然而，2019~2020年湖北绿色发展指数出现大幅下滑。2021年，湖北人均GDP增长率由-3.94%增长至17.46%，由此带动全省绿色发展指数大幅提升。

2011~2021年，湖南绿色发展指数呈波动上升趋势。如图9所示，2021年湖南绿色发展指数上升，这主要是因为人均GDP增长率达到10.2%的高点。同时碳排放强度出现小幅下降，能源消耗强度出现小幅上升，恩格尔系数出现小幅下降。究其原因，湖南的外向型经济相对较弱，外贸依存度较低，疫情发生后，国际市场需求复苏对湖南经济的拉动作用不如一些沿海省份显著。因此，湖南在全球经济回暖中受益较少，影响其人均 GDP 的增长。与此同时，湖南的固定资产投资增长速度相对较慢，特别是在基础设施建设和高端产业领域，投资力度不如一些发达省份，这进一步影响湖南经济增长速度。

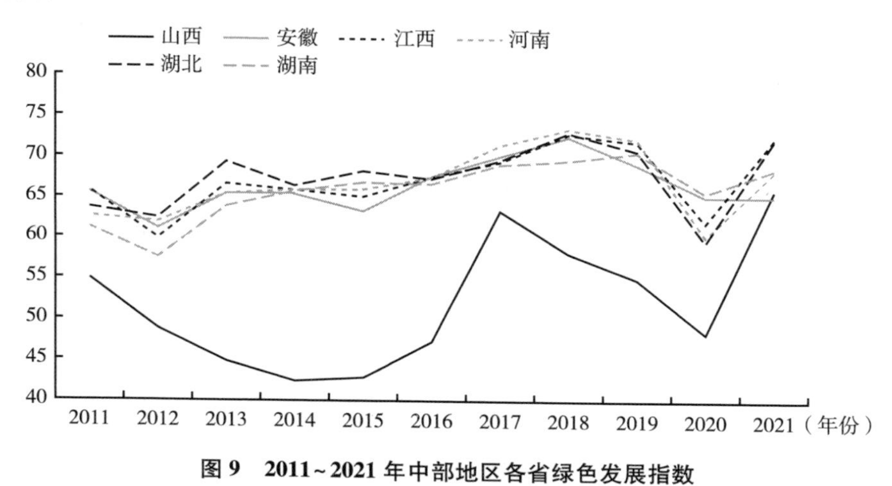

图 9　2011~2021 年中部地区各省绿色发展指数

④西部地区绿色发展指数分析

如图 10 所示，2011~2019 年，内蒙古绿色发展指数整体保持稳定。2019~2020 年，内蒙古绿色发展指数出现显著下降，这主要是因为疫情对服务业和文化旅游业等产生较大负面影响，导致人均 GDP 大幅减少，同时生活水平下降导致恩格尔系数显著上升。而 2020~2021 年，内蒙古绿色发展指数迅速回升，增幅达 27%，这归功于内蒙古大力推动经济复苏和发展，提高人均 GDP，人均 GDP 增长率得到显著提升。

2011~2012 年，广西绿色发展指数出现下降；2012~2019 年绿色发展指数出现上升，2020 年绿色发展指数出现显著下降，达到最低点。2021 年，广西绿色发展指数上升，主要因为人均 GDP 增长率提高 9.92 个百分点，以及恩格尔系数下降 1.97 个百分点，其余指标未出现明显变化。2021 年，广西 GDP 同比增长 7.5%，其中农林牧渔业、工业、建筑业和交通运输业等产业增加值明显上升。

2011~2021 年，重庆绿色发展指数处于中等偏下的水平，偶有波动。如图 10 所示，2019~2020 年，重庆绿色发展指数出现明显下降，这主要是受到疫情的影响。重庆人均 GDP 增长率从 2020 年的 5.32%显著提高到 2021 年的 11.69%，同时死亡率从 2020 年的 9.83%下降到 2021 年的 8.03%，这些积极的变化为重庆 2021 年绿色发展指数的回升奠定了坚实基础。

如图 10 所示，四川绿色发展指数在 2011~2012 年、2013~2015 年以及 2018~2020 年呈现下降趋势，主要是因为这段时间经济发展增速放缓，尽管碳排放强度和能源消耗强度逐年降低，但是其正面影响无法抵消经济发展放缓带来的负面影响。2021 年，四川绿色发展指数为 61.92，较 2020 年有所下降，主要是死亡率升高（由 6.30%增至 8.74%），以及恩格尔系数下降（由 35.52%降至 35.08%）造成的。

2020~2021 年，贵州绿色发展指数出现小幅增长。通过对二级指标的分析可以看出，这种增长主要是人均 GDP 增长导致的。虽然 2021 年贵州绿色发展指数有所提升，但从全国范围来看，其绿色发展指数仍有较大的提升空间。

2011~2019 年，云南绿色发展指数整体呈现上升趋势。2021 年，云南绿色发展指数略有上升，主要是因为人均 GDP 增长率上升 5.37 个百分点，恩格尔系数上升 1.31 个百分点，其余指标无明显变化。2021 年，云南 GDP 达到 27146.76 亿元，相比上年同期增加 2624.86 亿元。此外，人均可支配收入为 25666 元，比上年增长 10.2%。

陕西绿色发展指数在全国处于比较靠前的位置，说明其绿色发展水平较高。2020~2021 年，全省绿色发展指数出现大幅上升，主要原因是人均 GDP 增长率由 0.55%提升至 15.64%。2021 年全球大宗商品价格普遍上涨，尤其是煤炭价格全年平均涨幅超过 70%。另外，全省培育形成航空工业、集成电路、先进结构材料 3 个国家级产业集群，由此带动全省 GDP 增长。

同时，陕西碳排放强度和能源消耗强度均有所下降，碳排放强度由2020年的0.0238降至2021年的0.0190，能源消耗强度由2020年的0.52降至2021年的0.48，综合影响下导致陕西绿色发展指数大幅上升。

2011~2015年，甘肃绿色发展指数整体呈现波动趋势。2015~2019年，全省绿色发展指数呈现稳步增长的趋势。2019~2020年，甘肃绿色发展指数出现下降，其主要原因是人均GDP显著下降，降幅达53.90%。根据《2020年甘肃省国民经济和社会发展统计公报》，文化旅游业受到疫情的严重冲击，具体表现为国内旅游收入和国际旅游外汇收入分别下降45.7%和88.2%。然而，2021年甘肃人均GDP增长率大幅提升，带动其绿色发展指数显著增加。

2011~2021年，青海绿色发展指数整体处于较低水平。2019~2020年，青海人均GDP增长率出现显著下降，降幅达到71.89%，这是导致其绿色发展指数下降的主要原因。除了受到疫情的负面影响外，青海地处西北地区，地理条件并不利于其经济发展，这也限制其绿色经济的发展。2021年，随着人均GDP的恢复和增长，青海绿色发展指数有所回升。

2011~2021年，宁夏绿色发展指数整体波动较大。2021年，宁夏绿色发展指数出现大幅上升，主要是因为人均GDP增长率同比上升10.61个百分点，碳排放强度、能源消耗强度和恩格尔系数均有所下降，但降幅不明显。2021年，宁夏GDP达到4522.31亿元，同比增长6.7%。宁夏积极推进产业结构优化升级，大力发展现代服务业和高新技术产业，减少对传统产业的依赖，这有助于提高经济效益和增加人均产出。

新疆绿色发展指数波动较明显。如图10所示，2019~2020年，新疆绿色发展指数出现显著下降，主要原因是受到新冠疫情的影响。然而，2021年，随着全国范围内经济复苏步伐的加快，新疆也在积极恢复和发展经济，其绿色发展指数快速提升。一方面，人均GDP增长率从0.12%提升至17.51%，有力地推动地方经济发展；另一方面，碳排放强度、能源消耗强度和恩格尔系数均有所下降，这些积极的变化共同促进新疆绿色发展指数提升。

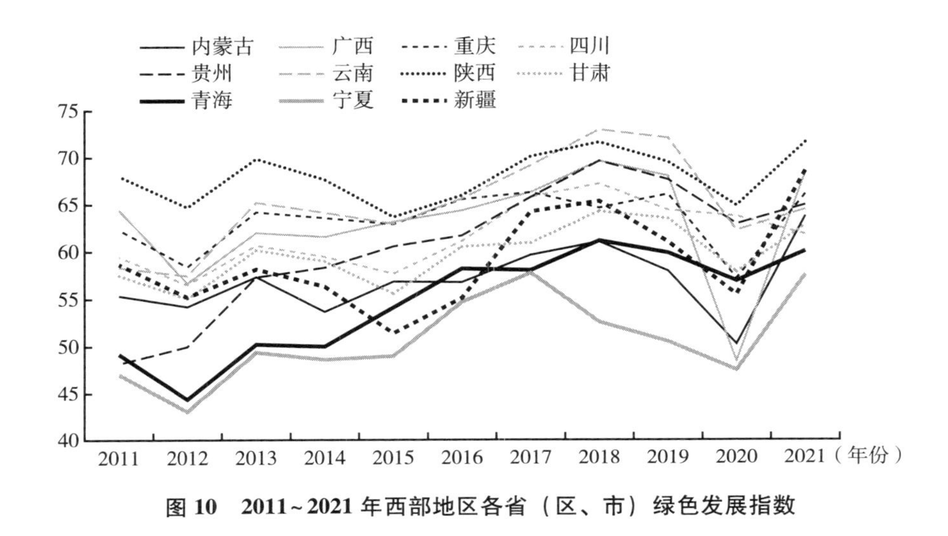

图 10　2011~2021 年西部地区各省（区、市）绿色发展指数

2. 自然生态高质量

生态文明建设必须依赖健康的自然生态系统，而自然生态系统是国家开展环境治理和生态修复工作的关键。实现自然生态高质量发展既是生态文明建设的内在要求，也是国家努力追求的核心目标。健康的自然生态系统对维持生物多样性、提供精神文化价值、支持经济活动、增进人类健康福祉以及预防自然灾害等方面都至关重要，是实现可持续发展的基础。自然生态系统的高质量主要体现在生物物种的丰富性、空气的清洁度、水质的纯净度、地表植被的完整性以及土地的生产潜力等方面。因此，选择生物丰度指数、空气质量指数、地表水达到或好于Ⅲ类水体比例、森林覆盖率以及土地沙化程度作为评价全国及各省份自然生态高质量的指标。

2011~2021 年，全国自然生态高质量指数平均值为 35. 25，该指数总体呈现波动上升的趋势（见图 11）。2021 年，全国自然生态高质量指数为 99. 24。党的十八大以来，生态文明建设纳入国家“五位一体”的总布局，特别是 2015 年中共中央、国务院出台《生态文明体制改革总体方案》，要求加快建立系统的、完整的生态文明制度体系，为我国生态文明领域改革做出顶层设计。另外，在生态文明建设的指导下，政府实施了“重要生态系统保护和修复重大工程”“美丽中国建设”等多项生态环境保护工程，对推动全国自然生态高质量发展起到关键作用。

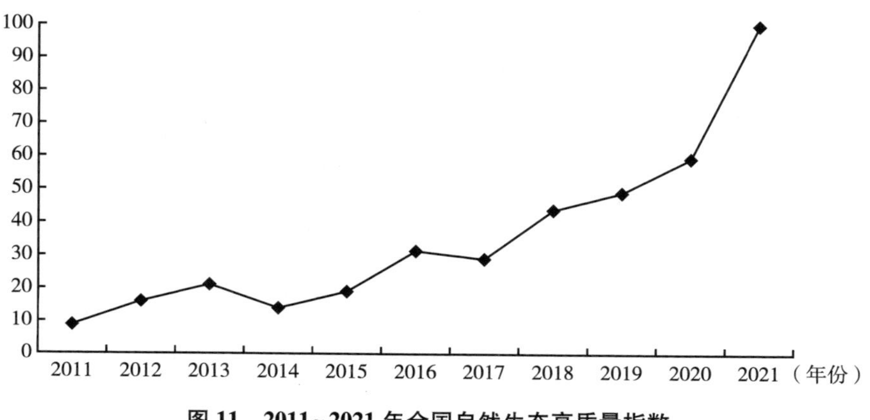

图 11　2011~2021 年全国自然生态高质量指数

从四大地区来看，全国自然生态高质量指数呈现“中部和东北部地区高、东部和西部地区低”的特点（见图 12）。2011~2021 年，中部、东北、东部、西部地区的自然生态高质量指数平均值分别为 71.09、70.92、64.56、62.84。东部和西部地区主要受到经济发展水平和地理环境的影响，其自然生态质量偏低。虽然东部地区经济发达，但较高的人口密度和密集的工业活动带来较大的生态压力和环境污染问题。由于地形复杂、气候条件恶劣以及水资源相对匮乏，西部地区的生态系统整体较为脆弱。中部地区和东北地区得益于其得天独厚的自然条件，以及相对较小的人口压力，其自然生态质量优于其他两个地区。其中，中部地区森林覆盖率较高，土地生产能力相对较强，自然生态高质量指数在四大地区中处于最高水平。

随着时间的推移，全国四大地区的自然生态高质量指数均呈现稳步上升的趋势（见图 13）。具体来看，2011~2021 年，中部、东北、东部和西部地区的自然生态高质量指数年均增长率分别为 1.09%、1.01%、1.31% 和 1.21%。在生态文明建设整体规划的指导下，各地区实施退耕还林还草政

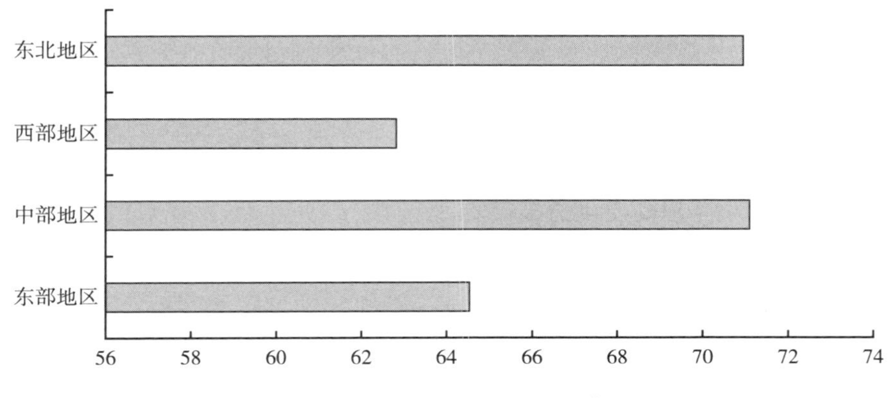

图 12　2011~2021 年全国四大地区自然生态高质量指数平均值

策，水土保持和防护林建设逐步推进，这有效地改善了当地的自然生态质量，特别是东部和西部地区的生态恢复和环境治理成效明显。

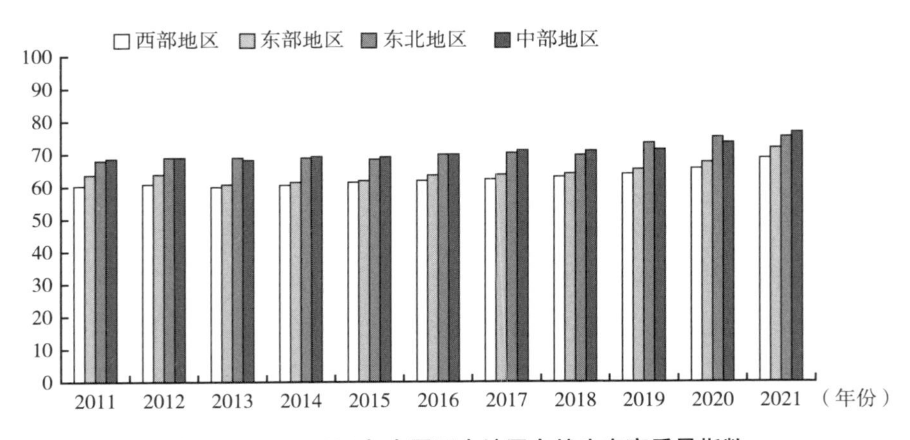

图 13　2011~2021 年全国四大地区自然生态高质量指数

从各省（区、市）来看，2011~2021 年自然生态高质量指数平均值位于 25~100，各省（区、市）差异显著，只有福建和江西自然生态高质量指数平均值超过 90（见图 14）。福建和江西的气候条件较为优越，属于亚热带暖湿季风气候，全年温暖湿润，四季分明，雨量充沛。2021 年，福建和江西的森林覆盖率分别为 66.80%和 63.10%，这不仅有助于保持水土、调节气候，还为众多生物提供了栖息地，使福建和江西成为生物多样性丰富的地区。

2011~2021 年，广西、贵州、海南、陕西等 19 个省份自然生态高质量指数平均值位于 50~90。另外，位于西北干旱半干旱地区的省份和经济发达的沿海省份自然生态高质量指数较低。

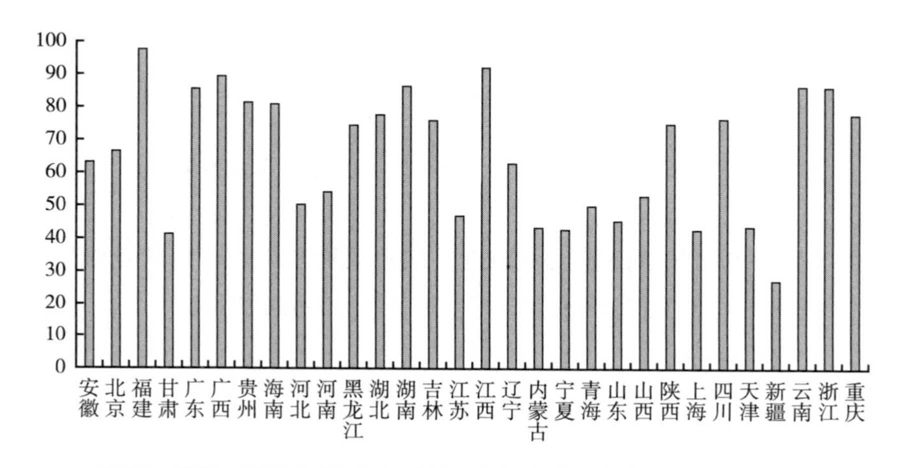

图 14　2011~2021 年 30 个省（区、市）自然生态高质量指数平均值

2021 年，全国 30 个省（区、市）自然生态高质量指数平均值为 72.26，增长率为 4.29%。2021 年，甘肃、江苏、上海、山西、河北等省（市）的自然生态高质量指数增长率均保持在 10%以上，其生态环境治理取得较好的成绩；其中，河北自然生态高质量指数的增长速度更是达到 17.65%。然而，海南（-0.86%）、江西（-0.65%）、福建（-0.15%）的自然生态高质量指数均呈现下降趋势。宁夏、黑龙江、吉林和青海自然生态高质量指数的增长率分别为-3.91%、-2.69%、-1.81%和-1.26%，下降幅度较大。统计数据显示，2021 年黑龙江、吉林、青海的生物丰度指数和空气质量指数均呈现下降趋势，宁夏的地表水达到或好于Ⅲ类水体比例、森林覆盖率有较大幅度下降。安徽、陕西、四川、浙江、天津、湖北、湖南、广东、广西、新疆、河南、云南、辽宁、山东、内蒙古、重庆、北京、贵州的自然生态高质量指数增长速度保持在0~10%的范围之内，总体呈现增长态势（见图15）。

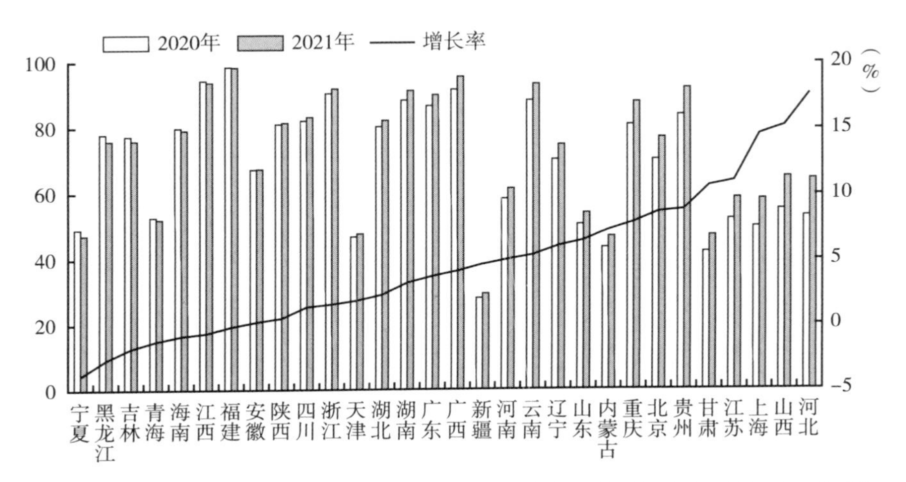

图15　2020年和2021年30个省（区、市）自然生态高质量指数平均值及其增速

从排序变化情况来看，福建和新疆的自然生态高质量指数排序并未发生明显变化。而湖南、云南、海南、吉林、四川、贵州、陕西、青海、北京、天津、内蒙古、上海和江苏等省份的自然生态高质量指数排序出现较大变化。其中，自然生态高质量指数排序总体保持上升趋势的省份有云南、四川、贵州、陕西、上海、重庆、江苏和山东。其中，云南、贵州、四川、陕西等省份实施山水林田湖草一体化保护修复项目、推进高原湖泊和湿地生态修复工程、加强生物多样性保护、开展大规模国土绿化、采取水土保持和土地综合整治等措施，促进生态环境的持续改善，自然生态质量得到显著提升。山东和江苏作为东部地区的经济强省，在经济发展的同时，自然生态高质量指数排序呈现上升趋势。山东统筹推进生态环境修复治理工程，推进海洋生态保护修复工程，建设生态地质环境监测网。此外，山东还全面推进美丽山东建设，开展“四减四增”行动，统筹产业结构调整、污染治理以及生态保护。江苏建立湿地生态保护补偿机制，实施退渔还湿、退圩还湖等项目，推进长江大保护和太湖治理，持续改善空气质量和水生态环境，深入推

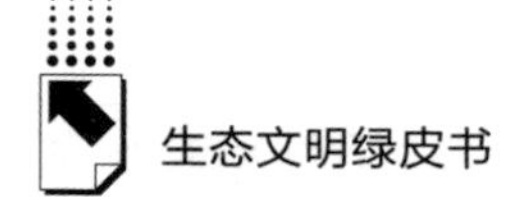

进土壤污染防治和农业农村污染治理。湖南、海南、广东、吉林、内蒙古和天津自然生态高质量指数排序整体呈现下降态势，江西、广西、浙江、黑龙江、安徽、辽宁和河南自然生态高质量指数总体排序没有发生较大变化。

3. 绿色生产

绿色生产涵盖生产过程和消费过程两个方面，其最终目的是通过节能、降耗、减污实现绿色消费，通过科学管理和绿色技术减少污染物排放并促进资源利用。通过传统能源和清洁能源的对比分析可以发现，天然气、水电、核电、新能源发电等清洁能源消费量占比显著提升，说明能源结构的优化更有利于实现绿色生产。总体而言，促进天然气开发，实现电力的有效转换，减少煤炭、石油等传统能源在生产生活中的使用，可以有效提高绿色生产水平。

2011~2021 年，全国绿色生产指数呈现波动上升的趋势，如图 16 所示。自 2011 年以来，全国绿色生产指数缓慢上升，2016 年出现大幅上升，2018~2021 年全国绿色生产指数再次缓慢上升。

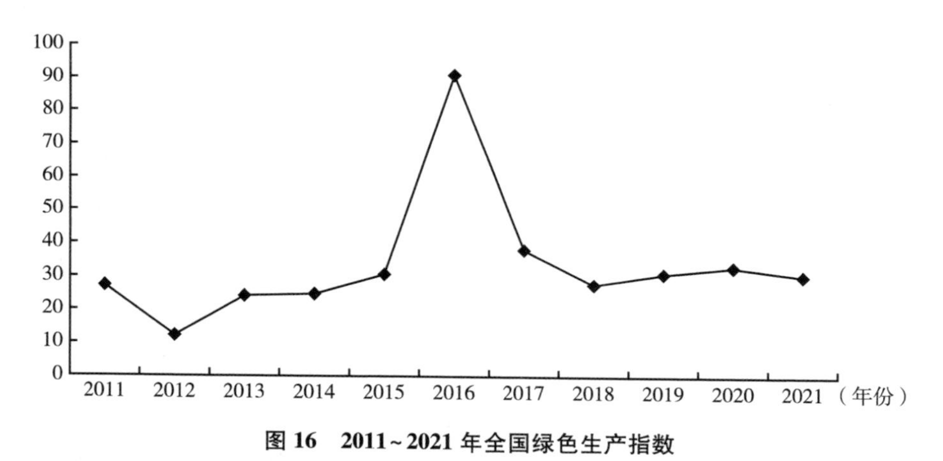

图 16　2011~2021 年全国绿色生产指数

这说明我国的绿色生产模式仍然处于发展和变化之中，虽然我国已逐步形成低碳高效的工业生产模式，但是总体来看，绿色生产指数仍呈现波动态势。如何从长远角度出发，找到稳定的绿色生产方式，对碳达峰、碳中和的实现至关重要。

（1）东北地区：辽宁、吉林、黑龙江

从长期来看，在东北地区，辽宁、吉林、黑龙江三省的绿色生产指数总体呈现上升态势，上升速度差异较大，如图 17 所示。其中，辽宁在 2014 年和 2017 年下降到低点之后，在 2018 年迎来爆发式增长，其后呈现缓慢下降的趋势，逐渐趋于平稳。2018 年辽宁绿色生产指数的大幅上升很大程度上缘于《辽宁省重污染河流治理攻坚战实施方案》等的落地实施，工业污水治理、生活污水治理、水源地保护、入河排污口整治等多个方面得到加强。2020 年，辽宁绿色生产指数出现小幅下降，可能与 2020 年疫情导致各个行业发展困难有关。2021 年，辽宁绿色生产指数有所回升，与 2021 年辽宁将绿色生态指标纳入《辽宁省国民经济和社会发展规划第十四个五年规划和二〇三五年远景目标纲要》的举措有关。

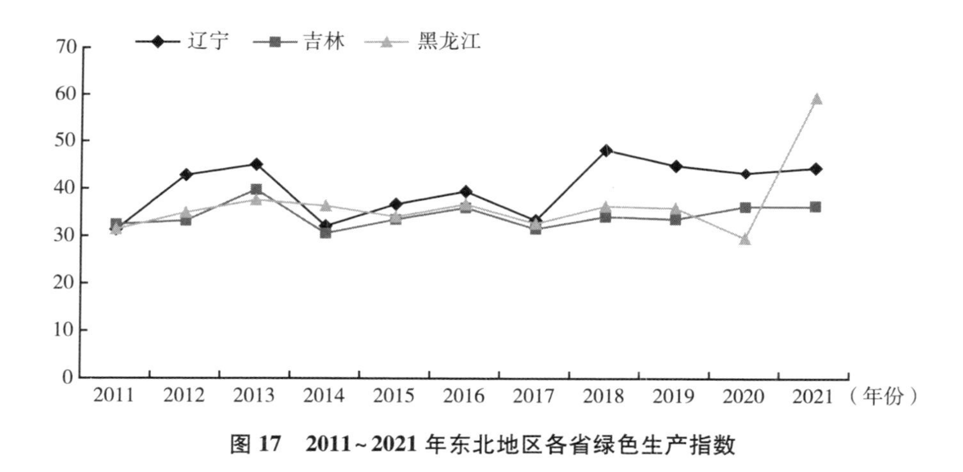

图 17　2011~2021 年东北地区各省绿色生产指数

黑龙江的绿色生产发展规律与辽宁相似，其绿色生产指数在 2020 年出现下降，随后 2021 年出现爆发式增长，这可能是因为 2021 年黑龙江积极发展寒地冰雪旅游产业，发挥自然资源优势，壮大绿色环保产业，为黑龙江绿色生产提供广阔的发展空间和机遇。

吉林绿色发展指数整体保持平稳，但在东北地区总体处于中下游，这可能是因为能源消耗模式的弊端，老工业基地的能源消耗还是更依赖传统能源。

（2）华北地区：北京、天津、河北、山西、内蒙古

在华北地区，北京、天津、河北、山西、内蒙古的绿色生产指数总体呈现显著的上升态势，如图18所示。

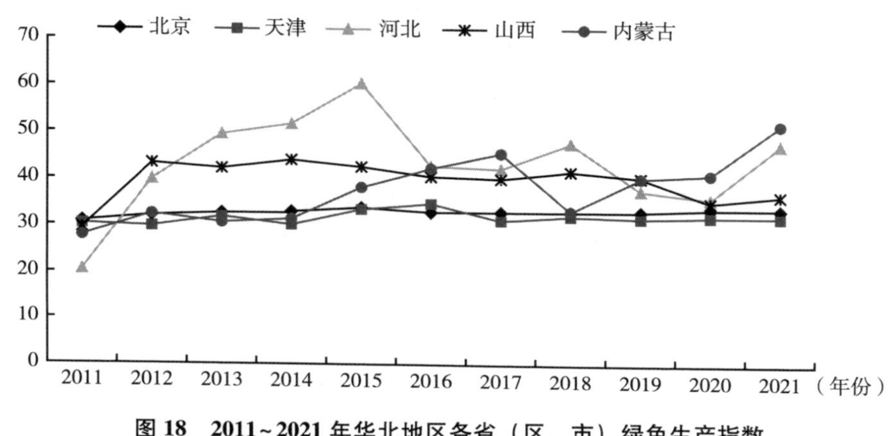

图18　2011~2021年华北地区各省（区、市）绿色生产指数

2011~2021年，内蒙古、河北的绿色生产指数波动较大。内蒙古绿色生产指数除2013年和2018年有所下降以外，整体呈现上升趋势。2019年，内蒙古绿色生产指数跃升至华北地区首位。2021年，内蒙古绿色生产指数出现显著增长，这可能是由于内蒙古发布了《内蒙古自治区人民政府关于加快建立健全绿色低碳循环发展经济体系具体措施的通知》，鼓励绿色科技创新。河北绿色生产指数的波动幅度较大，各级各部门通过创新绿色科技、严格制定环境标准、倒逼环保指数提升、实施低排放改造等，污染源自动监控工作等顺利完成，污染物排放总量显著降低。2019~2020年，河北绿色生产指数有所下降，2021年河北绿色生产指数出现显著增长，得益于其大力推进清洁生产，设置企业名单，对高污染排放的企业定点实施强制性绿色生产审核，促进企业整改。

2011~2021年，北京、天津的绿色生产指数保持稳定，得益于其较为稳

定的产业结构和生产模式，北京的污染物排放、资源利用和能源消耗方式都呈现绿色、低碳的发展趋势。与北京相邻的天津呈现类似的发展趋势。

山西的绿色发展较为困难，作为中国重要的资源大省和能源基地，其经济长期以来以重工业为主，特别是煤炭产业占据举足轻重的地位，工业产值占地区生产总值的比重明显高于全国平均水平。这种以煤炭为主导的能源结构，加之承担全国能源保供重任，山西碳排放量位居全国前列。丰富的矿产资源使得山西工业结构偏重，轻工业相对薄弱。2022 年，山西三次产业结构为 5∶54∶41，与全国 7∶40∶53 三次产业结构相比，第二产业的占比显著高于第三产业。因此，面对保供与减少碳排放的双重挑战，山西应采取绿色生产方式。

（3）华东地区：上海、江苏、浙江、安徽、福建、江西、山东

在华东地区，2011~2021 年上海、江苏、浙江、安徽、福建、江西、山东的绿色生产指数总体呈现波动上升态势，如图 19 所示。

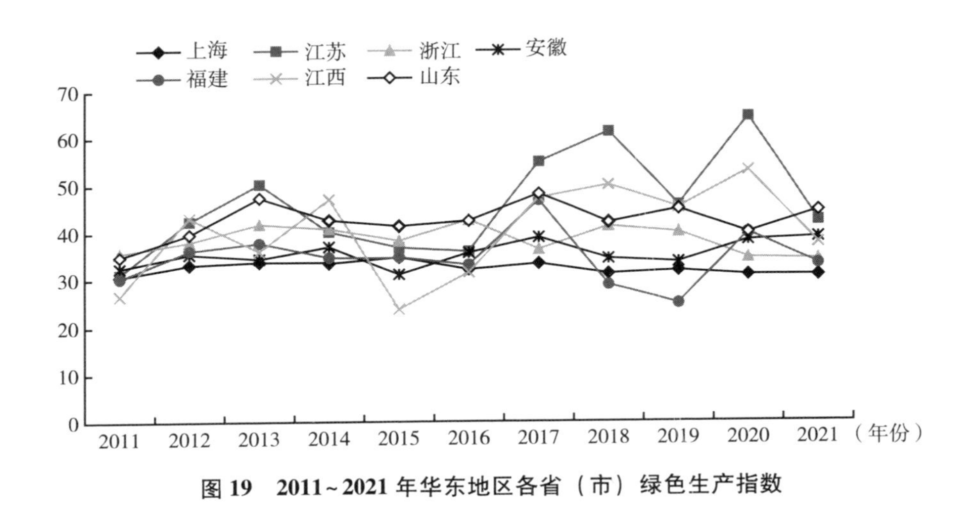

图 19　2011~2021 年华东地区各省（市）绿色生产指数

自 2011 年以来，江苏绿色生产指数不断提升，并于 2018 年和 2020 年前后达到峰值。《关于推进生态文明建设工程的行动计划》《江苏省排放水污染物许可证管理办法》等政策的出台和落实都使得江苏废气、废水的排放量明显减少。然而，2019 年和 2021 年江苏绿色生产指数出现下降，这也

说明江苏的绿色发展仍处于波动阶段，虽然总体处于高位，但是如何保持较高发展水平是接下来江苏应该思考的问题。

对于江西而言，绿色生产指数的拐点在 2015 年前后出现，废水、废气等污染物的排放呈现增加的趋势。2021 年，江西绿色生产指数出现下降，化学需氧量排放总量减少和氨氮排放总量减少相比往年有所下降，可再生能源和清洁能源消费量占能源消费总量的比重有待进一步提高。江西生态文明建设取得明显成效，但生态环境保护和绿色转型发展仍任重道远。2021 年，江西六大高耗能行业能耗占全省规模以上工业能耗的比重达到 85.6%，煤炭消费占比仍高于全国平均水平，这些都与建设人与自然和谐共生的现代化江西不相协调。开启全面建设社会主义现代化江西新征程，必须以“双碳”目标的实现倒逼发展方式转变、发展动能转换，走绿色、低碳、循环发展的新路。

2011~2021 年，福建绿色生产指数总体保持稳定。作为国家生态文明先行示范区的福建，本身的污染水平和排放量相对较低，因此化学需氧量排放总量减少、氨氮排放总量减少、二氧化硫排放总量减少相对较低。目前，拥有全国首个国家生态文明试验区的福建，以占全国约 1.3%的土地以及 2.9%的能源消耗贡献全国 4.3%的经济总量；同时，福建还拥有丰富的森林资源，目前正在对实现“双碳”目标的路径展开探索。所以对于福建来说，污染和排放并不是主要问题，高效发展应是其今后探索的重要方向。

（4）华中地区：河南、湖北、湖南

在华中地区，2011~2021 年河南、湖北、湖南的绿色生产指数变化趋势相似，如图 20 所示。

其中，湖南绿色生产指数在 2018 年前后呈现爆发式增长。2017 年，包含 3 类重点任务、47 项具体任务和目标责任清单的《湖南省污染防治攻坚战三年行动计划（2018—2020 年）》出台，大气污染、水污染、重金属和土壤污染得到有效治理，长株潭区域，洞庭湖、湘江流域等重点区域的污染得到有效治理。但是 2019 年湖南绿色生产指数出现下降，其中化学需氧量排放总量减少大幅增加，可再生能源和清洁能源消费量占能源消费总量的比

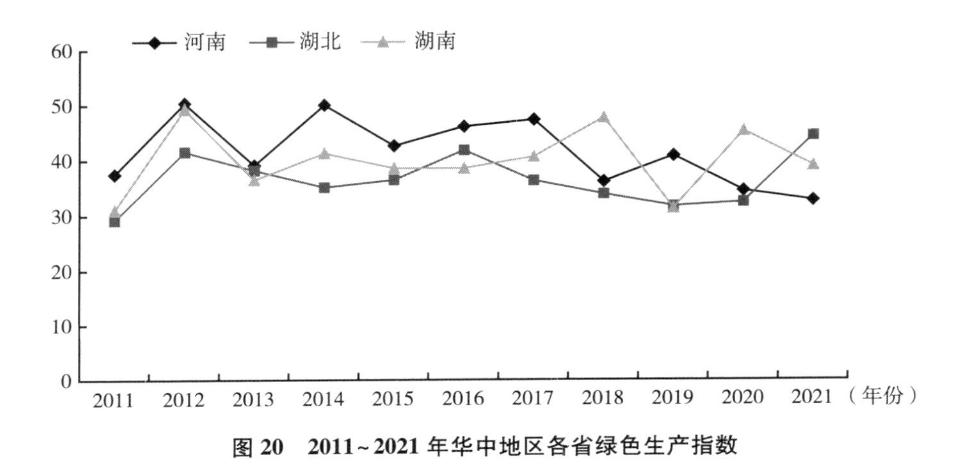

图 20　2011～2021 年华中地区各省绿色生产指数

重大幅下降。2020 年，湖南绿色生产指数再次出现大幅提高。

湖北绿色生产指数相对平稳，2016 年显著上升，此后一直处于下降状态，2021 年显著上升并达到峰值。2021 年，湖北省发展改革委印发《湖北省长江经济带绿色发展“十四五”规划》，全省绿色生产水平得到大幅提升。

从长期来看，河南绿色生产指数较为平稳，但 2018 年出现明显下降。2018 年，河南各领域普遍遭受洪涝、雪灾等自然灾害的侵袭。2018 年后河南绿色生产指数有所回升。2021 年，河南绿色生产指数最低，这可能是由于河南以传统产业为主，绿色转型动力不足，缺乏高端人才，绿色生产受阻。

（5）华南地区：广东、广西、海南

在华南地区，2011～2021 年广东、广西、海南的绿色生产指数较为稳定，且总体上趋于一致，如图 21 所示。

其中，广东绿色生产指数在 2019 年达到峰值，2020 年又回落到正常区间，2021 年有小幅下降。广东绿色生产指数位于华南地区首位，这也与广东十分重视绿色生产关系密切，尤其是 2019 年前后，广东的绿色生产水平得到有效提升。截至 2023 年，广东已累计创建国家级绿色工厂 304 家、绿色工业园区 11 家、绿色供应链管理企业 59 家，绿色制造名单总数居全国首

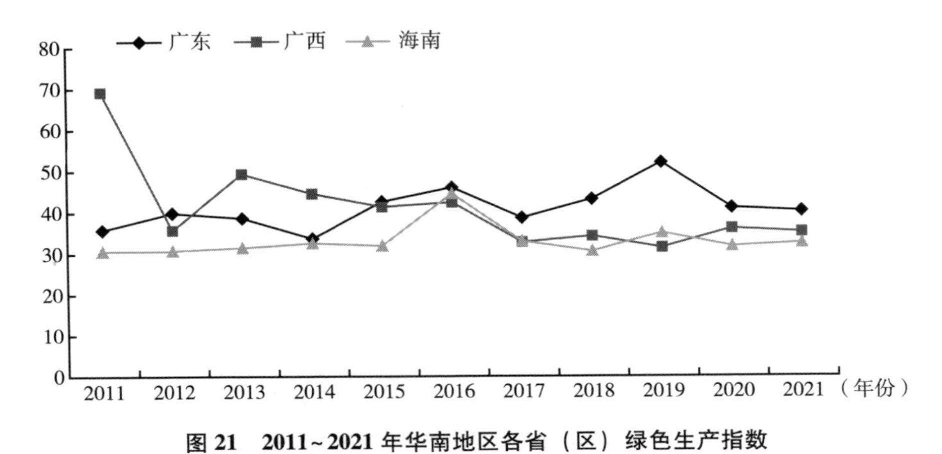

图 21　2011~2021 年华南地区各省（区）绿色生产指数

位，对绿色工业发展的重视也是广东绿色生产指数居于高位的原因之一。

2011~2021 年，广西和海南的绿色生产指数总体都呈现稳步发展的态势。广西大气污染治理的效果较为明显，《广西壮族自治区节能减排工作行政过错问责暂行办法》《关于开展 2013 年主要污染物总量减排突击行动的通知》等措施的出台为绿色生产做出贡献。作为全国生态环境较好的省份之一，海南最大的潜力在生态。例如，海南热带雨林国家公园 2019~2021 年的生态系统生产总值（GEP）增加超过 23 亿元，可见在向“绿色”要发展效益方面，海南优势明显。此外，海南的新能源发展也具有优势，以风能资源为例，海南是海洋大省，其海洋面积达 200 万平方公里，海岸线总长达 1944 公里，海上风电中长期可开发建设容量为 4000 万~5000 万千瓦。海南在发展海上风电等绿色低碳产业，推动实现“双碳”目标等方面形成“人无我有、人有我优”的比较优势。

（6）西南地区：重庆、四川、贵州、云南

在西南地区，四川与重庆的绿色生产指数变化趋势相似，2012~2021 年绿色生产指数总体保持平稳；贵州、云南出现波动，如图 22 所示。

其中，云南对水污染的治理较为重视。如 2016 年出台的《云南省水污染防治工作方案》提出，对于污水集中处理设施，要求安装自动在线监控装置，增强监控能力。同时，督促园区企业对工业废水进行集中预处理，同

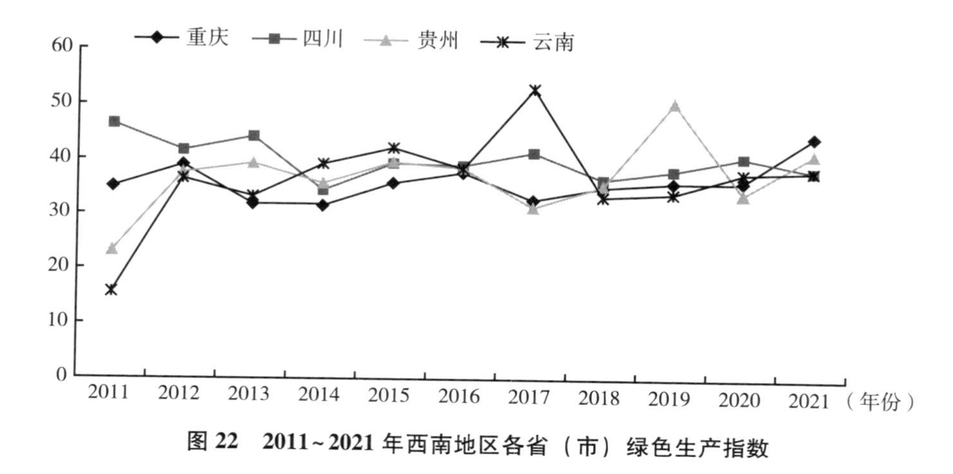

图 22　2011~2021 年西南地区各省（市）绿色生产指数

时将污水排放至相关设施中。对于畜禽养殖相关主体，制定更新改造方案，降低公共供水管网漏损率。云南总体上对工业和农业的污染排放进行有效管理，促进其绿色生产指数提高。

此外，贵州的绿色生产指数波动也较为明显。《贵州省生态文明建设促进条例》等政策，针对本省实际进行大气污染治理。贵州的矿产资源十分丰富，但其资源开发一直是粗放型发展模式，开发浪费多、精准修复少，长期以来的不良开发对其人文生态环境造成极大的破坏。特别是贵阳市修文县、黔东南州黄平县等地矿产资源开发方面的违法违规问题突出，生态破坏和环境污染严重。2020 年，贵州绿色生产指数降到以往水平，2021 年继续上升，可能是由于贵州在 2021 年发布《贵州省绿色制造专项行动实施方案（2021—2025 年）》，持续推动绿色低碳产业发展，促进高耗能行业节能降碳。

（7）西北地区：陕西、甘肃、青海、宁夏、新疆

在西北地区，陕西、甘肃、青海、宁夏、新疆的绿色生产指数总体呈现上升态势，如图 23 所示。

2011~2021 年，绿色生产指数出现较大波动的省份有陕西和宁夏。其中，陕西绿色发展指数在 2015 年有明显下降，此后快速恢复。陕西是我国的能源大省，但是主要依托初级煤炭产品，虽然依靠价格和投资全省经济实

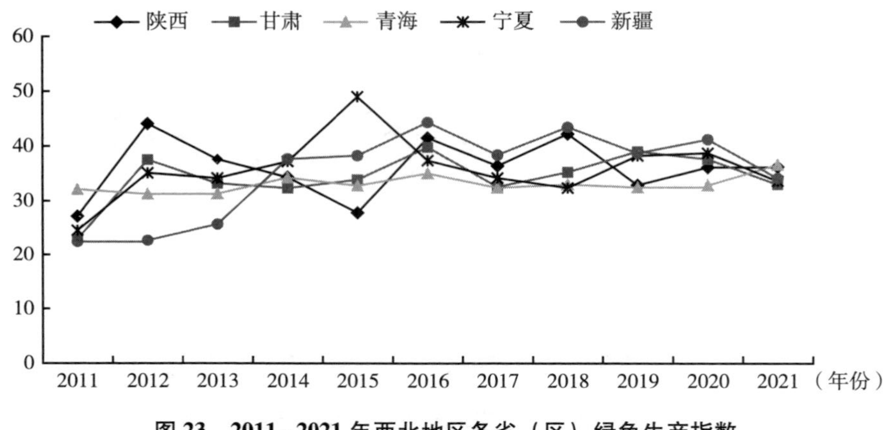

图 23　2011~2021 年西北地区各省（区）绿色生产指数

现高速发展，但是传统能源带来的高污染问题没有得到缓解。偏“重”的产业结构拖慢了绿色生产的发展速度。但是陕西有着巨大的发展潜力，关中盆地拥有丰富的地热资源，中深层地热资源储量巨大。目前，陕西省人民政府与中国石化集团合作，极力推进地热开发战略，通过政企合作，预计将为 60 万户居民以地热能方式供暖。对于传统能源消耗大省而言，采用地热能方式供暖极大地减少了煤炭消耗和二氧化碳排放。

此外，宁夏的绿色生产指数一直处于较高水平，在 2015 年达到高点。宁夏通过水污染治理和能源结构优化，以及实施《宁东能源化工基地环境保护行动计划》，其水环境污染得到有效治理，地表水国考断面水质优良比例达 80%以上，为绿色生产贡献巨大力量。此外，通过对能源结构、产业结构的不断调整和优化，宁夏逐渐形成绿色低碳的产业体系，促进绿色生产向规范化、产业化、系统化方向发展。宁夏实施“六大提质升级行动”，逐渐淘汰生产方式落后、产能过剩的传统高消耗企业，出台政策支持绿色产业发展。2022 年，全区退出 344 万吨低端产能，极大地降低了能源消耗并促进低碳生产方式的逐步替代。截至 2023 年 6 月，宁夏人均新能源装机容量达 4. 8 千瓦，居全国第二，这些显著的成绩都与宁夏绿色生产发展理念的践行密不可分。

4. 绿色生活

（1）全国绿色生活指数分析

绿色生活指数用以度量人类生活方式对生态文明的影响程度，它主要考量城乡居民的衣、食、住、行等方面对生态环境产生的影响，旨在引导人们形成绿色生活方式以减轻环境压力。具体指标包括绿色产品市场占有率、生活用水消耗率、人均绿色低碳出行、城镇绿色建筑占地面积占城市建设用地面积的比重、人均粮食消耗量以及城市生活垃圾无害化处理率。从权重角度来看，首先，生活用水消耗率的权重最大，体现居民用水量对绿色生活的显著影响。通过宣传推介和公益广告等途径向大众普及节水的重要性，能有效避免水资源浪费，并显著提升绿色生活指数。其次，绿色产品市场占有率的权重也相对较大，这与目前的绿色发展趋势和国家的“双碳”目标一致。城镇绿色建筑占地面积占城市建设用地面积的比重权重较小，表明该项指标对绿色生活指数影响有限。总体而言，全国绿色生活指数呈现上升趋势，随着生态文明建设的不断推进，居民的环保意识逐渐增强，环保理念日益深入人心。

2011~2021 年，全国绿色生活指数平均值为 54.56，总体上呈现逐步增长并趋于稳定的趋势（见图 24）。党的十八大明确提出“大力推进生态文明建设”，强调要从新的历史起点出发，倡导集约利用资源并促进水资源循环利用。各省份纷纷积极响应这一号召，2011~2015 年全国绿色生活指数迅速攀升。随着生态文明建设的持续推进，2015~2018 年，全国绿色生活指数保持稳定增长态势。受到人均绿色低碳消费出行和人均粮食消耗量指标波动的影响，2019~2020 年全国绿色生活指数出现波动下降趋势。这也反映出，生态建设与经济发展之间的矛盾在一定时期内依然存在，人们养成绿色低碳的生活习惯尚需时日。

（2）省域绿色生活指数分析

2011 年，30 个省（区、市）绿色生活指数表现突出的有北京、宁夏、上海、新疆和江苏。2016 年，全国代表性省份的情况与 2011 年类似。2021 年，上海、北京、江苏、新疆和宁夏成为绿色生活指数较高的省份。在 30

图 24　2011~2021 年全国绿色生活指数

个省（区、市）中，上海和北京展现出最具代表性的绿色生活特征。这两个直辖市拥有雄厚的经济基础，经济发展水平位居全国前列，居民整体素质相对较高。进一步分析发现，2011~2021 年代表性省（区、市）绿色生活指数总体呈上升趋势。特别是上海居于全国绿色生活指数首位，2016 年后其绿色生活指数一直处于领先地位，2021 年更是达到 74.10。上海拥有强大的经济实力，同时居民的绿色生活意识较强。2019 年，上海成为生活垃圾分类的试点城市，进一步提高了居民的环保意识，绿色生活理念深入人心，并为城市的绿色发展做出重要贡献。与此类似，北京和江苏的绿色生活指数也相对较高，均值分别达到 62.72 和 55.20。北京作为我国的政治中心、文化中心、国际交往中心和科技创新中心，拥有大量中高端消费者，对绿色产品的需求相对较高，因此绿色产品在市场上具有较高的占有率。2014 年，江苏的绿色生活指数出现显著增长，这与地方政府高度重视城镇绿色建筑建设密切相关。2013 年，江苏颁布《江苏省绿色建筑行动实施方案》，重点推动小城镇和农村地区的绿色建筑示范项目。这两个省（市）的共同特点是拥有良好的交通基础设施和大量外来人口，使得公共交通更加便利，绿色出行方式更加普及，从而有助于减轻汽车尾气对环境的负面影响。另外值得一提的是，宁夏和甘肃受其经济发展水平和人口分布特征的影响，资源消耗远低于其他省（区、市）。这两个省（区）都位于干旱和半干旱地区，居民普遍深谙节约用水之道，其生活用水消耗率明显低于全国平均水平。

截至2021年，有7个省（区、市）的绿色生活指数比2020年有所增长，其中贵州的增长率最高，达到6.23%；天津和湖北的增幅分别为4.19%和3.61%；而重庆、海南和广西的增长率均不到1%。整体而言，东部沿海地区的绿色生活指数有所提升，而西部和中部地区绿色生活指数有所下降。这可能是因为城乡发展尚不平衡，农村地区在环保设施和绿色生活条件方面相对欠缺。此外，环保政策实施效果、经济发展水平以及自然条件等可能也是造成这种差距的重要因素。因此，未来一段时间推动城乡一体化发展、改善农村环保设施，并加强绿色生活理念的宣传推广，仍将是提升全国绿色生活水平的重要举措。

5. 环境治理

环境治理是生态文明建设的重要组成部分，是推动可持续发展的关键环节。根据党的二十大报告，中国致力于构建一个多元参与的环境治理体系，并不断优化生态环境治理体系和提升治理能力的现代化水平。2023年，我国在推动经济高质量发展的同时，进一步加强生态环境保护，不断推进美丽中国建设，并取得显著的环境治理成效。全国地级及以上城市的$PM_{2.5}$平均浓度已降至30微克/米^3，水环境质量持续向好，土壤污染治理也在稳步开展。这些成效不仅体现出我国在环境治理方面取得显著进展，也标志着我国在全球环境治理中的角色从参与者逐步转变为引领者，为全球可持续发展贡献了中国智慧和中国力量。

（1）全国环境治理指数分析

在中国特色生态文明建设评价指标体系中，环境治理权重为14.83%。环境治理指数主要用于衡量已产生污染的治理与管理情况，反映政府和企业在应对工业和生活污染方面取得的成效。具体指标包括一般工业固体废物综合利用率、工业污染治理完成投资占GDP的比例、城市污水处理厂集中处理率、县城生活垃圾处理率及突发环境事件发生数量。

从权重来看，一般工业固体废物综合利用率的权重最大，这表明工业污染治理在环境治理中处于关键地位。通过采用适宜的技术，将工业生产中产生的有害物质（如 $PM_{2.5}$、SO_2等）转化为可利用资源，可显著提升治理效果。其次是城市污水处理厂集中处理率，其衡量的是城市污水通过集中处理设施达标排放的比例，能够反映污水处理设施的完善程度。该项指标用以反映城市污水处理能力，对控制水污染、缓解水资源压力以及改善居民生活环境具有重要意义。突发环境事件数量权重相对最小，作为偶发性事件，其对环境治理指数的整体影响较小。

2011~2021 年，全国环境治理指数总体呈现稳定增长的态势，从 2011 年的 36.58 逐步提升至 2021 年的 67.14（见表 5）。这一增长反映了我国在持续推进环境保护与污染治理方面取得的成效。为实现美丽中国的建设目标，国家大力实施一系列重大生态工程，加强对重点领域的污染防控，不断提升生态环境质量。同时，通过完善政策与优化资源配置，全面提升环境治理能力，为生态文明建设奠定坚实基础。因此，2011~2014 年，环境治理指数呈现上升态势。2014~2017 年，随着我国经济持续发展，城镇化和工业化进程加快，能源消耗和污染物排放增加，环境治理难度加大，导致环境治理指数有所回落。这表明，污染防治是一场长期且艰巨的攻坚战，谨防因取得阶段性成果而放松警惕。

表 5　2011~2021 年全国环境治理指数

指标	2011 年	2012 年	2013 年	2014 年	2015 年	2016 年	2017 年	2018 年	2019 年	2020 年	2021 年
全国	36.58	47.71	57.59	68.71	66.59	59.03	49.67	50.64	52.02	62.22	67.14
C_{61}	12.23	15.95	19.25	22.97	22.26	19.74	16.61	16.93	17.39	20.80	22.45
C_{62}	6.27	8.17	9.87	11.77	11.41	10.11	8.51	8.68	8.91	10.66	11.50
C_{63}	8.46	11.04	13.33	15.90	15.41	13.66	11.49	11.72	12.04	14.40	15.54
C_{64}	4.50	5.86	7.08	8.44	8.18	7.25	6.10	6.22	6.39	7.65	8.25
C_{65}	5.12	6.68	8.07	9.62	9.33	8.27	6.96	7.09	7.29	8.71	9.40

作为全球最大的发展中国家，我国在推动工业化进程的同时，不可避免地面临经济发展与生态保护之间的矛盾。在工业化任务依然繁重的形势下，环境治理任重道远。为破解这一困境，中共中央和国务院于 2018 年发布

《中共中央　国务院关于全面加强生态环境保护　坚决打好污染防治攻坚战的意见》，明确提出三大战略目标：全力打赢蓝天保卫战，守护碧空如洗；全面推进碧水保卫战，护航清流长碧；扎实开展净土保卫战，确保沃土常存。这些举措为我国在实现经济高质量发展的同时建设美丽中国指明了方向。特别是进入“十四五”时期，党中央进一步巩固生态文明建设的战略布局，在碳达峰和碳中和目标的引领下，我国的环境治理正迈向高质量和可持续发展阶段。

（2）省域环境治理指数分析

2011~2021 年，大部分地区的环境治理指数稳步上升。天津、浙江、上海和安徽等地的治理能力显著提升。具体来看，天津的环境治理指数从 2011 年的 77.34 升至 2021 年的 84.08，浙江的环境治理指数从 72.87 升至 84.77，上海的环境治理指数从 65.67 升至 82.15，安徽的环境治理指数从 67.17 升至 81.82，表明这些地区在环境治理领域的持续投入和有效管理。

2011 年，山东、天津、浙江、重庆和江苏的环境治理指数较为突出。2016 年，上海、天津、山东、浙江和安徽的环境治理指数显著提升。与 2011 年相比，上海的环境治理指数提升显著，主要得益于其推进环保三年行动计划、加强大气污染防治和水环境治理，特别是在空气质量改善方面，上海实现环境空气质量指数（AQI）优良天数的增加，$PM_{2.5}$年均浓度显著下降。2011~2016 年，天津持续投入城市环境基础设施建设、工业污染源治理、污染物减排和生态城市建设。例如，燃煤供热锅炉房改燃并网、工业污染源管理及“黄标车”治理工程，环境治理指数稳步提升。在此期间，浙江持续推进“三改一拆”和“五水共治”等政策，强化污染防治与减排，加大生态保护投资，开展城乡综合治理，并加强环境质量监测与评估，有效确保环境治理指数的稳定。甘肃的环境治理指数显著上升，这与甘肃出台的《甘肃省水污染防治工作方案（2015—2050 年）》和《甘肃省 2016 年大气污染防治工作方案》等政策密切相关，同时在工业企业污染防治、城镇生活污染治理、农业农村污染防治、生态空间保护及环境监管能力提升方面表现突出。总体而言，部分省份的环境治理指数显著提升，反映了各地在环保领域做出的持续努力和取得的显著成效。

2021 年，全国环境治理表现较好的省份包括浙江、天津、上海、安徽和江苏。与 2016 年相比，浙江的环境治理指数进一步提升，这得益于其深入推进清洁能源示范省建设、推动产业绿色转型升级、强化细颗粒物和臭氧协同控制、加强“大花园”建设，以及全面深化改革创新，构建现代环境治理体系等。天津、上海和安徽的环境治理指数虽有波动，但仍保持较高水平，显示出这些地区具备较强的环境治理能力。青海通过三江源国家公园体制试点和重大生态工程建设，显著提升其环境治理指数。吉林则通过改善空气质量、加强水环境治理和生态文明示范创建，有效提高其环境治理指数。总体来看，全国各地在环境治理方面取得显著进展，各省（区、市）根据自身的生态特点采取多样化措施，提升环境治理能力，区域环境质量得到改善。这些创新的治理策略为美丽中国建设奠定坚实基础。未来，各地应继续加强环境治理，推动生态文明建设高质量发展。

（3）全国与省域环境治理指数比较

2020 年和 2021 年，全国环境治理指数分别为 62.22 和 67.14，2021 年比 2020 年增长近 5 个单位，增长率达 7.91%。这一数据表明，全国环境治理能力在此期间得到显著提升，整体呈现稳步向好的发展趋势。然而，全国环境治理指数尚未突破 70 的关口，说明仍有较大的优化空间，特别是在部分地区环境治理指数显著低于全国平均水平的情况下，这种区域性差异进一步凸显环境治理的复杂性与挑战性。总体来看，我国环境治理任务依旧艰巨，这不仅是一场伴随经济发展的长期博弈，更是一项必须攻克的关键任务。持续提高环境治理能力，实现生态保护与经济发展的协调统一，仍需各方不懈努力。

2020 年和 2021 年 30 个省（区、市）环境治理指数核算结果表明，有 19 个省（区、市）环境治理指数呈现增长态势，其中增幅最大的是福建和北京，增幅分别为 12.06% 和 10.33%。2021 年，福建九市一区的空气优良天数比例达到 99.2%，比全国平均水平高出 11.7 个百分点；$PM_{2.5}$浓度降至 21 微克/米^3，显著低于全国平均水平；全省主要流域 Ⅰ ~ Ⅲ类水质比例为

97.3%，高出全国平均水平12.4个百分点。2021年，福建通过推进污染防治攻坚战、加强环境问题整改，并借助“生态云”平台优化治理流程，实现环境治理的显著进步。北京通过开展“一微克”行动，集中治理机动车、挥发性有机物（VOCs）和扬尘，有效改善空气质量，使$PM_{2.5}$年均浓度降至33微克/米^3，实现全面达标。同时，北京在生态系统保护和生物多样性规划方面取得重要进展，加强生态屏障保护，并通过完善生态文明制度，进一步提升环境治理能力。

从2020年和2021年各省（区、市）的环境治理指数来看，浙江的环境治理工作成效显著，2020~2021年环境治理指数分别为84.68和84.77。总体而言，各地环境治理指数保持稳定，体现出这些省份在环境治理上做出的不懈努力。尽管各地环境治理水平持续提升，但区域间的差异依然明显。对于环境治理指数较低的地区，可参考治理成效突出地区的经验，因地制宜地制定优化措施，提升环境治理能力，缩小区域差距，促进全国环境治理水平的整体提升。

6. 生态保护

保护优先是我国生态文明建设的基本方针，生态环境保护与修复是生态文明建设的重要内容。生态文明建设直接关系全社会的可持续发展，保护生态环境就是保护生产力，改善生态环境就是发展生产力，加强生态环境保护与生态文明建设对社会进步和发展具有深远意义。

（1）全国生态保护指数分析

在中国特色生态文明建设评价指标体系中，生态保护指数的权重为9.70%。生态保护指数从4个角度入手评估生态保护区划定、生态投资、市容环境卫生投资、农业面源污染控制的情况，具体评价指标包括自然保护区面积占辖区面积的比例、林业生态投资占GDP的比例、市容环境卫生投资占GDP的比例以及农用化肥、农药使用减少量与总量比例折算指数。这四项指标在中国特色生态文明建设评价指标体系中的权重分别为3.91%、1.80%、1.90%和2.09%。

全国生态保护指数整体呈现波动上升的趋势。如图25所示，全国生态保护指数从 2011 年的 30.63 增长至 2021 年的 61.85，年均增长率达 7.28%，表明生态保护工作已取得一定成效。然而 2011~2021 年全国生态保护指数的波动也反映出生态保护成效尚不稳定，生态保护的可持续性仍需进一步提升。在生态保护指数的 4 个评价指标中，自然保护区面积占辖区面积的比例，农用化肥、农药使用减少量与总量比例折算指数的波动较大，而林业生态投资占 GDP 的比例、市容环境卫生投资占 GDP 的比例变化较小，表明生态保护指数的波动主要受前两项指标变化的影响。党的十八大以来，生态文明建设被提升到前所未有的高度，生态保护被放在生态建设优先的位置。全国自然保护区面积从 2012 年的 11825.58 万公顷增加到 2021 年的 15089.40 万公顷，增长 27.60%，呈现显著上升趋势，同时全国农用化肥和农药使用量分别从 2012 年的 5838.80 万吨和 180.61 万吨下降至 2021 年的 5191.30 万吨和 123.92 万吨，分别较 2012 年分别减少 11.09%和 31.39%。

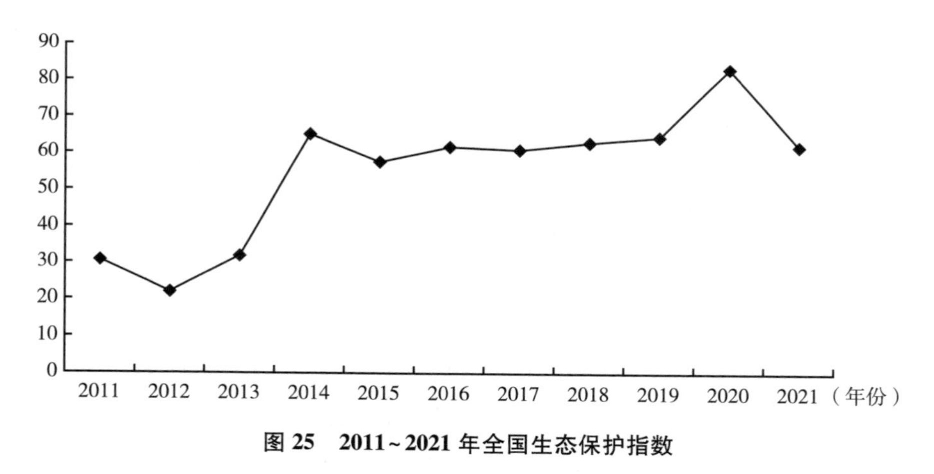

图 25　2011~2021 年全国生态保护指数

（2）省域生态保护指数分析

从省域层面来看，2021 年生态保护指数排名前三的省份分别为青海、甘肃和黑龙江。2021 年青海自然保护区面积达 2223.1 万公顷，占全省面积的 30.77%，仅次于西藏。青海拥有包括可可西里自然保护区、三江源自然保护区和青海湖景区在内的 7 个国家级自然保护区，国家级自然保护区面积居全国首位。同时，青海作为生态建设与保护的重要省份，2021 年林业生态投资占 GDP 的比例为 0.59%。2021 年甘肃自然保护区面积为 896.4 万公顷，占全省面积的 19.77%。甘肃作为粮食主产区和农业大省，2021 年农用化肥和农药使用量分别较 2020 年下降 1.13%和 30.28%，其中农药使用量下降尤为显著。黑龙江同样作为粮食主产区和农业大省，2021 年农用化肥使用量较 2020 年增加 6.60%，但农药使用量下降 6.02%，同时黑龙江加大市容环境卫生投资，市容环境卫生投资占 GDP 的比例达到 0.17%，在全国排名第三。

2011~2021 年，生态保护指数靠前的省份有青海、甘肃、黑龙江和四川。青海生态保护指数连续 11 年居于全国首位。四个省份自然保护区面积占辖区面积的比例均较高，青海、甘肃和黑龙江林业生态投资占 GDP 的比例较高，四川农用化肥使用量和农药使用量持续减少。

2011~2021 年，生态保护指数提升显著的省份有云南、甘肃、贵州和河北。云南生态保护指数排名的进步主要得益于农用化肥、农药使用减少量与总量比例折算指数和市容环境卫生投资占 GDP 的比例提升。甘肃和贵州均主要得益于自然保护区面积占辖区面积的比例，农用化肥、农药使用减少量与总量比例折算指数的提升。河北主要得益于其林业生态投资占 GDP 的比例、市容环境卫生投资占 GDP 的比例明显提高。

与 2020 年相比，2021 年全国生态保护指数下降 21.38，降幅达 25.69%。下降的主要原因是林业生态投资占 GDP 的比例和市容环境卫生投资占 GDP 的比例下降。2021 年全国自然保护区面积为 15089.4 万公顷，较 2020 年减少 64.1 万公顷。同年，全国市容环境卫生投资额为 996.99 亿元，较 2020 年减少 132.99 亿元，降幅达 11.77%。同时 2021 年林业生态投资额有所下降，林业生态投资占 GDP 的比例也略有下降。尽管如此，2021 年全国农用化肥和农药使用量继续减少，分别较 2020 年减少 59.40 万吨和 7.41 万吨。

2021 年生态保护指数排名前两位的省份是青海和甘肃。生态保护指数进步最大的省份是辽宁，其次是吉林和山西。

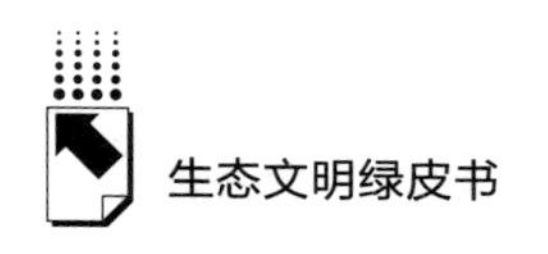

参考文献

黄承梁等：《论习近平生态文明思想的马克思主义哲学基础》，《中国人口·资源与环境》2021 年第 6 期。

穆艳杰、韩哲：《生态正义还是环境正义——论生态文明的价值旨归》，《学术交流》2021 年第 4 期。

曹孟勤、姜赟：《关于人与自然和谐共生方略的哲学思考》，《中州学刊》2019 年第 2 期。

冯华、寇江泽、李红梅：《阔步迈向人与自然和谐共生的现代化》，《人民日报》2024 年 8 月 14 日，第 1 版。

刘湘溶：《关于人与自然和谐共生的三点阐释》，《湖南师范大学社会科学学报》2019 年第 3 期。

李金华：《中国绿色制造、智能制造发展现状与未来路径》，《经济与管理研究》2022 年第 6 期。

李群、于法稳主编《生态治理蓝皮书：中国生态治理发展报告（2020～2021）》，社会科学文献出版社，2021。

李颂、曹孟勤：《从万物一体到人与自然和谐共生》，《哈尔滨工业大学学报》（社会科学版）2020 年第 5 期。

林志炳、陈莫凡、李钰雯：《考虑绿色制造及企业社会责任行为的零售商自有品牌策略研究》，《管理工程学报》2023 年第 1 期。

任贺松、王能民、何正文：《环境规制、国企民企高管激励感知与绿色制造》，《系统管理学报》2024 年第 4 期。

邵灵芝：《绿色供应链背景下互补产品“捆绑”与绿色创新决策》，《科技管理研究》2022 年第 4 期。

《伟大变革振奋人心，伟大复兴催人奋进》，《新华日报》2022 年 10 月 17 日，第 10 版。

杨加猛等：《生态文明建设中的利益相关者博弈研究》，《林业经济》2018 年第 11 期。

杨俊峰、张添硕、周长波：《“双碳”目标背景下我国绿色制造体系建设路径研究》，《中国环境管理》2022 年第 6 期。

《生态文明体制改革总体方案》，中国政府网，2015 年 9 月 21 日，http：//www.gov.cn/gongbao/content/2015/content_ 2941157.htm。

《山东省新一轮“四减四增”三年行动方案（2021—2023 年）》，山东省人民政府网站，2021 年 11 月 6 日，http：//www. shandong. gov. cn/art/2021/11/6/art _ 97560 _ 511282. html。

《关于实施“三线一单”生态环境分区管控的指导意见（试行）》，中国政府网，2021 年 11 月 19 日，https：//www. mee. gov. cn/xxgk2018/xxgk/xxgk03/202111/t20211125_961692. html。

Cao X. et al. , “Political Promotion, CEO Incentives, and the Relationship between Pay and Performance,” *Management Science* 65 (2019).

Chang E. C. , Wong S. M. , “Political Control and Performance in China's Listed Firms,” *Journal of Comparative Economics* 32 (2004).

Martinez Hernandez J. J. , Sanchezmedina P. S. , Diazpichardo R. , “Business Oriented Environmental Regulation: Measurement and Implications for Environmental Policy and Business Strategy from a Sustainable Development Perspective,” *Business Strategy and the Environment* 30 (2021).

Porter M. E. , Van Der Linde C. , “Toward a New Conception of the Environment Competitiveness Relationship,” *Journal of Economic Perspectives* 9 (1995).

Taylor A. , Helfat Ce, “Organizational Linkages for Surviving Technological Change: Complementary Assets, Middle Management, and Ambidexterity,” *Organization Science* 20 (2009).

Tong X. , LindermanI K. , Zhu Q. , “Managing a Portfolio of Environmental Projects: Focus, Balance, and Environmental Management Capabilities,” *Journal of Operations Management* 69 (2023).

Xia F. , Walker G. , “How Much Does Owner Type Matter for Firm Performance? Manufacturing Firms in China 1998-2007,” *Strategic Management Journal* 36 (2015).

Zhang F. , Chen J. , Zhu L. , “How Does Environmental Dynamism Impact Green Process Innovation? A Supply Chain Cooperation Perspective,” *IEEE Transactions on Engineering Management* 70 (2023).

Zhang J. et al. , “Green Innovation to Respond to Environmental Regulation: How External Knowledge Adoption and Green Absorptive Capacity Matter?” *Business Strategy and the Environment* 29 (2020).

Zhang J. et al. , “Enhancing the Green Efficiency of Fundamental Sectors in China's Industrial System: A Spatial-temporal Analysis,” *Journal of Management Science and Engineering* 6 (2021).

绿色生产力篇

G.3
以高水平保护支撑高质量发展研究

方世南*

摘　要： 正确处理高质量发展与高水平保护的关系从而实现以高水平保护支撑高质量发展的目标，是新时代推进人与自然和谐共生的现代化的重大举措，具有较大的理论价值和实践价值。在生态文明建设任务依然艰巨的情况下，必须坚持问题导向与目标导向有机统一的方法论，正视高质量发展和高水平保护存在的突出问题，将高水平保护支撑高质量发展作为一个宏大而复杂的系统工程，将解决思想认识问题、深化体制机制改革、促进实践方式优化等紧密地连接起来，一体化推进，从而进一步明确以高水平保护支撑高质量发展的实践路径，促进我国生态文明建设和经济社会高质量发展迈上新台阶。

关键词： 高质量发展　高水平保护　生态文明　人与自然和谐共生

* 方世南，苏州大学马克思主义学院卓越学者特聘教授、博士生导师，苏州大学东吴智库首席专家，主要研究方向为马克思主义社会发展理论、习近平生态文明思想。

以生态文明高质量发展的实际成效推动我国经济社会全面绿色转型，建设美丽中国和为构建地球美好家园做出新贡献，是中国式现代化的重要任务。在我国生态文明建设任务依然艰巨的情况下，充分认识以高水平保护支撑高质量发展的价值，坚持问题导向与目标导向有机统一的方法论，把握高质量发展和高水平保护之间的辩证关系，明确以高水平保护支撑高质量发展的实践路径，更自觉地站在人与自然和谐共生的高度谋划发展，推动人与自然和谐共生的现代化迈入新阶段，具有较大的学术价值和实践意义。

一　以高水平保护支撑高质量发展的价值

2023 年 7 月，习近平总书记在全国生态环境保护大会上指出，推进生态文明建设，必须以新时代中国特色社会主义生态文明思想为指导，正确处理几个重大关系。[①] 其中，第一个关系就是“高质量发展和高水平保护的关系”。2023 年 10 月，习近平总书记在江西省南昌市召开的进一步推动长江经济带高质量发展座谈会上强调，要毫不动摇坚持共抓大保护、不搞大开发，在高水平保护上下更大功夫。[②] 2023 年 11 月，习近平总书记提出了“高质量发展和高水平保护是相辅相成、相得益彰的”[③] 科学论断。环境保护与经济发展之间是辩证统一的关系，绿水青山既是自然财富、生态财富，又是社会财富、经济财富，保护生态环境就是保护自然价值和促进自然资本增值，就是挖掘经济社会发展潜力。以高水平保护支撑高质量发展具有较大的理论价值和实践价值。

从理论上来说，以高水平保护支撑高质量发展有助于我们把握高水平保护与高质量发展的辩证关系，增强实践自觉性。高水平保护与高质量发展之

① 《习近平在全国生态环境保护大会上强调　全面推进美丽中国建设　加快推进人与自然和谐共生的现代化》，《人民日报》2023 年 7 月 19 日，第 1 版。

② 《习近平主持召开进一步推动长江经济带高质量发展座谈会强调：进一步推动长江经济带高质量发展　更好支撑和服务中国式现代化》，中国政府网，2023 年 10 月 12 日，https://www.gov.cn/yaowen/liebiao/202310/content_6908721.htm。

③ 习近平：《推进生态文明建设需要处理好几个重大关系》，《求是》2023 年第 22 期。

间存在相互依存和促进的关系，高水平保护不仅是生态文明建设的内在要求，也是经济发展的重要基础。“高质量发展是绿色成为普遍形态的发展”①，推动绿色发展，就是将环境、生态、资源的高水平保护内化于高质量发展过程之中。如果从流域与湖泊的关系来看，没有流域的高质量发展就没有湖泊的高水平保护，所以应当在保护中发展、在发展中保护，切实树立湖泊高水平保护和流域高质量发展的危机意识，明确湖泊水环境质量稳定向好和流域生态系统健康循环的目标。高水平保护是高质量发展的重要支撑，也是高质量发展的题中应有之义。高水平保护通过为高质量发展把好关、守好底线，推动产业结构、能源结构、交通运输结构转型升级，倒逼高质量发展。另外，高质量发展的成果能够推动生态环保工程建设和环保产业发展，助力高水平保护。

从实践上来说，以高水平保护支撑高质量发展有助于我们努力开创经济社会发展新格局。长三角地区在推进人与自然和谐共生的现代化中不断发挥示范作用，上海推进建立长江流域特色种质资源库，江苏推动新一轮太湖综合治理，浙江全面构建绿色制造体系，安徽推进长江流域水生态保护修复。② 这些成功做法都显示了高水平保护和高质量发展已经成为现实。黄河流域水污染防治取得明显成效，大力推进“四水”统筹，持续改善水环境质量，转变高耗水发展方式，推进水生态系统保护修复、强化协同治理等，通过高水平保护促进黄河流域高质量发展。在海洋生态文明建设中，我国坚持高水平保护，促使海洋事业高质量发展的底色更绿。探索建立充分反映市场供求关系和资源稀缺程度、体现生态价值和环境损害成本的资源价格机制，有助于实现以合理的海洋资源消耗服务经济社会可持续发展。

总体而言，在推进经济发展的同时，环境保护不仅是基本要求，也是实现可持续发展的重要保障。只有坚持以绿色发展为统领，从人与自然和谐共

① 生态环境部：《准确把握新征程上推进生态文明建设需要处理好的重大关系》，《求是》2023 年第 22 期。

② 《统筹生态环保和经济发展——推动长三角一体化发展取得新的重大突破④》，国家林业和草原局网站，2023 年 12 月 25 日，https：//www. forestry. gov. cn/c/www/xxyd/539286. jhtml。

生的高度谋划发展，才能破解资源环境约束，为高质量发展守好生态环境底线，为经济社会发展不断提供强大的绿色发展新动能。

二　在以高水平保护支撑高质量发展方面存在的突出问题

以高水平保护支撑高质量发展的科学命题，本身就体现了鲜明的问题导向与目标导向的有机统一。“高水平保护”和“高质量发展”是紧密关联的，它们互为因果关系。二者的互动是推进人与自然和谐共生的现代化的强大力量。在我国生态文明建设迈上新台阶的关键阶段，“高水平保护”和“高质量发展”这两个科学命题和艰巨任务，就是围绕生态文明建设还存在的突出问题提出的，即围绕以高水平保护支撑高质量发展做得还不够，还需要补短、补缺的方面提出的。在以高水平保护支撑高质量发展方面存在的突出问题，不是单一的或简单的问题，而是一个问题与另一个问题交织在一起并相互影响、相互关联、相互作用的“问题群”，既有思想认识上的问题，也有体制机制方面的问题，还有社会各个阶层在实践方面存在的问题。

（一）在以高水平保护支撑高质量发展方面存在思想认识问题

思想认识问题是根本性问题、关键性问题和长期性问题。人们的所有行为都受制于思想认识，都是由思想认识所决定的，思想认识问题是直接导致生态文明建设中生态环境保护不力、高质量发展成效不够的重大而现实的问题。因此，解决思想认识问题是治本之策。在以高水平保护支撑高质量发展方面存在的思想认识问题主要有：高水平保护与高质量发展难以兼顾、对于高水平保护存在认识偏差、对于高水平保护责任制的认识存在片面性等。

第一，高水平保护与高质量发展难以兼顾是阻碍以高水平保护支撑高质量发展实践的重大思想认识问题。有些人缺乏辩证思维，将高水平保护与高质量发展看作“鱼和熊掌不可兼得”的对立关系，认为生态环境保护与经济高质量发展是相互矛盾的，在实践中是难以兼顾的。即要对生态环境实现高水平保护，就必须以牺牲经济发展为代价，无法达到经济高质量发展的目标；而要促进经济高质量发展，就要降低在生态环境保护方面的要求，经济发展本身要以牺牲环境为代价，要推动经济高质量发展，就无法达到生态环境高水平保护的目的。这一观点，从根本上忽视了高水平保护与高质量发展之间相互促进的关系，影响高水平保护与高质量发展协同共进思想观念的形成。

第二，对于高水平保护存在认识偏差，这也是影响以高水平保护支撑高质量发展实践的重大思想认识问题。有人认为只要严格限制开发或禁止开发，对自然界采取无为而治的态度，就是充分尊重自然界客观规律的表现，就能实现高水平保护。这种思想认识，虽然有一定的合理性，如保护自然界的自我恢复和发展能力，避免过度地、不当地干预自然界，让自然规律发挥作用等，却忽视了人的主观能动性和创造性在实现高水平保护方面起到的积极作用，也导致主观与客观脱节、人与自然之间的阻隔，不利于人与自然和谐共生关系的形成。要实现高水平保护，就不能忽视人民群众的生态智慧，不能放弃有助于高水平保护的科学合理的生态规划，不能忽视生态风险管控科学举措的重大价值，不能忽视生态环境影响评价对高水平保护的作用，也不能放弃有效合理的利用资源。

第三，对于高水平保护责任制的认识存在片面性，这同样是影响以高水平保护支撑高质量发展实践的重大思想认识问题。在推进高水平保护的过程中，“守土有责”的责任制被普遍推广，如各地出现了一系列带“长”字的责任制，如“河长制”“湖长制”“江长制”“田长制”“林长制”，甚至还有“街长制”“路长制”“楼长制”等，这些制度在实践中确实发挥了一定的积极作用。但是，由于生态环境保护是整体性、系统性的保护，一味地片面强调“守土有责”，就难以实现高水平保护和推动高质量发展。一方面，有些人对责任范围作了非常简单化的理解，将“守土有责”片面地理解为仅仅守住自己的管辖范围，只关注自己职责范围内的生态环境保护问题，忽视生态环境保护中的“整体主义”和“共同体主义”，甚至形成“画地为牢”和“以邻为壑”的思维，不主动加强与其他部门或领域的协同合作，导致生态环境保护的强大合力和动力无法形成，高水平保护的目的无法实现。另一方面，不是从主动积极作为的角度去理解“责任担当”，而是消极被动去应付责任制范围内的事情。还有些人将“守土有责”理解为墨守成规，不敢为和不作为，将时间和精力花在如何尽快地完成任务上，从而大搞形式主义，做表面文章，不愿或不敢在高水平保护与高质量发展上大胆变革和创新。

（二）在以高水平保护支撑高质量发展方面存在体制机制问题

体制机制方面问题是更深层次的问题，也是全局性和长远性的问题。加强制度建设是促进高水平保护和高质量发展并进的重中之重。这涉及党对以高水平保护支撑高质量发展的领导体制机制作用发挥问题、建立和健全务实管用的长效体制机制问题、现代环境治理体系的构建和作用发挥问题、加强制度供给和强化制度执行力问题，以及如何更好地让体制机制严起来、硬起来和实起来的问题。

一是在党对以高水平保护支撑高质量发展的领导体制机制作用发挥方面还存在问题。在所有的体制机制方面，领导体制机制是关键，对于其他各种体制机制起着决定性作用。在以高水平保护支撑高质量发展方面，领导体制机制作用发挥的关键在于坚持党对生态文明建设的全面领导。实践已经充分证明，凡是自觉地将党的领导贯彻落实到以高水平保护支撑高质量发展各个环节和全过程之中的地方，制度就能得以健全并充分发挥作用，制度优势也能不断转化为以高水平保护支撑高质量发展的成效，人民群众的获得感、幸福感、安全感就高。而如果将党务和业务对立起来，不注重党对生态文明的建设，各种体制机制建设就可能流于形式，没有强大的制度执行力，以高水平保护支撑高质量发展的目标就难以实现。

二是各项生态文明体制机制尚未充分发挥整体效能。以高水平保护支撑高质量发展，需要构建科学严密、系统完备、务实管用的现代环境治理体系并使之充分发挥效能。目前，我国以高水平保护支撑高质量发展的制度体系已经较为完整严密，生态环境治理机构和各项制度设计也较为完备，生态环境部门、自然资源部门、农业管理部门、水资源管理部门、林业管理部门、污染控制部门、污染监察部门等各司其职，为我国以高水平保护支撑高质量发展提供了支撑。而且，我国推动以高水平保护支撑高质量发展的各个部门都有较为完善的组织机构和人员配置，体现出职责具体、分工明确、任务清晰、覆盖面广泛的特点。但是，也存在一定程度上的因政出多门而忽视交流沟通、因各自为政而疏于通力协作、因条块分割而难以形成合力、因分而治之而无法实现合作共治的问题。另外，承担环境治理职责的各个部门的权限界定模糊不清或交叉重叠，以及体制机制方面的壁垒问题，导致各个部门之间缺乏信息共享、资源共用、相互协作、工作联动的体制机制，无法形成合力，难以发挥整体性功能，严重影响以高水平保护支撑高质量发展的实践。

三是以高水平保护支撑高质量发展存在制度供给不足以及责任落实不到位的问题。以高水平保护支撑高质量发展必须依靠法治。现有制度在支持高水平保护和高质量发展方面存在不足。部分地区的环境治理依赖人治而不是法治，存在官僚主义和形式主义作风浓厚以及数字造假的问题，缺乏法治化、民主化、常态化的激励机制和约束机制，导致各方面的积极性、能动性、创造性难以得到充分调动。此外，由于在生态环境保护和资源利用方面，责任考核监督制度具有随意性，部分主体责任落实不到位，以高水平保护支撑高质量发展目标的实现受到影响。

（三）在以高水平保护支撑高质量发展方面存在实践方式问题

以高水平保护支撑高质量发展需要科学的实践方式。科学的实践方式包括行为方式、资源和力量整合方式、治理方式。目前，在实践方式方面存在的突出问题有：不按照自然生态系统的客观规律和经济发展客观规律推进高水平保护和高质量发展，过多地依赖政府力量和主观想法，导致出现事与愿违、适得其反的结果；政府、市场、社会力量结构失衡，更多地关注政府责任和监管体系建设而忽视企业环境责任体系和全民行动体系建设；市场体系和社会信用体系建设不够完善，在充分利用市场调节机制、环保守信激励和失信惩戒机制等方面还有许多问题需要解决；以高水平保护支撑高质量发展方面的政策法律体系还不够完善，法律规范之间还存在不一致、不协调的问题；以数字化、智能化的科技手段推动高水平保护和高质量发展方面还存在不足，推进数字生态文明建设的任务仍十分艰巨。

三　以高水平保护支撑高质量发展的实践路径

以高水平保护支撑高质量发展，直接关系生态文明建设和经济社会发展质量、成效和可持续性。以高水平保护支撑高质量发展是一个知行合一的系统工程，要将解决思想认识问题、深化体制机制改革、促进实践方式优化等紧密地连接起来，一体化推进，并在认真探索和遵循客观规律中总结经验，加强理论创新和实践创新，最终达到“不断彰显中国特色社会主义制度优势，不断增强社会主义现代化建设的动力和活力，把我国制度优势更好转化为国家治理效能”的目的。

（一）形成以高水平保护支撑高质量发展的思想认识，发挥正确价值观的引领功能

以高水平保护支撑高质量发展，要推动全社会形成高水平保护和高质量发展是相互影响和相互促进的思想认识，以价值认同推动形成价值共识，并以价值共识指导和支配人们的实践活动，这是以高水平保护支撑高质量发展需要解决的重大问题。为此，要加强对习近平经济思想、习近平生态文明思想等方面理论知识的系统学习，掌握其精髓要义，以理论武装推动思想认识的提高。还要通过加强思想宣传文化工作，汲取国内外在以高水平保护支撑高质量发展方面的经验和教训，开展生动形象的教育，提高社会各界对以高水平保护支撑高质量发展辩证关系的认知度，牢固树立社会主义生态文明观，明确高水平保护是推动高质量发展的基石，只有对生态环境实行高水平保护，才能切实立足新发展阶段、贯彻新发展理念、构建新发展格局。生态环境保护水平越高，发展基础越牢固，发展质量越好。而高质量发展是促进高水平保护的必要条件，高质量发展内在地包括了高水平保护的各项任务和

基本要求。高质量发展的价值目标就是在中国式现代化进程中实现更高质量、更有效率、更加公平、更为安全、更可持续的发展，追求的是经济社会发展的质量变革、效率变革和动力变革。因此，高水平保护和高质量发展绝不是完全对立的关系，而是相辅相成的辩证关系。还要通过加强思想教育工作，不断提高人们特别是提高广大领导干部对高水平保护本质和内涵的思想认识，从而在以高水平保护支撑高质量发展方面，增强人们的责任担当，使人们敢于求实创新，善作善为，增强行动自觉性。

（二）深化以高水平保护支撑高质量发展的体制机制改革，促进制度优势不断地转化为治理效能

以高水平保护支撑高质量发展必须始终坚持党的领导。加强党对以高水平保护支撑高质量发展的领导制度建设是重中之重，也是实现以高水平保护支撑高质量发展的根本保障。党的领导是中国特色社会主义最本质的特征，是中国特色社会主义制度的最大优势。实践已经证明，办好中国的事情，关键在党，我国生态文明建设能够发生历史性、转折性、全局性变化，根本原因在于有党的坚强领导。加强党对生态文明建设的全面领导，把生态文明建设摆在全局工作的突出位置，作出一系列重大战略部署。在“五位一体”总体布局中，生态文明建设是其中一位；在新时代坚持和发展中国特色社会主义的基本方略中，坚持人与自然和谐共生是其中一条；在新发展理念中，绿色是其中一项；在三大攻坚战中，污染防治是其中一战；在到本世纪中叶建成社会主义现代化强国目标中，美丽中国是其中一个。[①] 要完成以高水平保护支撑高质量发展的任务，必须坚持和加强党的全面领导。坚决维护党中央权威和集中统一领导，把党的领导落实到党和国家事业各领域各方面各环节。生态文明建设是关系中华民族永续发展的根本大计，是关系党的使命宗旨的重大政治问题，也是关系民生福祉的重大社会问题，

① 习近平：《论把握新发展阶段、贯彻新发展理念、构建新发展格局》，中央文献出版社，2021。

把生态文明建设摆在全局工作的突出位置，充分彰显了生态文明建设在新时代党和国家事业发展中的重要地位，彰显了生态文明建设的突出政治优势，体现了人民立场是党的根本政治立场。加强党对以高水平保护支撑高质量发展的领导制度建设，还必须通过深化党的领导体制改革创新，围绕把我们党建设成为世界上最强大的政党的要求，推进学习型、服务型、创新型、法治型党组织建设，不断提高以高水平保护支撑高质量发展的能力水平。

以高水平保护支撑高质量发展必须以改革创新精神深化生态文明制度改革，促进经济社会全面绿色转型。党的二十届三中全会审议通过的《中共中央关于进一步全面深化改革　推进中国式现代化的决定》（以下简称《决定》），提出了涉及我国体制、机制、制度等多个方面的300多项重大改革举措，深化生态文明体制改革是其中的重要内容之一。《决定》关于进一步全面深化改革的总目标的“七个聚焦”之一，就是“聚焦建设美丽中国，加快经济社会发展全面绿色转型，健全生态环境治理体系，推进生态优先、节约集约、绿色低碳发展，促进人与自然和谐共生”。《决定》再一次强调“中国式现代化是人与自然和谐共生的现代化。必须完善生态文明制度体系，协同推进降碳、减污、扩绿、增长，积极应对气候变化，加快完善落实绿水青山就是金山银山理念的体制机制”。《决定》从完善生态文明基础体制、健全生态环境治理体系、健全绿色低碳发展机制等方面作出了全面部署，为以高水平保护支撑高质量发展指明了改革创新的方向。《决定》在许多任务的完成上都强调注重一体化和协同治理，如提出“推进生态环境治理责任体系、监管体系、市场体系、法律法规政策体系建设。完善精准治污、科学治污、依法治污制度机制，落实以排污许可制为核心的固定污染源监管制度，建立新污染物协同治理和环境风险管控体系，推进多污染物协同减排。深化环境信息依法披露制度改革，构建环境信用监管体系。推动重点流域构建上下游贯通一体的生态环境治理体系。全面推进以国家公园为主体的自然保护地体系建设”。按照《决定》要求，推动以高水平保护支撑高质量发展必须强化整体性、系统性、协同性思维，注重各个部门之间的协作联动，使各个部门形成以高水平保护支撑高质量发展的合力。同时，要通过结合现阶段以高水平保护支撑高质量发展的客观实际，总结和推广区域创新的成功经验，深入推进制度创新，特别是要将以高水平保护支撑高质量发展纳入民主化、法治化轨道，并切实解决好制度供给不足以及责任落实不到位等突出问题。

（三）促进以高水平保护支撑高质量发展的实践方式优化，开创社会共同行动的新格局

以高水平保护支撑高质量发展既要见物，更要见人。以高水平保护支撑高质量发展是全社会的共同事业，所有的任务都要落实到人身上，都需要通过激发全社会内生动力和创新活力，进一步解放和发展生产力去完成。习近平总书记指出："生态文明是人民群众共同参与共同建设共同享有的事业，要把建设美丽中国转化为全体人民自觉行动。每个人都是生态环境的保护者、建设者、受益者，没有哪个人是旁观者、局外人、批评家，谁也不能只说不做、置身事外。"① 因此，必须充分利用社会主义制度优势，发扬人民群众的主体性、能动性和创造性，努力构建基于获得生态福祉这一共同利益的命运共同体、责任共同体、发展共同体、共享共同体。在以高水平保护支撑高质量发展中，要始终坚持以人民为中心的发展思想，更加牢固地树立和践行绿水青山就是金山银山的理念，自觉地把建设美丽中国摆在强国建设、民族复兴的突出位置，扎实推动城乡人居环境明显改善，使美丽中国建设和地球美好家园建设取得显著成效。为此，要大力培育以党政部门为主导，以企业为主体，社会组织和社会各界共同参与的强大队伍，推动形成党政领导体系、企业责任体系、全民行动体系、监管体系、市场体系、信用体系、法律法规政策体系等内在联动的机制，以制度体系的不断完善和发展，形成目标明确、导向清晰、决策科学、执行有力、激励有效、科技支撑、多

---

① 习近平：《论把握新发展阶段、贯彻新发展理念、构建新发展格局》，中央文献出版社，2021。

元参与、良性互动、务实管用、持续高效的以高水平保护支撑高质量发展的崭新格局，推动中国式现代化行稳致远。

参考文献

《习近平在全国生态环境保护大会上强调　全面推进美丽中国建设　加快推进人与自然和谐共生的现代化》，《人民日报》2023 年 7 月 19 日。

《进一步推动长江经济带高质量发展更好支撑和服务中国式现代化》，《人民日报》2023 年 10 月 15 日。

刘毅等：《以高品质生态环境支撑高质量发展》，《人民日报》2023 年 8 月 14 日。

王茹：《人与自然和谐共生的现代化：历史成就、矛盾挑战与实现路径》，《管理世界》2023 年第 3 期。

杨智等：《云南高原湖泊高水平保护与流域高质量发展策略研究》，《中国水利》2023 年第 17 期。

路瑞等：《黄河流域水生态环境保护促进高质量发展的战略研究》，《环境保护科学》2023 年第 1 期。

习近平：《论把握新发展阶段、贯彻新发展理念、构建新发展格局》，中央文献出版社，2021。

习近平：《习近平著作选读》第一卷，人民出版社，2023。

习近平：《习近平著作选读》第二卷，人民出版社，2023。

《中共中央关于进一步全面深化改革　推进中国式现代化的决定》，人民出版社，2024。

G.4
协同推进气候治理与生物多样性保护

杨通进　左露琼　宋文静*

摘　要： 应对气候变化和保护生物多样性是当前全球两大热点问题和生态难题。两者虽各有侧重，但相辅相成，密不可分。全球变暖会导致生物多样性减少，生物多样性的丧失会使全球气候治理变得更加艰难。气候治理与生物多样性保护相得益彰：保护生物多样性有助于气候治理目标的实现，气候治理对生物多样性保护亦起到重要作用。目前，协同推进气候治理与生物多样性保护已经成为一项全球共识，气候治理与生物多样性保护的国际行动逐渐走向协同与联动。我国政府高度重视气候治理与生物多样性保护的协同推进，通过采取一系列政策和措施，我国在协同推进气候治理与生物多样性保护方面取得显著成果。

关键词： 气候治理　生物多样性　协同推进

气候变暖和生物多样性丧失是当前全球两大环境治理难题。自20世纪90年代以来，国际社会就开启应对全球气候变暖与生物多样性丧失的宏伟工程。1992年，在里约召开的联合国环境与发展会议上，《联合国气候变化框架公约》和《生物多样性公约》签署，为国家和全球两大层面的气候治理与生物多样性保护提供重要的指导思想、法律框架与协作平

---

* 杨通进，哲学博士，广西大学马克思主义学院二级教授、博士生导师，中国伦理学会环境伦理学专业委员会主任，主要研究方向为环境伦理学、政治哲学；左露琼，广西大学马克思主义学院博士研究生，主要研究方向为思想政治教育；宋文静，广西大学马克思主义学院博士研究生，主要研究方向为马克思主义基本原理。

台。但是，《联合国气候变化框架公约》和《生物多样性公约》是两个独立且平行的公约，分别用于指导和协调应对气候变化与保护生物多样性方面的国际合作。应对气候变化与保护生物多样性是两个独立且平行的全球环境治理项目，分别接受不同国际机构的指导，遵循不同的治理原则。自21世纪以来，尤其是《巴黎协定》签署以来，国际社会越来越清醒地认识到，气候治理与生物多样性保护这两大全球环境治理项目呈现高度的耦合性，相互影响且相互作用，具有明显的正向联系。自此，协调推进气候治理与生物多样性保护就成为国际社会的共识；在国家与全球层面，人们都越来越自觉地采取协同治理措施，以实现气候治理与生物多样性保护的双重目标。

一　气候变化和生物多样性的协同效应

保护生物多样性与应对气候变化具有紧密的耦合关系。生物多样性对气候变化高度敏感，气候变化的治理有助于生物多样性的保护，生物多样性的增加亦有助于气候变化治理目标的完成。

（一）气候变化对生物多样性的影响

工业革命以来，人口的增加和城市的扩张带来的人类对自然栖息地的破坏及对资源的过度开发、生境的丧失、土地使用方式的变化，以及外来物种的入侵成为导致生物多样性丧失的重要原因。但是，近年来的研究表明，气候变化是除上述因素以外导致生物多样性丧失的另一个重要因素，14%的生物多样性丧失要归因于全球气候变暖。①

气候变化对生物多样性的影响主要体现在以下四个方面。

第一，气候变化会加速物种灭绝。气候变化对生物多样性造成的最大影

① Portner et al.，“Scientific Outcome of the IPBES-IPCC Co-sponsored Workshop on Biodiversity and Climate Change，” *IPBES Secretariat & IPCC Secretariat*（2021）.

响就是物种灭绝速度加快。面对气候变化，生物一般会做出三种可能的反应：变化、迁移或灭绝。那些无法适应快速变化的气候的生物，只能走上灭绝之路。气候变化还会导致生态系统结构、功能以及多样性发生变化；生态系统的这种退化将直接导致生物多样性丧失。特定生境中的关键物种对气候变化更为敏感，它们往往成为全球气候变暖的首批牺牲者。这意味着，随着全球气温的持续升高，未来物种灭绝速度将会越来越快。世界自然基金会发布的《地球生命力报告 2020》表明，1970～2016 年，全球鱼类、鸟类、哺乳动物等的数量减少 68%以上。2018 年，生物多样性和生态系统服务政府间科学政策平台（IPBES）发布的《生物多样性和生态系统服务全球评估报告》指出，在全世界 800 万个物种中，有 100 万个目前正因人类活动而遭遇灭绝威胁。自 20 世纪 70 年代以来，气温上升、厄尔尼诺现象加剧、降水不规律等因素已经使哥斯达黎加的热带雨林失去至少 21 种蛙类。2020 年 2 月，《美国国家科学院院刊》发表的一项研究预测，到 2070 年，全球近一半的物种可能会因气候变化而走向灭绝。

第二，气候变化会改变物种的分布范围。气候变化加剧物种栖息地的丧失和碎片化。全球气候变暖会改变物种的栖息环境，导致植物和动物向两极或更高海拔移动。随着气温的升高，原本适应寒冷气候的物种会向较寒冷的北方迁移，冻原里的植物多样性也将因此改变。例如，由于温度上升，原本喜欢凉爽气候的洛基山蝾螈已经沿山体向高处迁徙了 100～200 米。如果全球气温比工业化前高出 1.5°C，那么，植物、动物和昆虫等的地理分布范围将缩小 50%。2009 年，中国环境科学研究院追踪了气候变化对我国 83 种珍稀动植物产生的影响。结果发现，在分析的 68 种珍稀濒危植物中①，有 31%向高海拔、高纬度地区迁移，21%的物种分布区出现破碎化等变化特征。2022 年 7 月，《科学美国人》杂志报道的一项研究称，在全球变暖背景下，陆地动物正以每 10 年 17 公里的速度向极地移动，而海洋动物的“最前

① 吕佳佳：《气候变化对我国主要珍稀濒危物种分布影响及其适应对策研究》，硕士学位论文，中国环境科学研究院，2009。

线”以每 10 年 72 公里的速度向极地移动。

第三，气候变化会对物种的基因多样性产生影响。气候变化会对生物体的生理、活性、生长和温度敏感性产生直接影响。在气候变暖的背景下，一些物种虽未消失，但其适应寒冷或特定环境的特征种群可能会面临生存危机，使部分遗传基因无法延续，最终导致物种遗传多样性丧失。在分子水平上，气候变化会影响生物体内相关基因的表达及代谢产物的生成，这些变化能帮助相关生物体适应气候变化。相互依存的物种对气候变化的适应会存在不同步的现象；在这种情况下，这些相互依存的物种之间会出现物候不匹配的现象，特定物种与其竞争者、捕食者或病原体之间的平衡关系可能会被打破。生物间物候的变化会造成物种间相互作用强度的改变，从而导致高营养级物种多样性的减少，甚至造成局部地区动植物种群的衰退。

第四，气候变化会影响物种之间的相互关系。在漫长的生物进化史上，不少物种与其他物种建立起复杂的互利、共生关系。一旦气候变化对其中一个物种造成影响，就可能使原本稳定的物种关系走向破裂。在自然生态系统中，不同物种间都建立起复杂的食物链，一个物种的灭绝将直接影响食物链上其他物种的生存。如果一些关键物种因气候变化而灭绝，与之相互依赖的其他物种必然会受到影响。气候变暖会导致一些植物提前开花，生长期变长或生长加速，使得它们与传粉昆虫物候脱钩，从而导致它们之间的物种关系被打乱和破坏。气候变化还可能通过物种的相互作用影响生物多样性。总之，特定生态群落中一些共生、寄生的物种以及相应食物链上的物种，对温度的敏感性不同；气候变暖导致的极端气候会使这些物种发生不同程度的微进化，这可能导致它们在长期进化过程中建立起来的物种关系走向错乱和破裂。

（二）生物多样性对气候变化的影响

全球气候变暖会导致生物多样性丧失，同样，生物多样性的减少也会加剧全球气候变暖。生物多样性与生态系统的储碳、固碳功能之间呈正相关关系。生物多样性具有涵养水土、调节局部小气候的生态服务价值。海洋、陆

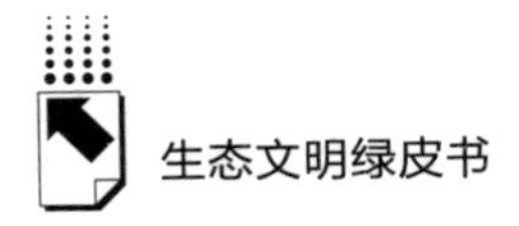

地每年固碳总量约56亿吨，是实现碳达峰、碳中和目标的重要支柱。生物多样性的丧失将严重影响生态系统的服务功能，加剧土地退化现象，前者在一定程度上削弱生态系统的固碳和减碳功能，后者会导致土地的碳储量下降。生态系统对二氧化氮等污染物具备强有力的吸附能力，能有效降解水体和土壤里的重金属等污染物，具有净化环境的功能。

保护生物多样性，有助于提高生态系统应对气候变化的韧性和能力。绿色植物能借助阳光，将二氧化碳和水转化为有机物和氧气，对维持大气碳氧平衡意义重大。如果地球上的绿色植被遭到破坏，全球气候变暖就可能进一步加剧。热带雨林植被丰茂，对降低大气二氧化碳浓度、调节气候有重要作用。红树林位于海陆过渡地带，它们组成了地球上最丰饶、最复杂的生态系统。红树林不仅为无数鱼类、鸟类、贝类、龟类、哺乳动物提供了栖息地，还在抵御海水侵蚀、保护海岸、吸碳固碳等方面发挥重要作用。2021年，全球红树林联盟发布的《世界红树林状况》报告显示，目前，全球红树林储存的碳在210亿吨以上，对减缓气候变化发挥了不可替代的作用。

动物种群数量的减少也会对气候变化产生重要影响。2019年发表在《自然·地球科学》杂志上的一项研究发现，大象庞大的身躯在践踏植被、推倒树木的同时，为生长缓慢的植被留出更大的生长空间；象群周期性的践踏活动能促使这些植被形成更密集、更茂盛的群落。如果森林象灭绝，那么这些生长速度缓慢的植被就无法与生长速度快且大量蔓延的植被竞争阳光和雨露，这将导致地上的植被数量减少7%。因此，象群数量的减少，会间接导致森林储碳量减少。2019年发表在《自然·科学报告》杂志上的另一项研究也发现，原始森林中绝大部分树木都依靠长臂猿、猕猴、犀鸟、黑鹿、熊以及亚洲象等以水果为食的动物传播种子，以实现种群繁衍。如果这些动物消失，地球植被的碳储量将减少2.4%。因此，在热带雨林地区，一些以树木果实为食的动物数量的减少，将直接限制那些具有储碳、固碳能力的树木种群的发展，热带雨林捕碳、储碳等缓解气候变暖的能力会因此大幅下降，从而加剧全球气候变暖。

（三）气候治理与生物多样性保护协同推进

由于生物多样性与气候变化之间具有紧密的内在联系，因而，对生物多样性的保护有助于人类减缓与适应气候变化，而人类治理全球气候的努力也有助于生物多样性的保护。气候治理与生物多样性保护是两项具有紧密内在联系的全球环境治理项目。这两项工作必须联动开展、协同推进。

首先，保护生物多样性有助于气候治理目标的实现。生态系统具有吸收和储存碳的能力。通过保护生物多样性，人类能够提高生态系统吸收和储存碳的能力，从而减缓气候变化对人类日常生产与生活的影响。以遏制生物多样性丧失为目标的生态修复和环境质量改善工程，能够促进生态系统结构和功能的稳定，提高生态系统吸收温室气体的能力。生物多样性的增加，能够为人类提供更多的生物质能，并为大规模发展可再生能源提供广阔空间，从而增强人类适应气候变化的能力。通过保护自然保护区并在自然保护区之间建立生态廊道，应对栖息地破碎化的问题，可以增强生态系统应对气候变化的韧性，提升人类和生态系统适应气候变化的能力。

其次，气候治理对生物多样性亦具有保护作用。大部分减缓或适应气候变化的措施都有助于生物多样性保护。为减缓气候变化、增加生态系统碳汇而进行的生态系统保护和修复，可以为各类生物提供稳定的栖息地。人类排放的许多温室气体（如含有二氧化硫、氮氢化合物的气体）既是导致全球气温升高的主要因素，也是导致诸多树木死亡、森林减少或消失的重要原因。减少和控制这类温室气体的排放，既有利于控制全球气温升高，也有利于保护森林和生物多样性。

由于全球气候治理与生物多样性保护是相互联系、相互影响的，温室气体排放与传统污染物具有同根同源性，控制传统污染物排放与控制温室气体排放需要相同或类似的制度安排、政策工具和实施机制，因此协同推进气候治理与生物多样性保护已成为许多国家环境治理的重要政策内容。

二 协同推进气候治理与生物多样性保护的国际行动

虽然国际社会早在 1992 年就签订了《联合国气候变化框架公约》（以下简称“UNFCCC”）和《生物多样性公约》（以下简称“CBD”），但是，在 20 世纪 90 年代，全球气候变暖与生物多样性保护是被当作两个独立的全球环境治理事务来看待的。《联合国气候变化框架公约》缔约方大会（以下简称“CC COP”）很少谈论生物多样性保护问题，《生物多样性公约》缔约方大会（以下简称“CBD COP”）也很少涉及气候变化问题。

21 世纪以来，全球气候治理与生物多样性保护之间的相互影响和联动效应逐渐得到人们的重视。2000 年 CBD COP5 通过四项涉及气候变化的决议；决议要求大会主席将其转交给 UNFCCC 秘书处，同时授权执行秘书与后者的秘书处、政府间气候变化专门委员会进行磋商。2004 年 CBD COP7 通过了一份由特设技术专家组起草的“生物多样性与气候变化”决议。从这一年起，生物多样性与气候变化问题就成为《生物多样性公约》缔约方历次会议必不可少的焦点议题。2008 年 CBD COP9 通过的第 16 号决议明确规定，此后的 CBD COP 必须纳入气候变化议题。值得一提的是，2010 年 CBD COP10 不仅对气候变化与生物多样性保护之间的协同治理进行了全面总结，会议通过的《名古屋议定书》还首次将气候变化纳入条约文本“缔约方认识到遗传资源对于粮食安全、公共健康、生物多样性的保护以及减缓和适应气候变化的重要性”。自 2012 年以来，CBD COP 更为紧密地关注 CC COP，并主动针对后者的会议内容提出相应的建议和措施。

2021 年在中国昆明召开的 CBD COP15 发表的“昆明宣言”涉及减缓和适应气候变化的内容，如承诺 10 提出“增强生态系统方法的运用，以解决生物多样性丧失、恢复退化生态系统、减缓和适应气候变化等”；承诺 11 强调“加大行动力度，保护海洋和沿海生物多样性，增强海洋和沿海生态系统对气候变化的韧性”；承诺 17 指出“进一步加强与《联合国气候变化框架公约》和生物多样性相关公约等现有多边环境协定”。CBD COP15 第二阶段达成的“昆明-蒙特利尔全球生物多样性框架”同样涉及生物多样性保护与气候治理目标的协同性。行动目标 8 明确提出“最大限度减少气候变化和海洋酸化对生物多样性的影响”以及“促进气候行动对生物多样性的积极影响”，将生物多样性作为减缓、适应等一系列气候行动的最终目标。目标 19 提及要“优化生物多样性和气候危机融资的共同惠益和协同作用”。

CC COP 对生物多样性问题的关注略晚于 CBD COP。2000 年，UNFCCC 下设的附属科技咨询机构收到 CBD COP 的四份决议，并于次年核准了与 CBD 秘书处建立联合联络小组的请求，并邀请《联合国防治荒漠化公约》秘书处也加入其中，从而实现“里约三公约”的协调与合作。2001 年 CC COP7 通过《马拉喀什条约》，该协议在“土地使用、土地使用的变化和林业”部分强调，“开发土地使用、土地使用的变化和林业活动，应有助于生物多样性的保护和自然资源的可持续利用”。[①] 2002 年，联合国政府间气候变化专门委员会（IPCC）在其技术性报告《气候变化与生物多样性》中指出，在全球层面，人类活动引起的气候变化对生物多样性的影响是全方位的，迫使许多物种离开原栖息地或面临灭绝。因此，只有不断强化应对气候变化的减缓和适应行动，才能在一定程度上阻止这一风险的发生。同年，在新德里举行的 CC COP8 决议指出，《联合国气候变化框架公约》《生物多样性公约》《联合国防治荒漠化公约》需加强相互间的合作，以确保这些公约在环境领域的整体影响力，在可持续发展的共同目标下发挥协同作用，避免重复工作，共同努力，提高现有资源的利用效率。[②]

此后，CC COP 更加强调和关注生物多样性保护议题。CC COP21 通过

① UNFCCC, Report of the Conference of the Parties on Its Seventh Session, Held at Marrakesh from 29 October to 10 November 2001 Addendum Part Two: Action Taken by the Conference of the Parties, Volume I, FCCC/CP/2001/13/Add. 1, 21 January 2002.

② https://unfccc.int/zh/node/79871.

的《巴黎协定》指出，缔约方应当采取行动酌情养护和加强保护森林的汇和库。并鼓励缔约方采取行动，制定为减少毁林和森林退化造成的排放所涉活动采取的政策方法和积极奖励措施，以及有助于发展中国家养护、可持续管理森林和增加森林碳储量的政策。如何更好地通过减少毁林来增加碳汇是CC COP28关注的焦点议题之一。本次大会签署的《格拉斯哥森林和土地使用领导人宣言》（以下简称《宣言》）强调森林和生物多样性在国际社会应对气候变化、实现可持续发展和保持生态系统稳定中发挥的关键作用，确认在全球和国别层面实现土地使用、气候、生物多样性等可持续发展目标的重要性。《宣言》还提出诸多实现这些目标的措施，如为提高乡村生活的复原力并减少其脆弱性，需要采取一系列综合措施，包括强化社区建设、提高可持续发展的盈利能力、推行可持续农业实践、提升对森林多重价值的认识，并在遵守国际和国内法律框架的基础上尊重原住民及当地社区的权利。同时，应确保资金流动支持森林保护的国际目标，并确保经济向更具复原力的方向转型，以推动森林保护、可持续土地利用以及生物多样性和气候治理目标的实现。

在联合国相关机构，特别是UNFCCC和CBD COP的倡导与引导下，许多国家和地区都采取了协同应对气候治理与生物多样性保护的措施，制定了诸多协同推进气候治理与生物多样性保护的政策和法规（见表1）。

表1　部分国家（国际组织）协同推进气候治理与生物多样性保护的政策和法规

国家(国际组织)	年份	政策和法规	主要内容
欧盟	2019	《欧洲绿色新政》	将“阻止气候变化、恢复生物多样性”作为重点内容出台欧洲第一部《气候法》
	2020	《关于建立促进可持续投资框架的法规》	明确规定可持续绿色金融标准：至少满足一个且不得损害其他环境目标。其环境目标包括减缓与适应气候变化，保护和恢复生物多样性等
	2021	《环境与气候行动计划(LIFE)》(2021～2027年)	投资54亿欧元支持气候行动、保护生物多样性以及实现清洁能源转型等

续表

国家(国际组织)	年份	政策和法规	主要内容
澳大利亚	2015	《珊瑚礁 2050 计划》	支持创新珊瑚礁保护和修复技术,提高珊瑚礁适应气候变化能力,保护和恢复珊瑚礁栖息地,最大限度减少气候干扰
	2021	《濒临危物种战略》	针对保护濒临危物种建立国家优先级框架,并开展濒危物种适应气候变化的关键行动
美国	2012	《国家鱼类、野生动植物适应气候变化策略》	阐述气候变化对生物多样性和生态系统的影响,并提出鱼类、野生动植物适应气候变化等一系列目标
	2020	《关于应对国内外气候危机的行政命令》	将应对气候危机置于外交和国家安全政策的核心位置,推进生态环境和生物多样性保护
加拿大	2022	《2030 年减排方案》	投资自然和基于自然的气候解决方案,重点支持保护、恢复生态系统项目
	2022	《可持续发展战略(草案)》	重点应对气候变化和生物多样丧失等危机

资料来源：侯一蕾等《应对气候变化与保护生物多样性协同：全球实践与启示》，《气候变化研究进展》2023 年第 1 期。

欧盟是探索协同推进气候治理与生物多样性保护的先行者。欧盟在 2009 年发布的《适应气候变化白皮书：迈向欧洲行动框架》中，把生物多样性保护作为适应气候变化的重点行动，为采取综合行动、应对双重危机奠定坚实基础。自 2019 年以来，欧盟在《欧洲绿色新政》框架下出台了一系列综合性的政策和措施，制定了工业、农业等重点领域应对气候变暖与生物多样性丧失的目标和方案，进一步拓展了气候治理与生物多样性保护协同政策的实施范围。2024 年 6 月通过的欧盟《自然恢复法》（Nature Restoration Law）致力于恢复欧盟陆地和海洋区域的物种、栖息地和生态系统（尤其是那些具有最大碳捕获和碳存储潜力，以及预防和减少自然灾害影响的生态系统），以实现生物多样性的长期且持续地恢复，助力欧盟实现减缓和适应气候变化目标。在欧盟的引领下，法国、德国和荷兰等成员国紧随其后，构建了协同推进气候治理与生物多样性保护的政策体系。

在国家层面，澳大利亚是较早采取协同措施应对气候变化与保护生物多

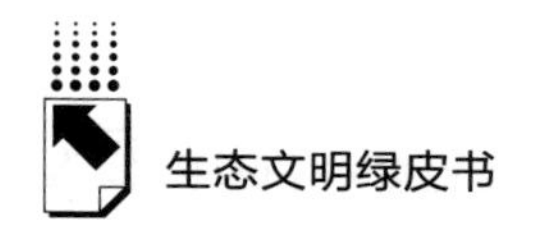

样性的国家。澳大利亚有566398个物种，占全球物种数的7%~10%。澳大利亚政府非常重视生物多样性保护，并把保护生物多样性的目标与应对气候变化的措施结合起来。澳大利亚颁布的《生物多样性和气候变化国家行动计划（2004—2007）》是全球首个协同推进气候治理与生物多样性保护的政府文件。按照澳大利亚发布的《国家气候变化适应框架》，其将于未来5~7年在生物多样性保护的关键地区和重要领域开展一系列适应气候变化和降低脆弱性的优先行动。2010年颁布的《澳大利亚适应气候变化：政府立场的白皮书》，明确将水、海岸、基础设施、自然生态系统、自然灾害管理和农业列入国家优先行动领域。2011年出台的《澳大利亚生物多样性保护战略（2010—2030）》将生态系统对气候变化的适应列为国家未来工作的优先行动之一。

此外，许多国家都把应对气候变化与保护生物多样性纳入城市发展规划。例如，纽约通过制定“树冠计划”，种植了约100万棵树，实现调节小气候和保护生物多样性的目标。[①]为解决城市绿色空间狭小而破碎、无法实现大规模绿化的问题，许多城市通过空间规划和景观设计保护其生态系统。例如，匈牙利布达佩斯的口袋花园、意大利米兰的垂直森林、德国斯图加特的通风森林廊道和西班牙巴塞罗那的绿色走廊等。荷兰阿姆斯特丹通过财政补贴，鼓励居民种植集体菜园，打造屋顶花园和绿色墙面；德国柏林、法国雷恩等城市与学校、社区合作开展户外自然教育、野生动物栖息地清理、社区园艺竞赛等项目，提高社会公众对气候治理与生物多样性保护协同性的认知和参与水平。

总之，随着气候治理与生物多样性保护工作的持续展开，国际社会已清醒地认识到，应对气候变化和保护生物多样性相辅相成、相互促进。气候变化是导致生物多样性丧失的主要因素之一，保护生物多样性对减缓与适应气候变化具有双重作用，且气候治理有助于保护生物多样性。

① Chapman A. D. , “Numbers of Living Species in Australia and the World”, 2009.

三　协同推进气候治理与生物多样性保护的“中国方案”

我国是较早采取生物多样性保护和气候变化协同治理措施的国家。2007年，《中国应对气候变化科技专项行动》要求把研究气候变化与生物多样性的“交互作用、响应机制及其适应技术和措施”作为应对气候变化的专项科技行动的重点。2021年1月，生态环境部出台的《关于统筹和加强应对气候变化与生态环境保护相关工作的指导意见》提出，在减缓和适应气候变化的工作中，要重视运用基于自然的解决方案，协同推进生物多样性保护、山水林田湖草系统治理等相关工作，增强适应气候变化的能力，提升生态系统的质量和稳定性。在我国政府的努力下，CBD COP15通过的“昆明宣言”和“昆明-蒙特利尔全球生物多样性框架”都增加了协同应对气候变化与生物多样性保护的内容和条款。

我国协同推进气候变化与生物多样性治理的政策和措施主要有以下几点。

第一，将协同应对气候变化和保护生物多样性纳入各类规划和战略中。生态环境部印发的《关于统筹和加强应对气候变化与生态环境保护相关工作的指导意见》明确提出，要“协同推动适应气候变化与生态保护修复。协同推进生物多样性保护，山水林田湖草系统治理等相关工作，增强适应气候变化能力，提升生态系统质量和稳定性”。在2022年的全国两会上，民进中央提出加强协同治理的政策框架和治理体系建设、构建国土空间开发保护新格局等建议。生态环境部还联合其他部门出台《国家适应气候变化战略2035》和《中国生物多样性保护战略与行动计划（2023—2030年）》等纲领性文件，指导国家中长期生物多样性保护和适应气候变化工作，并将应对气候变化和保护生物多样性的要求纳入省、市国土空间规划指南和城市评估中，加强对协同治理政策的引导。

第二，将国土空间开发保护与“双碳”目标相结合，完善协同治理空间网络。2017年，中共中央办公厅、国务院办公厅印发的《省级空间规划试点方案》明确提出，要科学规划城镇空间、农业空间、生态空间以及生态保护红线、永久基本农田、城镇开发边界。生态空间的规划既是国土空间规划的核心内容，也是构建气候变化和生物多样性协同治理空间网络的基础。在协同治理的新阶段，我国除了重视以国家公园为主体的自然保护地体系建设外，还充分融合国土空间规划要素，从“点、线、面”三个层面构建并完善气候变化和生物多样性的协同治理空间网络。具体措施包括以下几点：一是以自然保护地为“点”，将自然保护地体系中的国家公园、自然保护区、自然公园视为开发保护的重要节点，整合各种生物多样性保护举措，重点加强生态功能区、自然遗迹、珍稀濒危物种等的保护，强化微观层面的生物多样性保护，充分发挥其增汇减碳的生态服务价值。二是以生态保护红线、永久基本农田、城镇开发边界和生态廊道为“线”，科学划分协同治理保护区域和人类生活生产空间，维护生态系统的稳定性和多样性，保障社会经济的可持续发展。三是以城镇、农业和生态空间为“面”，明确三者的规划标准，因地制宜开展工农业生产和生态保护，根据不同地理条件和生态环境特点，制定有针对性的土地利用政策，最大限度地保护生态环境，并倡导森林城市、海绵城市、美丽乡村建设。

第三，持续开展生态保护修复，增强应对气候变化能力。近年来，我国全面实施《全国重要生态系统保护和修复重大工程总体规划（2021—2035年）》，持续推进大规模国土绿化、湿地与河湖保护修复等重点生态工程，取得显著效果；继续加强对气候变化和生物多样性的系统监测、研究和评估，为协同应对气候变化和保护生物多样性提供坚实的科技支撑。我国政府对构建“昆明-蒙特利尔全球生物多样性框架”发挥重要引领作用，承诺加快落实相关成果。根据《全国重要生态系统保护和修复重大工程总体规划（2021—2035年）》，我国力争到2035年，全面建成以国家公园为主体的自然保护地体系，全国森林、草原、荒漠、河湖、湿地和海洋等自然生态系统状况将得到极大改善，森林覆盖率达到26%，草原综合植被盖度达到60%，湿地保护率提高到60%左右，以国家公园为主体的自然保护地占陆域国土面积的18%以上。[①] 这将给未来生物多样性保护、生态系统碳汇能力及适应能力的提高提供更广阔的生态空间，促进生物质能的保护、开发与利用，确保降碳、增汇、适应与保护生物多样性协同增效。

第四，形成政府主导、部门统筹、地方协同、全社会参与、多边合作的治理合力，助力绿色发展和生态环境治理。具体措施包括以下几点：一是坚持中央统筹。将应对气候变化和保护生物多样性纳入经济和社会发展全局，以协同治理为目标制定国家战略和行动指南。构建应对气候变化与保护生物多样性的协调管理制度，制定协同推进气候治理与生物多样性保护的“中国方案”。二是强化相关部门的统筹协调，破解价值整合的碎片化、资源和权力结构的碎片化、政策制定和执行的碎片化三个维度的困境，形成高效协同的管理机制，为推进协同治理提供制度保障。三是加强跨区域协同，以保护生态系统的整体性和完整性。建设跨区域的生态廊道、可持续供应链，建立跨区域的保护联盟和伙伴关系，开展联合行动等，提供区域协同的制度保障。四是提高社会参与度，结合“植树节”“世界地球日”“关灯一小时”等重要节日和活动，发挥主流媒体的宣传教育作用，提高公众对气候治理和生物多样性保护的认知水平；联合学校、社会组织和社区积极开展创新性公益活动，鼓励公众亲近自然、爱护自然，提倡绿色低碳的生产生活方式；创新商业形式，鼓励企业通过自愿减排机制，以及气候和生物多样性基金等市场化手段，参与推动两者的协同治理。五是加强多边合作，通过“一带一路”“南南合作”等多边合作机制、加大全球环境基金投资力度，持续为发展中国家应对气候变化和保护生物多样性提供支持。我国在森林保护、应对气候变化等领域与环喜马拉雅各国开展了一批合作项目，帮助这些国家培育大量生态环保领域专业人才。例如，在缅甸设立东南亚生物多样性研究中心，在蒙古国设立荒漠化

① 《国家发展改革委　自然资源部关于印发〈全国重要生态系统保护和修复重大工程总体规划（2021-2035年）〉的通知》，中国政府网，2020年6月3日，https：//www. gov. cn/zhengce/zhengceku/2020-06/12/content_ 5518982. htm。

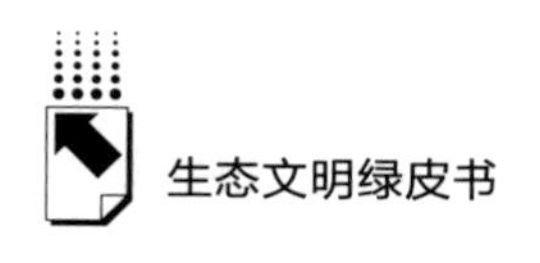

防治合作中心等。

通过采取上述政策和措施，我国在气候治理与生物多样性保护方面取得显著成就。根据国务院新闻办公室发布的《新时代的中国绿色发展》白皮书，截至2021年底，我国已经设立近万处各级各类自然保护地，约占国土陆域面积的1/5，有效保护了90%左右的陆地自然生态系统类型和74%的国家重点保护野生动植物物种。2012~2021年，我国的生态保护工作取得耀眼成绩：总计造林9.6亿亩、种草改良6亿亩、防沙治沙2.78亿亩，新增或修复湿地面积超1200万亩。2021年，我国森林覆盖率突破24%，森林蓄积量达到194.93亿立方米，森林覆盖率和森林蓄积量连续30多年保持增长态势，成为世界上森林资源增长最多和人工造林面积最大的国家之一。区域联防联控和重污染天气应对也取得显著成效，2015~2021年，全国地级以上城市细颗粒物（$PM_{2.5}$）年均浓度由46微克/米^{3}降至30微克/米^3，空气质量优良天数占比接近90%，成为世界上大气质量改善速度最快的国家之一。2013~2021年，京津冀地区13个重要城市的空气质量优良天数占比从41.9%上升至74.0%，为全球大气环境治理提供了“中国经验”。2024年7月国务院新闻办公室发布的《中国的海洋生态环境保护》白皮书指出，我国已建立涉海自然保护地352个，保护海域面积达9.33万平方公里，筹建涉海国家公园候选区5个，保护对象涵盖斑海豹、中华白海豚等珍稀濒危海洋生物和红树林、珊瑚礁等典型生态系统，以及古贝壳堤、海底古森林遗迹等地形地貌，初步形成类型齐全、布局合理、功能健全的海洋保护地体系。我国是世界上少数几个红树林面积净增长的国家之一。截至2023年底，我国已营造红树林面积在7000公顷左右，修复现有红树林面积约5600公顷。2022年度国土变更调查结果表明，我国红树林面积已达2.92万公顷，较21世纪初增加7200公顷。2024年8月国务院新闻办公室发布的《中国的能源转型》白皮书显示，我国清洁能源的发展已经驶入快车道。2013~2023年，全国清洁能源消费占比从15.5%提升至26.4%，煤炭消费占比下降12.1个百分点。2023年，我国可再生能源新增装机容量占全球新增装机容量的一半以上。国际能源署（IEA）发布的报告指出，中国是全球可再生能源领域的领跑者，也是全球可再生能源快速大规模增长的主要驱动力。[①] 2023 年，全球非化石能源消费占比上升至 18.5%，较 2014 年提高 4.9 个百分点。其中，中国非化石能源消费增量的贡献率达到 45%以上。

尽管取得了上述可喜的成绩，但是在协同推进气候治理与生物多样性保护方面，我国仍面临诸多挑战。例如，生物多样性与气候变化协同治理面临结构性失衡的问题；《联合国气候变化框架公约》和《生物多样性公约》协同效应有待增强；相关职能分散在多个部门，相关部门间的联动运行与统筹机制有待加强；应对气候变化与保护生物多样性的协同治理能力有待提高；协同推进气候治理与生物多样性保护方面的技术与政策较为欠缺。为应对这些挑战，我国在未来需要采取更为系统和连贯的协同治理措施（如制定更加有效的协同治理政策和协同治理体系，完善生物多样性保护空间网络，构建高效的生物多样性保护信息化平台），以进一步增强气候治理与生物多样性保护的协同效应，为实现全球气候治理目标和保护生物多样性做出贡献。

参考文献

蔡颖莉、朱洪革、李家欣：《中国生物多样性保护政策演进、主要措施与发展趋势》，《生物多样性》2024 年第 5 期。

高世楫等：《协同推进保护生态环境和应对气候变化加快推动构建人类命运共同体》，《当代中国与世界》2021 年第 3 期。

侯一蕾等：《应对气候变化与保护生物多样性协同：全球实践与启示》，《气候变化研究进展》2023 年第 1 期。

井新等：《气候变化与生物多样性之间的复杂关系和反馈机制》，《生物多样性》2022 年第 10 期。

梁丹丹：《推进应对气候变化与保护生物多样性协同治理》，《区域治理》2022 年第 11 期。

刘影等：《生物多样性适应气候变化的国家政策和措施：国际经验及启示》，《生物多样性》2014 年第 3 期。

---

① "Renewables 2023", IEA, https://www.iea.org/reports/renewables-2023.

吕江：《应对气候变化与生物多样性保护的国际规则协同：演进、挑战与中国选择》，《北京理工大学学报》（社会科学版）2022 年第 2 期。

康晓、赵泽军：《复合全球治理视角下的气候治理与生物多样性保护》，《区域与全球发展》2022 年第 6 期。

王毅等：《推进应对气候变化与保护生物多样性协同治理》，《环境与可持续发展》2021 年第 6 期。

魏辅文等：《生物多样性丧失机制研究进展》，《科学通报》2014 年第 6 期。

张品茹：《气候变化与全球生物多样性》，《生态经济》2023 年第 2 期。

张天泽、张祖增：《生物多样性与气候变化协同治理的理论解码与法制构造》，《治理现代化研究》2024 年第 2 期。

祖奎玲、王志恒：《山地物种海拔分布对气候变化响应的研究进展》，《生物多样性》2022 年第 5 期。

Isbell F. et al., "Expert Perspectives on Global Biodiversity Loss and its Drivers and Impacts on People," *Frontiers in Ecology and the Environment* 2 (2023).

Pecl G. T. et al., "Biodiversity Redistribution Under Climate Change: Impacts on Ecosystems and Human Wellbeing," *Science* (2017).

G.5
“新质生产力本身就是绿色生产力”的理论逻辑、本质内涵和实践进路

曹顺仙　刘新元 *

摘　要：　“新质生产力本身就是绿色生产力”既以马克思主义生产力理论为基础，又实现了从马克思主义“新生产力”“自然生产力”理论到“新质生产力”“绿色生产力”理论的拓展和创新，包含着满足新时代人们对美好生活的生态需要，满足“现实的人”创造以绿色为底色的高质量发展历史，以绿色发展为理念、以“绿水青山就是金山银山”为发展观，以绿色生产力的发展为基本路径，“坚持从实际出发、先立后破、因地制宜、分类指导”等本质内涵。实践进路在于：坚定发展新质生产力就要发展绿色生产力，遵循新生产力获得的科技创新、产业变革、发展方式转型、体制机制创新的逻辑趋向，坚持以绿色科技创新为先导，要加快绿色科技的转化和应用，着力推进发展方式的绿色转型，扎实推进发展绿色生产力的体制机制创新，坚持绿色发展与开放发展的辩证统一，在面对世界百年未有之大变局的挑战中，抢抓新一轮科技革命、产业变革的重大战略机遇，积极稳妥推进碳达峰碳中和，协同推进美丽中国和全球生态文明建设。

关键词：　新质生产力　绿色生产力　高质量发展　美丽中国

---

* 曹顺仙，南京林业大学马克思主义学院教授、博士生导师，江苏省习近平新时代中国特色社会主义思想研究中心生态环境厅基地特约研究员，主要研究方向为生态文明、马克思主义理论；刘新元，南京林业大学马克思主义学院在读硕士研究生，主要研究方向为生态文明、马克思主义理论。

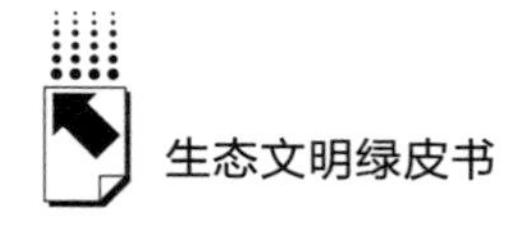

习近平总书记2023年9月在黑龙江考察调研期间首次提到“新质生产力”[①]，2024年1月31日在二十届中央政治局第十一次集体学习时首次提出“新质生产力本身就是绿色生产力”[②]。这两个论断都是站在人类社会发展的高度，从“生产力是人类社会发展的根本动力，也是一切社会变迁和政治变革的终极原因”[③] 这一基本原理出发，围绕高质量发展进行理论创新的成果。

“新质生产力”概念一经提出便引起了学术界的高度关注，也成为经济学、政治经济学、马克思主义理论等学科的学者进行理论探讨的热点[④]。“新质生产力本身就是绿色生产力”的提出则不仅拓宽了经济学、政治经济学研究的视域，使之加强了对绿色发展理念、绿色技术、绿色能源的研究[⑤]，而且极大地拓展了新质生产力的研究领域，哲学、马克思主义理论、政治学、管理学等学科的学者纷纷加入并发表了相关研究成果[⑥]，进而形成了关于这一论断的不同学术观点，如“内涵说”[⑦]“新理念说”[⑧]“绿色发展

---

① 《习近平在黑龙江考察时强调：牢牢把握在国家发展大局中的战略定位　奋力开创黑龙江高质量发展新局面》，中国政府网，2023年9月8日，https：//www. gov. cn/yaowen/liebiao/202309/content_ 6903032. htm。

② 习近平：《发展新质生产力是推动高质量发展的内在要求和重要着力点》，《求是》2024年第11期。

③ 习近平：《发展新质生产力是推动高质量发展的内在要求和重要着力点》，《求是》2024年第11期。

④ 魏崇辉：《新质生产力的基本意涵、历史演进与实践路径》，《理论与改革》2023年第6期；洪银兴：《新质生产力及其培育和发展》，《经济学动态》2024年第1期。

⑤ 程恩富、刘美平：《新质生产力的学理分析与培育路径》，《上海经济研究》2024年第5期。

⑥ 张云飞：《推动形成与绿色生产力发展相适应的新型生产关系》，《学术前沿》2024年第9期；方世南：《习近平关于新质生产力重要论述的理论体系和实践指向研究》，《新疆师范大学学报》（哲学社会科学版）2025年第1期；刘勇：《“两山论”对新质生产力的绿色赋能》，《理论与改革》2024年第3期；宋月红：《新质生产力本身就是绿色生产力》，《新湘评论》2024年第6期；房志敏：《新质生产力与绿色经济：内在契合与实践结合》，《中国矿业大学学报》（社会科学版）2024年第3期；邵然：《“新质生产力本身就是绿色生产力”的内在意蕴》，《社会主义论坛》2024年第4期；肖巍：《从马克思主义视野看发展新质生产力》，《思想理论教育》2024年第4期；张三元：《发展新质生产力与构建绿色健康生活方式》，《思想理论教育》2024年第4期。

⑦ 周宏春：《新质生产力就是绿色生产力的产业涵义》，《资源与产业》2024年第3期。

⑧ 张云飞：《推动形成与绿色生产力发展相适应的新型生产关系》，《学术前沿》2024年第9期。

说”[①]“绿色底色论”[②] 等。学术界的研究成果对我们正确理解“新质生产力本身就是绿色生产力”无疑具有重要的学术价值和现实意义。不过，就“新质生产力本身就是绿色生产力”提出的理论逻辑而言，把马克思主义哲学与政治经济学的相关理论融为一体进行系统阐释和把握，有助于深化认识、增强实践自觉。

一 “新质生产力本身就是绿色生产力”的理论逻辑

“新质生产力本身就是绿色生产力”以马克思主义生产力理论为基础，是马克思恩格斯对古典政治经济学“生产力”概念进行历史唯物主义改造而形成的与“新生产力”“自然生产力”相统一的生产力理论的拓展与创新。马克思主义生产力理论通过《德意志意识形态》《哲学的贫困》《1857—1858年经济学手稿》《资本论》等著作既完成了对亚当·斯密、李嘉图的“劳动生产力”和李斯特的生产力理论的历史唯物主义改造，也完成了生产力理论从哲学到政治经济学的贯通与互构，形成了以“现实的人”为基本前提的“新生产力”理论和包含“自然生产力”的多要素生产力理论。

在哲学维度，马克思恩格斯一方面以“现实的人”为出发点，指出：“人们为了能够‘创造历史’，必须能够生活。但是为了生活，首先就需要吃喝住穿以及其他一些东西。因此第一个历史活动就是生产满足这些需要的资料，即生产物质生活本身。”[③] 另一方面通过对资本主义社会生产力的细致考察，提出了多种不同的生产力概念，如物质生产力和精神生产力[④]、社

---

① 《新质生产力本身就是绿色生产力》，《人民日报》2024年4月8日。

② 周世露、乔光辉：《习近平总书记关于新质生产力重要论述的整体逻辑》，《经济问题》2024年第7期。

③ 中共中央马克思恩格斯列宁斯大林著作编译局编译《马克思恩格斯选集（第一卷）》，人民出版社，2012，第158页。

④ 中共中央马克思恩格斯列宁斯大林著作编译局编译《马克思恩格斯全集（第三十卷）》，人民出版社，1995，第176页。

会生产力[①]、科学生产力[②]、自然生产力[③]等，使马克思主义生产力理论成为涉及社会、自然两大系统且涵盖物质、精神、自然、社会、科技、知识等多领域多要素的生产力理论；阐明了科学技术的应用不仅改变着生产力要素的构成、各要素存在的样态和质态，也使个体劳动转化为社会劳动、自然生产力转化为社会生产力，并且科技生产力、社会生产力、自然生产力、物质生产力和精神生产力各要素相互联系，动态转化和演进，其趋势是生产力社会化与自然化的统一。正如马克思所指出的："应用机器，不仅仅是使与单独个人的劳动不同的社会劳动的生产力发挥作用，而且把单纯的自然力——如水、风、蒸汽、电等——变成社会劳动的力量。"[④]

在政治经济学维度，马克思主义生产力理论指出，第一，生产力的基本要素不仅包括生产工具，还包括劳动者。"在一切生产工具中，最强大的一种生产力是革命阶级本身。"[⑤] 劳动者既是最强大的生产力要素，又是发展生产力、"创造历史"的依靠力量。第二，生产要素随着生产力的提高而不断丰富。在资本主义社会，资本、科技、知识等逐渐成为生产要素，为资本主义生产方式的形成奠定了物质基础。马克思指出，"固定资本的发展表明，一般社会知识，已经在多么大的程度上变成了直接的生产力"，即科技作为知识形态的存在物演变成了"对象化的知识力量"[⑥]，推动了资本主义社会生产力的巨大发展。第三，科技作为生产资料直接或间接参与生产过程，一方面提高生产效率并推进产业转型升级。如制造工艺或效率的提高，

① 中共中央马克思恩格斯列宁斯大林著作编译局编译《马克思恩格斯全集（第三十二卷）》，人民出版社，1998，第295页。

② 中共中央马克思恩格斯列宁斯大林著作编译局编译《马克思恩格斯全集（第三十六卷）》，人民出版社，2015，第331~332页。

③ 中共中央马克思恩格斯列宁斯大林著作编译局编译《马克思恩格斯全集（第二十六卷 第三册）》，人民出版社，1974，第122页。

④ 中共中央马克思恩格斯列宁斯大林著作编译局编译《马克思恩格斯全集（第三十二卷）》，人民出版社，1998，第366页。

⑤ 中共中央马克思恩格斯列宁斯大林著作编译局编译《马克思恩格斯选集（第一卷）》，人民出版社，2012，第274页。

⑥ 中共中央马克思恩格斯列宁斯大林著作编译局编译《马克思恩格斯全集（第三十一卷）》，人民出版社，1998，第102页。

"它们是人的手创造出来的人脑的器官"①。再如，科技推动产业融合、资源聚集。"不变资本便宜化的其他方式建立在发明的基础上……是由把这些不变资本作为产品生产出来的那些生产领域中的劳动生产率的发展所造成的便宜化。"② 另一方面科技作为生产资料在"资本逻辑"主导下在生产中会发生异化。这种异化涉及三个方面。一是人与自然关系的异化。资本的逐利性使科技"在一定时期内提高土地肥力的任何进步，同时也是破坏土地肥力持久源泉的进步"③。二是劳动者的异化。机器大工业使"工人不再是生产过程的主要作用者，而是站在生产过程的旁边"④，丧失了主体性地位。三是科技自身的异化。"在机器上实现了的科学……只表现为劳动的剥削手段"⑤，明确指出科技在生产中的应用带有社会制度的印记。

基于哲学和政治经济学融合的维度可以明晰：马克思主义生产力理论是社会生产力与自然生产力相互转化、辩证统一的生产力理论，是基本生产要素与多种生产要素兼容发展的生产力理论，是科技、知识等新生产力要素与土地、资本、自然等传统生产力要素相融合的生产力理论。"新质生产力本身就是绿色生产力"的论断正是基于这样的生产力理论，以变化了的"现实的人"的需要、变化了的科学技术和社会生产力、自然生产力为前提而提出的。

由此，考察中国共产党的生产力理论，可以发现，中国共产党正是以不同时期人民群众的现实需要为出发点，抓住中国式现代化进程中经济社会发展遭遇的主要矛盾，先后提出了"科学技术是第一生产力"⑥ "先进生产

---

① 中共中央马克思恩格斯列宁斯大林著作编译局编译《马克思恩格斯全集（第三十一卷）》，人民出版社，1998，第102页。

② 中共中央马克思恩格斯列宁斯大林著作编译局编译《马克思恩格斯全集（第三十七卷）》，人民出版社，2019，第321页。

③ 中共中央马克思恩格斯列宁斯大林著作编译局编译《马克思恩格斯全集（第四十四卷）》，人民出版社，2001，第579~580页。

④ 中共中央马克思恩格斯列宁斯大林著作编译局编译《马克思恩格斯全集（第三十一卷）》，人民出版社，1998，第100页。

⑤ 中共中央马克思恩格斯列宁斯大林著作编译局编译《马克思恩格斯全集（第三十八卷）》，人民出版社，2019，第142页。

⑥ 《邓小平文选（第三卷）》，人民出版社，1993，第274页。

力”[①]“保护生态环境就是保护生产力，改善生态环境就是发展生产力”[②]“新质生产力”“新质生产力本身就是绿色生产力”[③] 等论断和概念，使中国马克思主义的生产力理论从人、自然、社会、科技、文化等不同维度实现了对马克思主义生产力理论的拓展和创新。不仅以“绿色生产力”深化了马克思主义的“自然生产力”理论，而且从新质生产力发展的实际条件出发，赋予生产力全新要素。2018 年在全国网络安全和信息化工作会议上，习近平强调“要加快推动数字产业化，发挥互联网作为新基础设施的作用，发挥数据、信息、知识作为新生产要素的作用”[④]，提出了数据、信息、知识三种全新的生产要素。2022 年党的二十大报告强调“加快建设现代化经济体系，着力提高全要素生产率”[⑤]。2023 年提出了“新质生产力”概念和发展新质生产力的任务。2024 年科学阐释了新质生产力的内涵，明确了科技创新在新质生产力中发挥主导作用的地位，提出了“新质生产力本身就是绿色生产力”。这意味着科技创新成为决定新质生产力样态和质态的关键要素，“绿色”成为新质生产力的底色，“绿色化”成为新质生产力的本质特征之一，发展绿色生产力成为发展新质生产力的本质要求。

因此，“新质生产力本身就是绿色生产力”，在理论层面，既以马克思主义生产力理论为基础，又实现了从马克思主义“新生产力”“自然生产力”理论到“新质生产力”“绿色生产力”理论的拓展和创新。在实践层面，既是以“生态环境保护发生历史性、转折性、全局性变化”为新起点，谋求生态环境问题的根本解决的生产力，又是以绿色为底色谋求高质量发展的绿色生产力，表明了扩绿、兴绿、增绿、护绿既是发展绿色生产力又是发展新质生产力的实践逻辑。

---

① 《江泽民文选（第三卷）》，人民出版社，2006，第 400 页。

② 习近平：《论坚持人与自然和谐共生》，中央文献出版社，2022，第 275 页。

③ 习近平：《发展新质生产力是推动高质量发展的内在要求和重要着力点》，《求是》2024 年第 11 期。

④ 《习近平关于网络强国论述摘编》，中央文献出版社，2021，第 136 页。

⑤ 习近平：《高举中国特色社会主义伟大旗帜　为全面建设社会主义现代化国家而团结奋斗——在中国共产党第二十次全国代表大会上的报告》，人民出版社，2022，第 28 页。

二 "新质生产力本身就是绿色生产力"的本质内涵

基于新质生产力的理论逻辑和新时代新征程"现实的人"的需要，"新质生产力本身就是绿色生产力"的本质内涵包含五个方面。

第一，是满足新时代人们对美好生活的生态需要的生产力。马克思主义理论认为，"现实的人"的需要既有生存性的，也有发展性的，而生存性的需要是"第一需要"，也是人得以生存的自然需要。马克思指出"第一个需要确认的事实就是这些个人的肉体组织以及由此产生的个人对其他自然的关系"[①]。"发展性需要"则是随着人类社会进步与社会实践的发展推动人的"自由而全面的发展"的需要，这种需要是"在这样的人的身上，他自己的实现作为内在的必然性、作为需要而存在"[②]。其指向是生态需要与社会需要、物质需要与精神需要相统一的"现实的人"的需要。进入新时代以来，一方面，人民群众的需要发生了阶段性变化。"我国社会主要矛盾已经转化为人民日益增长的美好生活需要和不平衡不充分的发展之间的矛盾。"[③] 在温饱问题得以总体解决的基础上，"良好生态环境是最普惠的民生福祉"[④]。另一方面，巨大的人口规模，独特的自然地理环境，传统以牺牲生态环境为代价的"黑色生产力"的发展，使我们遭遇了粗放型发展方式所引发的严重生态环境问题。经过十年的努力，虽然"生态环境保护发生历史性、转折性、全局性变化"[⑤]，但"生态环境保护任务依然艰巨"[⑥]。因此，新质生

---

① 中共中央马克思恩格斯列宁斯大林著作编译局编译《马克思恩格斯选集（第一卷）》，人民出版社，2012，第146页。

② 中共中央马克思恩格斯列宁斯大林著作编译局编译《马克思恩格斯文集（第一卷）》，人民出版社，2009，第194页。

③《决胜全面建成小康社会　夺取新时代中国特色社会主义伟大胜利——在中国共产党第十九次全国代表大会上的报告》，《人民日报》2017年10月28日。

④《习近平谈治国理政（第三卷）》，外文出版社，2020，第362页。

⑤ 习近平：《高举中国特色社会主义伟大旗帜　为全面建设社会主义现代化国家而团结奋斗——在中国共产党第二十次全国代表大会上的报告》，人民出版社，2022，第11页。

⑥ 习近平：《高举中国特色社会主义伟大旗帜　为全面建设社会主义现代化国家而团结奋斗——在中国共产党第二十次全国代表大会上的报告》，人民出版社，2022，第14页。

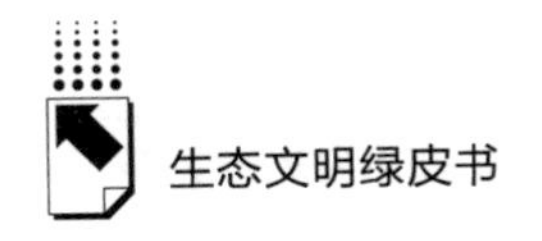

产力只有依据社会基本矛盾运动的规律，使绿色、低碳、循环成为自身的应有之义，才能从根本上满足“现实的人”对良好生态环境的需要。

第二，是满足“现实的人”创造以绿色为底色的高质量发展历史的生产力。一是我国经济社会进入高质量发展阶段，绿色已成为高质量发展的鲜明底色。2023 年，生态环境领域“十四五”重大工程台账系统纳入项目 1.2 万个，完成投资 6000 亿元；可再生能源发电装机容量占比过半，历史性超过火电装机；新能源汽车产销两旺，连续 9 年位居世界第一。二是以绿色科技创新开启高质量发展的新篇章成为必然。新质生产力发展的根本动力是主要矛盾，直接动力是科技创新，而新一轮的科技革命在本质上是化解生态环境问题、追求可持续发展的绿色科技革命，是绿色科技、可持续发展与数字技术、智能革命相耦合的绿色化、数字化、智能化的科技革命，主导着绿色低碳循环产业的发展，推进着经济社会的全面绿色转型。三是新质生产力是在经济社会全面绿色转型的关键时期提出的。习近平总书记一再强调要抓住绿色转型的机遇，加快“推动经济社会发展绿色化、低碳化”①。四是新质生产力是在绿色产业的形成与壮大中发展的。习近平总书记强调要“推进产业、能源、交通运输结构绿色低碳转型，加快培育壮大绿色低碳产业”“推进产业生态化和生态产业化”②。产业的绿色化、集中化是新质生产力绿色发展的重要体现。

第三，是以绿色发展为理念、以“绿水青山就是金山银山”为发展观的生产力。一方面，新质生产力是符合新发展理念的先进生产力。这意味着以绿色发展理念为引领的绿色生产力是新质生产力的内在要求。“保护生态环境就是保护生产力，改善生态环境就是发展生产力”③，新质生产力要注重经济发展同生态环境保护的协同，要“牢固树立和践行绿水青山就是金

---

① 《习近平在看望参加政协会议的民革科技界环境资源界委员时强调　积极建言资政广泛凝聚共识　助力中国式现代化建设》，《人民日报》2024 年 3 月 7 日。

② 《习近平主持召开新时代推动中部地区崛起座谈会强调　在更高起点上扎实推动中部地区崛起》，《人民日报》2024 年 3 月 21 日。

③ 习近平：《论坚持人与自然和谐共生》，中央文献出版社，2022，第 275 页。

山银山的理念”[①]。另一方面，“中华文明历来崇尚天人合一、道法自然，追求人与自然和谐共生”[②]，历史唯物主义则强调“人直接地是自然存在物”[③]，“人对自然的关系直接就是人对人的关系，正像人对人的关系直接就是人对自然的关系，就是他自己的自然的规定”[④]。人与自然本质是同一的，要求人们在思想上要破除经济效益与生态效益相对立的错误观念，为新质生产力绿色发展提供思想指引。

第四，是以绿色生产力的发展为基本路径的生产力。在生产力维度，新质生产力就是绿色生产力意味着绿色是新质生产力的样态和质态，反映新质生产力跃升的本质特征和趋势；同时，新质生产力、绿色生产力都是生产力，科技、知识、信息、数据等日益成为新生产要素，追求全要素生产率的提升成为发展新质生产力的内在要求。因此，绿色生产力的量和质是新质生产力的重要组成部分，它与新质生产力其他量与质的融通发展成为发展新质生产力的本质要求。在生产关系维度，发展新质生产力要从强调“含绿量”与“含金量”的共同提升扩展到“含绿量”、“含金量”与“含质量”的统一，在通过扩绿、兴绿、护绿“三绿并举”实现增绿的同时，深化绿色生产力内在要素的变革，提升绿色生产、交换、分配、消费的水平，促进生产方式、生活方式的绿色变革，推进经济社会的全面绿色转型。

第五，是“坚持从实际出发，先立后破、因地制宜、分类指导”的生产力。这是基于马克思主义生产力理论的发展新质生产力的方法论，习近平总书记强调“要牢牢把握高质量发展这个首要任务，因地制宜发展新质生产力”“各地要坚持从实际出发，先立后破、因地制宜、分类指导”。一方面要始终坚持从实际出发的原则方法。处理好“立”与“破”之间的辩证

---

① 《习近平在中共中央政治局第十一次集体学习时强调　加快发展新质生产力　扎实推进高质量发展》，《人民日报》2024年2月2日。

② 习近平：《论坚持人与自然和谐共生》，中央文献出版社，2022，第277页。

③ 中共中央马克思恩格斯列宁斯大林著作编译局编译《马克思恩格斯文集（第一卷）》，人民出版社，2009，第209页。

④ 中共中央马克思恩格斯列宁斯大林著作编译局编译《马克思恩格斯文集（第一卷）》，人民出版社，2009，第184页。

关系，避免忽视、放弃传统产业，危害经济发展；“要防止一哄而上、泡沫化”。另一方面要正确把握原则方法与具体方法的关系，即要统筹好高质量发展和因地制宜之间的辩证关系。习近平总书记强调，“不要搞一种模式”，要“有选择地推动新产业、新模式、新动能发展，用新技术改造提升传统产业，积极促进产业高端化、智能化、绿色化”[①]。要处理好统一指导和分类指导之间的辩证关系。比如，发展新质生产力主要依托传统产业改造升级、新兴产业发展壮大和未来产业培育形成三个方面，那么这三个方面就需要分类进行指导。

综上可知，“新质生产力本身就是绿色生产力”是以新时代新征程人们对更美好生活的生态需要为动力，以绿色科技创新为主导，创造以绿色为底色的高质量发展历史的新质生产力，是符合绿色发展理念，坚持“绿水青山就是金山银山”绿色发展观，坚持以绿色发展为基本路径，坚持从实际出发的先进生产力。

三 “新质生产力本身就是绿色生产力”的实践进路

加快绿色发展是形成新质生产力的基本路径。新质生产力具有高科技、高效能、高质量特征，创新起主导作用，是符合新发展理念的先进生产力质态。这就意味着新质生产力必然是环境友好型、资源节约型的生产力，发展绿色生产力客观上就是在发展新质生产力，发展新质生产力就要发展绿色生产力。其发展逻辑正如马克思所强调的：“随着新生产力的获得，人们改变自己的生产方式，随着生产方式即谋生的方式的改变，人们也就会改变自己的一切社会关系。”[②] 即遵循新生产力获得的科技创新、产业变革、发展方

① 《习近平在参加江苏代表团审议时强调　因地制宜发展新质生产力》，《人民日报》2024 年 3 月 6 日。

② 中共中央马克思恩格斯列宁斯大林著作编译局编译《马克思恩格斯选集（第一卷）》，人民出版社，2012，第 222 页。

式转型、体制机制创新的逻辑趋向。

第一，坚持以绿色科技创新为先导。习近平总书记多次强调“新质生产力是创新起主导作用”[①] 的生产力，认为“科技创新是发展新质生产力的核心要素”[②]。究其原因在于科技创新日益成为引领新质生产力发展的主导力量。而当代的新质生产力主要由生态科学、生命科学、生物科学及系统科学等耦合推动的新一轮技术革命性突破催生而成。科技创新的绿色化、智能化、数字化催生着新业态、新模式和新动能，是发展新质生产力的核心要素。因此，习近平总书记提出要“加快绿色科技创新和先进绿色技术推广应用……构建绿色低碳循环经济体系”[③]。

第二，要加强绿色科技的转化和应用。习近平总书记从加快发展新质生产力的目标导向出发，一再强调“要及时将科技创新成果应用到具体产业和产业链上”[④]，要“加强科技创新和产业创新深度融合”[⑤]，围绕绿色科技革命与绿色产业变革的互动耦合规律，既要关注新旧关系，强化以绿色科技推动传统产业的绿色化改造升级和转型，又要聚焦新新关系，在强化以绿色科技引领新兴绿色产业发展、谋划未来产业布局方面下更大功夫[⑥]，最终形成高水平高质量的现代绿色产业样态和质态。

第三，着力推进发展方式的绿色转型，在积极推进绿色转型中顺势而为。在发展方式上，深入贯彻“必须加快发展方式绿色转型，助力碳达峰

---

① 《习近平在中共中央政治局第十一次集体学习时强调　加快发展新质生产力　扎实推进高质量发展》，《人民日报》2024 年 2 月 2 日。

② 《习近平在湖南考察时强调　坚持改革创新求真务实　奋力谱写中国式现代化湖南篇章》，《人民日报》2024 年 3 月 22 日。

③ 《习近平在中共中央政治局第十一次集体学习时强调　加快发展新质生产力　扎实推进高质量发展》，《人民日报》2024 年 2 月 2 日。

④ 《习近平在中共中央政治局第十一次集体学习时强调　加快发展新质生产力　扎实推进高质量发展》，《人民日报》2024 年 2 月 2 日。

⑤ 《习近平主持召开新时代推动中部地区崛起座谈会强调　在更高起点上扎实推动中部地区崛起》，《人民日报》2024 年 3 月 21 日。

⑥ 《习近平在湖南考察时强调　坚持改革创新求真务实　奋力谱写中国式现代化湖南篇章》，《人民日报》2024 年 3 月 22 日。

碳中和"[①] 的要求。加快绿色发展方式转型，摒弃以往破坏生态环境的发展模式，摒弃因破坏生态而带来一时成绩的短视做法，激发新质生产力发展的绿色化动能。在生产方式上，要着力构建绿色生产方式，"全面准确落实精准治污、科学治污、依法治污方针，推动经济社会发展绿色化、低碳化，加强资源节约集约循环利用，拓展生态产品价值实现路径，积极稳妥推进碳达峰碳中和，为高质量发展注入新动能、塑造新优势"[②]。在生活方式上，全面落实"在全社会大力倡导绿色健康生活方式"[③] 的要求，倡导绿色健康生活方式，推动全社会树立勤俭节约的消费观，通过绿色低碳消费，形成良好的文明生活风尚。同时，"通过生活方式绿色革命，倒逼生产方式绿色转型，把建设美丽中国转化为全体人民自觉行动"[④]。

第四，扎实推进发展绿色生产力的体制机制创新。"发展新质生产力，必须进一步全面深化改革，形成与之相适应的新型生产关系。"[⑤] 绿色生产力的发展既需要政府前瞻性的规划引导、科学的政策支持，也需要市场机制调节、企业等微观主体不断创新，是政府"有形之手"和市场"无形之手"共同培育和驱动形成的。因此，一方面，要深化体制机制改革。着力打通束缚新质生产力发展的堵点卡点，建立高标准市场体系，创新生产要素配置方式，让各类先进优质生产要素向发展新质生产力顺畅流动。同时，在分配体制方面，要不断健全要素参与收入配置机制，让各生产要素更好地体现自身市场价值，从而激发出劳动、知识、技术、管理、资本和数据等生产要素的

---

① 《习近平在中共中央政治局第十一次集体学习时强调　加快发展新质生产力　扎实推进高质量发展》，《人民日报》2024 年 2 月 2 日。

② 《习近平在看望参加政协会议的民革科技界环境资源界委员时强调　积极建言资政广泛凝聚共识　助力中国式现代化建设》，《人民日报》2024 年 3 月 7 日。

③ 《习近平在中共中央政治局第十一次集体学习时强调　加快发展新质生产力　扎实推进高质量发展》，《人民日报》2024 年 2 月 2 日。

④ 中共中央宣传部编《习近平新时代中国特色社会主义思想学习纲要》，学习出版社、人民出版社，2023，第 228 页。

⑤ 《习近平在中共中央政治局第十一次集体学习时强调　加快发展新质生产力　扎实推进高质量发展》，《人民日报》2024 年 2 月 2 日。

活力[①]。另一方面，要深化科技体制和人才工作机制创新。按照发展新质生产力要求，畅通教育、科技、人才的良性循环，完善人才培养、引进、使用、合理流动的工作机制。同时，根据科技发展新趋势，优化高等学校学科设置、人才培养模式，为发展新质生产力、推动高质量发展培养急需人才。

第五，坚持绿色发展与开放发展的辩证统一。"始终秉持共赢理念"[②]，在制度创新方面，积极主动同高标准的国际经贸规则相对接，"扩大制度型开放，打造高水平对外开放门户"[③]。在绿色发展方面，扩大高水平对外开放有助于加强绿色问题、绿色技术、绿色产业等方面的沟通交流，为中国乃至全人类新质生产力的绿色化发展提供可能。习近平总书记指出："生态文明建设关乎人类未来……任何一国都无法置身事外、独善其身。"[④] 在价值理念方面，强调共治共享。习近平总书记指出："进一步扩大开放，同各国共享发展机遇和红利。"[⑤] 要有效反对各种形式的保护主义和逆全球化思潮，充分利用全球比较优势，实现新质生产力发展，抵御"人为制造科技壁垒"[⑥]。

综上，"新质生产力本身就是绿色生产力"是以马克思主义生产力理论和中国生产力理论与实践的发展为逻辑起点，在科学研判社会主要矛盾变化的基础上，以"现实的人"生产、生活、生态需要为动力，围绕绿色发展与高质量发展的关系而提出的。其内涵和本质契合世界新一轮科技创新和产业变革的绿色化、低碳化、智能化特征和趋势，契合高质量发展与绿色发展

---

① 《习近平在中共中央政治局第十一次集体学习时强调　加快发展新质生产力　扎实推进高质量发展》，《人民日报》2024年2月2日。

② 《习近平会见荷兰首相吕特》，《人民日报》2024年3月28日。

③ 《习近平主持召开深入推进长三角一体化发展座谈会强调　推动长三角一体化发展取得新的重大突破　在中国式现代化中更好发挥引领示范作用》，《人民日报》2023年12月1日。

④ 中共中央党史和文献研究院编《习近平关于中国特色大国外交论述摘编》，中央文献出版社，2020，第243页。

⑤ 《同心协力　共迎挑战　谱写亚太合作新篇章——在亚太经合组织工商领导人峰会上的书面演讲》，《人民日报》2023年11月18日。

⑥ 《习近平会见荷兰首相吕特》，《人民日报》2024年3月28日。

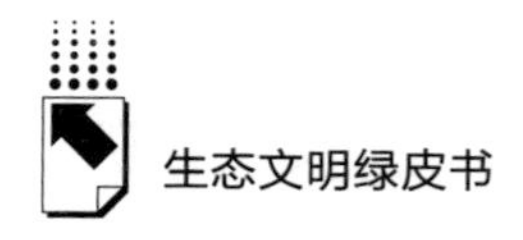

的深度耦合，是以新发展理念为引领、以实现中华民族伟大复兴的美丽中国梦为目标的新质生产力、绿色生产力，是在中国式现代化新征程上，围绕高质量发展总任务总要求统筹推进“五位一体”总体布局、协调推进“四个全面”战略布局的生产力，是面对世界百年未有之大变局，抢抓新一轮科技革命、产业变革的重大战略机遇，积极稳妥推进碳达峰碳中和，共谋推进全球生态文明建设的生产力。

G.6
数字技术赋能生态文明建设的逻辑机理与实施路径

冯　鑫*

摘　要：　数字技术的创新演进和深入实践，重塑了生态文明建设发展格局，为生态文明建设提供了新的思路和发展契机，成为生态文明建设创新驱动发展的先导力量。本报告旨在探讨数字技术在生态文明建设中的赋能逻辑机理和实施路径。首先，通过梳理出数字技术在环境监测、资源管理、能源优化等领域的应用，强调其在提高生态治理效率、减少资源消耗、改善环境质量等方面的潜力，并揭示了当前数字技术应用于生态文明建设的卡点瓶颈。其次，深入挖掘数字技术与生态文明建设之间的互动关系，从数字技术驱动产业结构绿色转型升级、数字技术激发生态数据要素价值潜能、数字技术提高绿色生产要素供给质量和数字技术提升生态产品价值实现功能四个角度展开数字技术赋能生态文明建设逻辑机理分析。最后，从政府引导、产业支持、技术创新、人才培养等角度给出数字技术赋能生态文明建设的实施路径，为促进数字技术在生态文明建设中的广泛应用提供了有力参考。

关键词：　生态文明　数字技术　数字赋能　生态治理

前　言

当今时代，全球科技革命和产业变革迅猛发展，数字技术正以前所未有

* 冯鑫，管理学博士，南京林业大学教授、博士生导师，共青团南京林业大学委员会副书记（挂职），主要研究方向为生态系统工程、绿色供应链管理。

的速度和深度融入各个领域。生态文明建设作为关乎人类可持续发展的重要使命，也迎来了数字技术所带来的重大机遇与挑战。习近平总书记在2023年全国生态环境保护大会上强调，要“深化人工智能等数字技术应用，构建美丽中国数字化治理体系，建设绿色智慧的数字生态文明”。[①] 随着经济社会的快速发展，传统的发展模式对生态环境造成了巨大压力，生态系统的平衡受到威胁，资源短缺、环境污染等问题日益严峻。在这样的背景下，数字技术必将成为生态文明建设的新引擎，寻求数字技术赋能的创新方案成为我国生态文明建设的当务之急。

数字化和绿色化是两大趋势，二者相互融合、相互促进，以数字化促进绿色化、推动经济社会发展全面绿色转型，将产生“1+1>2”的整体效应。数字技术不仅能够实现对生态环境的精准监测和动态分析，为资源的合理配置和高效利用提供科学依据，还能够为生态文明建设提供强大的工具和手段，推动生态保护从传统方式向智能化、精准化转变。当前，数字技术在生态文明建设中的应用已取得一定成果。在环境监测领域，传感器和卫星遥感技术能够实现对大气、水、土壤等环境要素的实时监测和数据采集。在资源管理领域，数字化平台能够对森林、矿产等资源进行精确管理和合理规划。在能源优化领域，智能电网和能源管理系统能够有效降低碳排放和能源消耗。

然而，数字技术赋能生态文明建设的过程中仍存在诸多挑战。一是数字经济相关政策法规仍有待完善，可能导致数字技术的应用缺乏规范和引导。二是关键数字技术瓶颈尚未完全突破，数字技术缺陷抑制了其赋能生态文明建设的活力。三是数字化人才短缺问题依然突出，既掌握数字技术又熟悉生态文明的复合型人才匮乏。四是资金投入不足也制约了数字技术在生态文明建设中的广泛应用和深入发展。

综上可知，数字技术赋能生态文明建设是时代发展的必然趋势，但同时

---

① 习近平：《习近平在全国生态环境保护大会上强调　全面推进美丽中国建设　加快推进人与自然和谐共生的现代化》，《人民日报》2023年7月19日。

面临一系列卡点瓶颈亟待突破。本报告通过分析数字技术在生态文明建设中的应用现状，并挖掘数字技术赋能生态文明建设的逻辑机理，从而揭示出数字技术赋能生态文明建设的实施路径，以确保数字技术在生态文明建设中能够充分释放潜力，为推动我国生态文明建设的创新发展贡献智慧与力量。

一　数字技术在生态文明建设中的应用现状

（一）环境监测技术的应用与效果评估

环境监测技术是生态文明建设中用于评价环境质量现状与变化趋势的重要工具。数字赋能环境监测技术主要包括传感器智能监测、环境大数据分析预测和移动监测。

传感器智能监测技术主要是通过传感器网络实时、连续地监测各种环境参数。通过在河流、湖泊、工厂烟囱、城市道路等关键位置部署高精度、智能化传感器，形成密集的监测网络，从而实时、连续地监测各种环境参数，提供精确、实时且多维度的环境数据，使环境治理能够精确到具体的污染源和污染区域。该技术不仅提高了环境治理效果，还避免了过度治理或治理不足的负面效应，最大限度地减少了监测资源浪费。环境大数据分析预测技术主要通过对海量的环境数据进行整合、清洗、挖掘和分析，发现隐藏在数据中的规律和趋势，从而对环境变化趋势进行有效预测，并借助数字技术的预测分析能力做出有效的提前预警与防范。移动监测技术则鼓励社会公众依托智能手机参与环境数据的收集和报告，使公众通过环境监测移动应用和实时数据获取，更加直观地感受到环境质量的变化，从而加强对环境问题的关注和重视。同时，公众的积极参与和监督也能够对企业和政府的环境行为形成有力的约束，推动全社会形成共同保护环境的良好氛围。

然而，环境监测技术在实际应用过程中仍存在诸多瓶颈亟待突破。一是生态环境大数据来源复杂多元，因监测设备的技术标准不同而导致原始数据格式、类型、精度和算法标准不统一，影响了环境监测数据的质量和可用性。二是信息科技在生态治理领域的应用存在明显的城乡差异。虽然城市地区环境监测网络相对较为完善，但农村地区的环境监测设备的覆盖率较低，数据采集的精度和频率不足，从而难以全面准确地掌握我国农村环境状况。三是当前我国环境监测技术自主创新能力不足，关键核心技术研发仍依赖于国外。因此，不仅环境监测技术可能受到供应限制和技术封锁的影响，生态环境数据的泄露也会对国家生态安全构成威胁。

（二）资源管理技术的应用与效果评估

资源管理技术是生态文明建设中用于优化资源配置与保障资源可持续利用的关键工具。数字赋能资源管理技术主要包括资源大数据评估、资源供应需求预测和基于区块链的资源交易。

资源大数据评估技术通过整合来自不同渠道和领域的大量数据，如地质勘探数据、资源消费数据、经济发展数据等，并对这些多源异构数据进行融合分析，从而更全面、准确地评估资源的储量、品质和潜在价值，为资源的科学规划和合理利用提供依据，以此为基础促进资源的可持续发展，更精准有效地维护生态平衡。资源供应需求预测技术主要应用人工智能中的机器学习算法，如神经网络和回归分析，通过挖掘海量历史数据和变量关系，对资源的需求和供应进行精准预测，促使相关产业提前规划，形成绿色、可持续的发展模式。基于区块链的资源交易技术主要是通过区块链的分布式账本和加密技术确保了资源交易的安全性和透明度，有助于加强对资源的有效监管，确保资源得到合法、合理的分配。

资源管理技术的应用推广同样存在局限。一是当前生态产品调查监测的数字化能力不足，生态产品价值核算方法体系尚需完善和统一，导致对于地区内生态产品的构成、数量、质量、分布等底数的掌握不够精确，无法为资源管理提供准确的数据支持。二是缺乏统一的生态产品交易平台，生态产品交易的流通、处置、变现等通道尚未被打通，导致资源的生态价值转化效率不高，无法为生态文明建设提供足够的资金支持。三是生态产品价值数字化保障机制尚不健全，部分偏远地区数字技术基础设施建设落后，缺乏复合型专业人才队伍支撑，以及相关财税金融等激励政策尚需完善，制约了数字驱动的资源管理技术在生态文明建设中的广泛应用和深入发展。

（三）能源优化技术的应用与效果评估

能源优化技术是生态文明建设中用于提升能源利用效率与推动能源可持续发展的关键工具。数字赋能能源优化技术主要包括智能电网调控、能源大数据管理。

智能电网调控技术通过数字赋能，实现了对电力系统的更精准监测、更高效调度和更优化配置，提高了能源利用效率。同时，智能电网的智能计量和精确计费系统能够激励用户节约能源。此外，智能电网调控技术还能依托电力大数据研发的工业碳效码，为企业绘制立体“碳画像”，引导企业进行绿色减碳技术改造。能源大数据管理技术通过大数据平台整合城市各部门的能源数据，实现城市能源的智能管理和优化调度。例如在新能源汽车及充电设施管理方面，利用能源大数据管理技术进行监测和分析，能够合理规划充电设施建设，提高新能源汽车的普及率和使用效率。同时，工业企业能够利用该技术对生产过程中的能源数据进行实时监控和分析，并提供碳配额计算和碳排放统计等数据服务，助力企业科学降碳和低碳转型发展。

然而，数字驱动的能源优化技术的发展虽为能源管理带来了新的机遇，也催生了诸多挑战。一是数字化技术的应用使能源储存和传输系统更容易受到黑客攻击，从而引发能源安全风险。二是数据中心本身能耗巨大，这就要求能源优化技术在节能和效率上进行权衡，真正实现能源利用效率的提升。三是工业企业绿色转型过程中仍存在数字化积累不足、转型战略推进能力弱的问题，导致全方位深层次的数字化变革进展缓慢。

二　数字技术赋能生态文明建设的逻辑机理分析

综合分析数字技术在生态文明建设中的应用情况，可知数字技术和生态文明建设的融合发展变革了传统生态文明建设的方式和趋势，但仍存在部分应用瓶颈阻碍了数字技术赋能生态文明建设的现实功效。基于此，需要深入剖析数字技术赋能生态文明建设的逻辑机理，进一步突破数字技术赋能瓶颈，构建更为完善的数字生态文明建设路径。本报告从数字技术驱动产业结构绿色转型升级、数字技术激发生态数据要素价值潜能、数字技术提高绿色生产要素供给质量和数字技术提升生态产品价值实现功能四个角度展开数字技术赋能生态文明建设的逻辑机理分析。

（一）数字技术驱动产业结构绿色转型升级

数字技术深刻影响着当前产业经济的发展模式和转型升级路径，从产业形态、产业能耗、产业链以及产业管理等多个角度驱动产业结构的绿色转型升级。

从产业形态角度来看，数字经济本身作为一种新型经济形态，基于互联网平台进行资源配置，不仅为传统产业的转型升级注入强大动力，还催生出诸如智慧农业、智能制造业、数字服务业等新兴产业。产业的升级重构使得供给和需求能够更精准地对接，产品的设计、生产和销售过程更加智能化，满足了消费者日益多样化和个性化的需求。

从产业能耗角度来看，数字经济具有低消耗、低排放、高效率的显著特征，这与可持续发展的理念高度契合。数字技术在提高生产效率的同时，能够大幅降低能源消耗和污染物排放。例如电子商务的兴起减少了实体店铺的需求，降低了建筑能耗和物流运输中的碳排放。远程办公和在线教育的普及，减少了人们通勤所产生的交通排放。此外，数字技术还能实现能耗的智能控制，进一步提高生产服务过程中的能源利用效率。

从产业链角度来看，数字技术正在重构产业链，促进不同产业之间的深度融合。通过大数据分析和云计算，企业能够更好地整合产业链上下游资源，实现协同发展，提高整个产业链的运作效率。同时，制造业与服务业的融合，形成了诸如智能制造服务、工业互联网平台等新业态，通过对全要素生产率的提升带动产业结构升级。

从产业管理角度来看，数字技术能为碳排放监测、预测和碳汇提供真实的数据支撑，通过把物联网、大数据、云计算、人工智能、区块链等技术应用于碳排放标准化体系建设中，为政府或企业制定节能减排战略提供科学依据。此外，数字技术还能完善碳交易市场，提高碳交易的效率和透明度。

（二）数字技术激发生态数据要素价值潜能

生态数据要素是生态文明建设的重要基础，数字技术的发展为激发生态数据要素的价值潜能提供了强大的驱动力。数字技术激发生态数据要素价值潜能的逻辑机理主要体现在如下方面。

首先，随着新一轮科技革命和产业变革的深入发展，数字技术成为生态文明建设的新动力。以大数据、人工智能、云计算为代表的数字技术对生态治理和绿色发展起到了加速作用，推动生态文明建设步入数字时代。一方面，大数据、人工智能、云计算等前沿技术为生态治理和绿色发展注入了加速剂。互联网的信息传递、物联网的实时监测、大数据的多源分析以及多媒体的直观展示等数字化手段，为生态文明建设的各个环节提供了有力的技术支撑。另一方面，数字技术为生态文明建设带来了互联网和大数据思维，促进了“数实相融、数绿融合”。人们通过提升数字技术的价值与变现能力，推动了生态产业的数字化转型升级，促使生态文明建设在标准化、制度化、系统化、协同化的道路上不断迈进。

其次，数字技术为市域社会治理提供了全新的思路和方法。其一，数字技术能够重塑社会治理网络，打破传统治理中行政分割和碎片化的局面，推动市域社会治理向一体化、系统化和科学化转变。其二，数字技术以数字化驱动公共服务供给模式的变革，提升公共服务供给的质量和效率。其三，数字技术有助于增强市域社会治理的协同性，通过整合不同部门的数据和资源，实现跨部门、跨层级的联动治理，形成治理合力。

最后，数字技术在促进生态数据要素的市场化配置方面发挥着重要作用。一方面，生态数据要素作为数字经济发展的核心引擎，只有经过交易流通与传统要素融合，才能在生产经营活动中的特定场景下使用并产生效益，释放其经济价值。因此，安全、规范、高效的数据交易市场是实现生态数据要素市场化配置的关键抓手。数字技术能够搭建数据运营生态体系，提升数据交易活跃度，引导多方主体参与数据交易、合力完善数据交易标准体系，深度挖掘数据潜在价值，保障数据安全有序流动，促进生态数据要素规模化、可持续性交易。另一方面，数字技术为生态数据要素的顶层规划与落地提供了同步推进的可能。数字技术可以构建数据确权、数据定价、数据安全、数据运营“四位一体”的支撑架构为制度保障，以基于市场需求驱动的供需双挂牌与智能撮合交易解决方案为核心，为数据交易流通与高效利用提供落地实施的解决方案。

（三）数字技术提高绿色生产要素供给质量

在生态文明建设的进程中，提高绿色生产要素供给质量至关重要。而数字技术的快速发展为实现这一目标提供了新的契机和强大动力。数字技术提高绿色生产要素供给质量的逻辑机理主要体现在如下方面。

首先，数字技术能够通过大数据分析、人工智能算法等手段，实现对生产要素的精准配置。在传统的生产模式中，生产要素的分配往往依赖经验和有限的数据，容易导致资源的浪费和效率的低下。而数字技术的出现改变了这一局面。例如，通过大数据分析，可以精确了解市场需求的动态变化，从而精准地将劳动力、资金、技术等要素配置到最需要的地方。在农业领域，数字技术可以根据土壤条件、气候数据和市场需求，精准地安排种植作物的种类和规模，实现土地、劳动力和农资的最优配置。在制造业领域，通过数字技术对供应链的精准分析和预测，可以减少库存积压，提高资金的使用效率。这种精准配置不仅能够提高生产效率，还能够降低成本，减少资源的浪费。

其次，数字技术为绿色生产技术的创新提供了强大的动力和支持。借助人工智能和机器学习，能够模拟和优化生产过程中的各种参数，开发出更加节能环保的生产工艺，减少能源消耗和废弃物的排放。同时，数字技术还推动了材料科学的发展，研发出更高效的环保材料。

再次，数字技术促进了绿色能源的开发利用。其一，物联网技术能够对风能和太阳能等能源设备进行实时监测和远程控制，优化风机和光伏电池的运行状态，提高发电效率。其二，大数据分析有助于评估不同地区的能源潜力和需求，为能源项目的规划和布局提供科学依据。其三，数字技术推动了能源存储技术的发展。利用智能算法优化电池管理系统，提高储能设备的性能并延长其寿命，使绿色能源能够更好地存储和调配。

最后，数字技术为提升绿色生产要素管理水平开辟了新的途径。利用智能传感器和云计算技术等，实时获取生产过程中的环境数据，对绿色生产要素进行集中管理和分析，及时发现潜在的环境风险和资源浪费问题。同时，数字技术还支持绿色生产要素的数字化标识和追溯，确保其来源和使用的合规性和可持续性，进而在全社会层面推广绿色消费。

（四）数字技术提升生态产品价值实现功能

数字技术的出现为解决生态产品价值实现问题提供了新的思路和方法。数字技术提升生态产品价值实现功能的逻辑机理主要体现在如下方面。

首先，数字技术能够实现对生态产品信息的精准摸排。通过搭建自然资源确权登记数字平台，实现了自然资源确权登记的规范化、标准化和信息化，为生态产品进入市场交易奠定了基础。更进一步，具备条件的地区可以探索建立生态产品目录清单，使生态产品的种类和特征更加清晰明确。运用数字技术对生态产品信息的精准摸排不仅有助于全面掌握生态产品的基本情况，还能为后续的价值核算、经营开发和交易变现等环节提供准确的数据支持。

其次，数字技术为生态产品价值的智能核算提供了强大支持。在生态产品价值数据的处理过程中，数字技术可以通过复杂而先进的算法以及系统，实现对生态产品价值数据从多个维度进行剖析、从不同层次进行梳理，并且能够完成综合全面的展示。这种多个维度的剖析涵盖了生态系统的各个方面，无论是生物多样性相关的数据，还是生态系统服务功能所涉及的数据等，都能无一遗漏地被纳入分析范畴。不同层次的梳理则包括从微观的生态因子层面，到宏观的生态系统整体层面。同时，运用数字技术能对生态产品价值数据进行可视化呈现，让原本晦涩难懂的生态产品价值数据变得生动形象，使人们可以更加直观地了解生态产品价值的构成和变化。这一切都为生态产品价值的实现提供了坚实的实践支撑，让生态产品价值在科学、准确的核算基础上更好地在经济社会发展中发挥作用。

再次，数字技术拓展了生态产品的经营开发渠道。对于物质供给类生态产品，区块链等数字技术实现了生态产品信息的可查询、质量的可追溯和责任的可追查，为产品贴上了“生态”的可靠标签，促进了生态产品与消费市场的直接对接。对于调节服务类生态产品，搭建数字交易市场和平台实现了供需的精准对接，推动了水权、排污权、碳排放权等生态资源权益的交易。对于文化服务类生态产品，对自然资源和文化资源的数字化开发能够最大限度提升其对应的文化服务价值，提升文化经济效益。

最后，数字技术促进了生态产品产业链的价值提升。新一代数字技术的快速演进推动了技术创新和集成创新，通过多技术融合互动加快了数字田园、AI 种植、农业物联网应用、农产品电子化交易、智慧乡村等农业应用场景的形成。同时，数字经济有利于获取和使用外部创新资源，促进了技术、资源、创意和成果在特定范围内的共享，形成了多元主体参与的创新生态系统，为生态产品价值实现的效率提升和优化升级赋能。

三　数字技术赋能生态文明建设的实施路径

为了进一步突破数字生态文明建设的卡点瓶颈，释放数字技术赋能优势，切实提升生态文明建设的整体成效，需要结合数字技术赋能生态文明建设的逻辑机理，深入探讨有针对性的实施路径。

（一）政府引导策略与政策支持

审视数字技术赋能生态文明建设的瓶颈可以发现，生态文明建设的数字化不仅需要标准化建设，还需要增强自主研发能力以避免系统性风险。此类瓶颈的突破离不开政策的统筹规划与引领。同时，数字技术的发展具有前沿性和自主性，去中心化特征显著，不能仅仅依赖政策加以推动。因此政府在支持与引导数字生态文明建设的过程中，需要摆脱传统推式引导的思维惯性，注重对数字生态文明建设路径的优化和融合。

一是加强数字生态文明建设的顶层设计。依托《数字中国建设整体布局规划》关于打通数字基础设施大动脉和畅通数据资源大循环的要求，夯实数字生态文明建设的基础，完善生态环境数据采集体系，推动数据标准化和规范化建设。同时，有针对性地规划数字生态文明建设重点任务，明确数字技术赋能生态文明建设的发展方向，并引导各方资源有序投入。

二是进一步弥合地区间的数字鸿沟。一方面，加快信息基础设施的优化升级，推动5G基站建设和IPv6改造，提高网络覆盖率和网络质量，弥合偏远地区和发达地区间的数字鸿沟。另一方面，持续深化传统基础设施的数字化改造，推进交通设施智能化和能源设施智慧化，提升水利设施信息化水平，缩小现有生态文明建设基础设施的数字落差。此外，政府还应积极提高数字弱势群体对新技术应用的认识和理解能力，提高公众参与生态文明建设的数字素养。

三是优化数字技术赋能生态文明建设的投资结构。政府优化数字技术赋能生态文明建设的投资结构，首先要明确投资重点，加大对关键数字技术研发的投入力度。其次要增加对生态环境监测基础设施数字化升级的资金支持，确保数据采集的准确性和及时性。合理分配资金在不同地区和领域的投入比例，向生态脆弱地区和重点生态保护领域倾斜。例如，对于水土流失严重的地区，加大对数字化水土保持监测和治理技术的投资力度。最后要建立投资评估和调整机制，定期对投资项目的效果进行评估，根据评估结果及时调整投资方向和力度。

四是建设生态环境治理数字化平台。聚焦需求导向，以应用场景为牵引，围绕污染治理、生态保护、应对气候变化等重点业务领域，按需归集跨部门共享数据，梳理形成数据共享责任清单，定期调度共享成效。构建协调有力、畅通高效的跨区域一体化生态环境数据共享交换体系，加大跨部委、跨层级、跨区域数据共享力度。重点依托数字化集成平台，实现空气、水、土壤等方面的生态环境指标实时动态监测，做好人类行为与自然现象的生态风险监测评估，实现“空天地人”一体化的动态监测与调控。同时，利用先进技术如区块链、云计算、虚拟现实和增强现实等，推动生态资产区块链开发，构建“云+管+端”一体化产业信息链生态，提升生态环境治理的效率和精准度。

（二）产业支持措施与发展引导

数字生态文明建设是一项长期的系统工程，需要构建可持续的产业体系加以支撑，从而激励更多企业自发地加大在数字技术研发与应用层面的投入力度，并将此类技术和生态文明建设有机融合，引领传统产业朝着数字化、绿色化的方向演进，真正实现经济发展与生态文明建设的良性互动。因此，需要进一步加强产业支持和引导，加快数字生态文明建设与生态产业发展深度融合，形成产业数字生态化、生态数字产业化的产业发展态势。

一是强化数字化对生态产业的支撑作用。一方面，加快人工智能、物联网、云计算、数字孪生、区块链等新兴技术与绿色低碳产业深度融合，加强数字技术与生态产业融合与创新应用研究。另一方面，鼓励传统产业利用数字技术实现绿色升级。推进产业数字生态化的基础研究和关键技术攻关，推动产业结构由高碳向低碳、由低端向高端转型升级。

二是培育数字化和生态环保相融合的新兴产业。以绿色低碳转型为导向，推动生态安全、节能环保等数字化融合工程，加快数字技术在节能环保、自然生态管护领域的应用，围绕智慧城乡、智慧林草、智慧海洋、智慧水利、智慧环保等各个领域，推动以生态环保数据精准监测、科学决策辅助和智能环保设备研发等专业化服务为中心的智慧产业发展。

三是加强数字技术和生态产业融合发展的机制建设。加强数字技术与生态产业融合发展的引导机制、激励机制、多方协同投入机制、科学评估机制、法律法规保障机制和人才支持体系、产学研一体化支撑体系建设。同时，明确数字生态文明建设的核心目标、关键举措和技术路线，优化“流程化”管理模式，重视“精准化”实效评估，进一步强化数智技术赋能生态环保产业发展的政策支持，培养具备数智技能与跨领域交叉能力的复合型人才。

四是推动生态数字产业链协同发展。第一，加强生态数字产业集群建设，发挥龙头企业“头雁效应”，并创建数字生态产业园区，集聚相关企业和创新资源提升产业链整体水平。第二，拓展生态数字产业载体，从产业招商联动、人才集聚、平台服务等方面，加大载体建设力度，推动产业集聚发展，引导企业上云上平台和引进培育生态数字化服务商，发挥“研、产、供、销、服”数字化转型赋能能力，打通企业生态数字化转型供需链、政策链。第三，还可以探索建立全球能源环境治理的合作交流平台，鼓励以数字化绿色化“双化协同”的技术、机制、平台合作推动能源环境数智治理的国际协作。

（三）技术创新与应用推广策略

梳理数字技术赋能生态文明建设的逻辑机理不难发现，生态文明建设的数字化转型离不开科学技术创新以及应用场景的支撑。数字技术的创新水平和应用能力直接关乎生态文明数字化建设与治理的精准程度。在生态文明建设进程中，不仅要强化我国生态数字技术的自主创新能力，而且要提升数字技术在生态文明建设中的价值转化能力。

一是加强生态文明建设的基础研究与关键技术攻关。政府应设立专项科研基金，鼓励科研机构和企业积极参与数字生态文明建设相关的基础研究和关键技术攻关项目。同时，引导社会资本进入，形成多元化的投入机制，确保有充足的资金支持长期、深入的研究工作。此外，建立产学研合作机制。促进科研机构、高校与企业之间的紧密合作，形成优势互补。由企业提供实际应用场景和需求，科研机构和高校发挥技术和理论优势，共同攻克技术难题。

二是加强生态文明数字技术理论的预见性研究。深入挖掘数字技术在生态文明建设中的发展趋势，以预测未来可能的应用场景和方案。同时，预判我国产业结构和经济发展方式低碳转型过程中遇到的瓶颈并提前制定应对预案。此外，挖掘数字技术在生态治理机制创新方面的潜力。研究如何利用数字技术提升生态治理的协同性，以及如何促进全球环境治理的数字化协作。

三是搭建生态文明数字技术监管平台。一方面，加强一体化生态环境智能感知体系建设，拓展生态环境数据获取的种类和范围，推进传感器、图像解析等现代感知技术应用试点建设，推动实现生态环境监测朝“天空地海”一体化、智能化方向发展。另一方面，加强生态环境领域应用系统集约建设，坚持系统思维，推动大气、水、土壤等生态环境领域的各个监控和治理系统进行连接、整合与融合。同时加强生态环境系统政务服务平台建设和应用，加强智能搜索、智能问答、智能推荐等服务创新，推进政务服务事前主动推送、事中智慧审批、事后精准反馈，实现服务一站式集成、政策精准化直达。

四是加强应用示范和经验分享。遴选数字技术赋能生态文明建设示范项目并对其成效进行可视化呈现。同时，对应用示范项目进行定期评估和总结，分析其中的优点和不足，为后续的项目实施和经验分享提供参考，并不断优化生态文明数字技术的应用和管理模式。此外，政府应出台政策对积极开展数字生态文明建设应用示范和经验分享的企业和机构给予一定的激励和支持，如财政补贴、税收优惠等，以调动各方参与数字技术赋能生态文明建设的积极性。

（四）人才培养和成果转化方式

人才培养和成果转化是数字生态文明建设的有力抓手。当前我国数字人才供给不足，科技成果转化有限，需要进一步加强数字生态文明建设产教融合，筑牢数字人才队伍长远根基，推动技术成果向实际应用转化，充分发挥人才培养和成果转化对数字技术赋能生态文明建设的积极作用。

一是优化数字生态文明建设人才培育生态。首先，打破基础教育和高等教育之间的条块分割，将数字技术作为通识教育来推进，在教育课程上，从小学阶段就引入简单的数字技术概念，到中学逐渐拓展相关课程的深度和广度，直至高等教育阶段形成系统的专业学科，并在数字生态文明建设中开展跨学科建设，培养出同时掌握数字技术和生态文明知识的复合型人才。其次，引导政府、企业、高校、科研机构协同参与政产学研协同育人，以联合培养、定向委培等多种方式进一步加大数字生态文明建设领域的高层次人才培养力度。再次，支持社会机构开展数字技能普及和培训工作，通过举办各种形式的线上线下培训课程、讲座和工作坊，针对不同年龄段和职业背景的人群，提供定制化的数字技能培训内容，推动全民数字素养的升级。最后，在全球范围内积极开展数字生态文明建设人才技术交流，构建全球数字生态文明人才队伍建设的合作新机制。

二是健全数字生态文明建设成果转化渠道。首先，通过包括税收减免、财政补贴在内的优惠政策，引导生态文明相关产业和企业主动对接高校和科研院所，通过在高校设立基金或赞助等形式，开创数字生态文明建设科技创新途径。其次，通过评奖、评优等考核机制鼓励高校在生态文明建设领域设立成果转移转化培育基地，引导科研人员入驻相关产业，促进高校资源更好地服务生态文明的数字技术创新。再次，加大对生态文明数字技术中试基地的资金支持和政策优惠力度，鼓励高校、科研机构和企业共建中试基地。最后，通过设立“共享式创新”“积木式创新”的政策支撑体系，加强数字生态文明建设领域科技中介服务机构的专业化建设，主动寻求企业和高校之间成果转化的结合点，打通从技术到市场的应用壁垒。

参考文献

习近平：《习近平在全国生态环境保护大会上强调　全面推进美丽中国建设　加快推进人与自然和谐共生的现代化》，《人民日报》2023 年 7 月 19 日。

郑鹏、姜顺：《建设绿色智慧的数字生态文明——宝塔区用“智慧”守护青山绿水》，《延安日报》2024 年 7 月 27 日。

陈时见、袁利平：《我国生态文明教育的演进逻辑与未来图景》，《西南大学学报》（社会科学版）2024 年第 1 期。

胡仙芝、陈元：《乡村振兴视域下数字生态文明建设的内涵、问题及对策》，《新视野》2024 年第 4 期。

李培鑫、李全喜：《数字生态文明的理论意涵、异化风险与规范进路——政治哲学视域内的考察》，《青海社会科学》2024 年第 2 期。

刘晓锋、刘俊祥：《生态韧性治理的意蕴及其路径分析》，《西南大学学报》（社会科学版）2024 年第 5 期。

施志源、景池：《数字生态文明制度化：时代意蕴、发展困局与破局策略》，《中国地质大学学报》（社会科学版）2024 年第 2 期。

王丹、王闻萱：《数字生态文明建设：现实功效、卡点瓶颈及因应路径》，《哈尔滨工业大学学报》（社会科学版）2024 年第 4 期。

谢忠强、成文雅：《中国式现代化语境中我国数字生态文明建设的重大意义、现实困境与发展进路》，《当代经济研究》2024 年第 4 期。

张云飞：《中国式现代化中蕴含的独特生态观的内涵和贡献》，《东南学术》2024 年第 1 期。

李怡、宋何萍：《生态文明建设中的数字技术赋能及价值研究》，《学术研究》2023 年第 10 期。

陈伟雄、李宝银、杨婷：《数字技术赋能生态文明建设：理论基础、作用机理与实现路径》，《当代经济研究》2023 年第 9 期。

政策研究篇

G.7
全面推进美丽中国建设的法治保障研究

徐路梅*

摘　要：　“美丽中国”是生态文明建设的重要战略目标。目前，我国进入全面深化改革的新时代，美丽中国建设进入全面推进阶段，实现该目标的关键是法治保障，因此本报告通过对全面推进美丽中国建设中的法治保障体系进行研究，探讨现有法治体系在生态文明建设中的不足，并提出相应的完善建议。本报告通过分析立法、执法、司法和守法四个层面，指出现行法治保障体系的短板和挑战主要有立法不系统不全面、执行机制欠缺协同性、司法专业化发展不足、全民守法意识薄弱等。最后，针对现有法治保障体系的不足，提出要完善立法体系，统筹协调相关法律法规，深化执法改革，加强协同合作，深入推动司法专门化发展和促进全民守法，推动全民参与等完善建议，护航全面推进美丽中国建设，为实现美丽中国提供有力的法治保障。

关键词：　生态文明　美丽中国　法治化　法治保障

* 徐路梅，法学博士，南京林业大学马克思主义学院讲师，主要研究方向为生态文明法治建设。

随着中国经济的快速发展和城市化进程的加快，生态环境问题日益突出，生态文明建设已成为国家发展的重要议程。党的十八大以来，“美丽中国”作为生态文明建设的重要战略目标被提出，标志着中国生态环境保护进入了新的历史阶段。法治作为现代国家治理的基本方式，对推进美丽中国建设起着不可或缺的保障作用。然而，现有法律体系在应对复杂多变的生态环境问题时仍存在不足。因此，在当前全面推进美丽中国建设的背景下，深入研究如何完善美丽中国建设的法治保障体系，具有重要的理论和实践意义。

一　全面推进美丽中国建设的法治要求

“美丽中国”一词首次提出是在党的十八大。2012 年 11 月 8 日，党的十八大从新的历史起点出发，提出“建设美丽中国”的战略思想，具体指出：“建设生态文明，是关系人民福祉、关乎民族未来的长远大计。面对资源约束趋紧、环境污染严重、生态系统退化的严峻形势，必须树立尊重自然、顺应自然、保护自然的生态文明理念，把生态文明建设放在突出地位，融入经济建设、政治建设、文化建设、社会建设各方面和全过程，努力建设美丽中国，实现中华民族永续发展。”这是美丽中国首次作为执政理念被提出，也是中国“五位一体”总体布局形成的重要依据。美丽中国，是环境之美、时代之美、生活之美、社会之美、百姓之美的总和。生态文明与美丽中国紧密相连，建设美丽中国的核心就是要按照生态文明要求，通过生态、经济、政治、文化及社会建设，实现生态良好、经济繁荣、政治和谐、人民幸福。

全面推进美丽中国建设，是习近平同志的重要论断之一，标志着我国生态文明建设进入了新的历史阶段，是实现生态文明新时代的具体愿景。党的十八大以来，美丽中国建设已取得初步成果，证明了这一战略思想的正确性和可行性。然而，当今我国经济社会已进入加快绿色化、低碳化的高质量发展阶段，生态文明建设仍处于压力叠加、负重前行的关键期，生态环境保护的结构性、根源性、趋势性压力尚未根本缓解，经济社会发展绿色转型内生动力不足，生态环境质量稳中向好的基础还不牢固，部分区域生态系统退化趋势尚未根本扭转，因此，美丽中国建设的任务依然艰巨。生态文明建设迈上新征程，美丽中国建设作为推进生态文明建设的实质和本质特征也将迈出重大一步，那就是全面推进美丽中国建设，将努力建设美丽中国做深做实，深入推进生态文明建设。

综上，美丽中国建设是我国实现生态文明的核心目标之一，其最终目标是实现人与自然和谐共生的现代化。在这一过程中，必不可少地需要法治来为其保驾护航，发挥法治的保障作用，确保美丽中国建设的过程中各方能够权责分明、制度健全、执行有力，推动生态文明建设的具体需求体现在“立”“执”“司”“守”四个方面，需要有完善的立法体系、严格的执法监督、有效的司法保障以及广泛的社会参与等为美丽中国建设提供坚实的基础和保障。

（一）全面推进美丽中国建设的目标导向之法治建设

全面推进美丽中国建设，既是中国实现生态文明的关键任务，也是满足人民日益增长的优美生态环境需求的重要途径。要实现这一目标，需要构建完备的法治保障体系，依靠法治建设的力量来推动美丽中国建设，从而推动生态文明建设。美丽中国建设的最终目标是实现人与自然和谐共生的现代化，在进行美丽中国建设的过程中，需要配套地对相关法治进行建设和改革，以解决美丽中国建设过程中遇到的问题，满足美丽中国建设稳步向前的需求。环境法治建设是由美丽中国建设这一强烈动机产生的需求行为，在环境领域的法治建设是一种目标导向行为，也是美丽中国建设过程中必不可少的环节。在全面推进美丽中国建设的过程中，诸多复杂且相互交织的问题亟待解决，如全面推进美丽中国建设面临的主要挑战之一是平衡经济发展与生态保护、环境污染治理、资源利用效率提升，以及生态系统恢复和保护。在推动经济发展的同时，必须注重环境保护，避免走“先污染后治理”的老路。要通过技术创新和产业转型升级，推动经济绿色发展，既要发展经济，又要保护生态环境。这就需要相关且严格的环境保护法律法规进行有效约束和规范，通过环境领域的法治建设将美丽中国的愿景转化为具体的法律条文和法治监督，明确经济、政治、文化、生态等多领域的各级政府、企业、公众在美丽中国建设过程中的责任和义务。生态文明建设需要长期的投入和坚持，美丽中国建设在短期内难以有显著的成效，必须有耐心和毅力持续推进，同时要加强配套的法治建设，以依靠法治来实现路径依赖，进而推动美丽中国建设目标的最终实现。

（二）全面推进美丽中国建设的路径依赖之依靠法治

全面推进美丽中国建设，要以进一步全面深化改革为契机和根本动力，从经济、政治、文化和社会等四个领域坚持推进革新，形成与生态文明建设的有机统一。习近平同志指出，生态文明建设“要从系统工程和全局角度寻求新的治理之道”，“必须统筹兼顾、整体施策、多措并举，全方位、全地域、全过程开展生态文明建设”。[①] 由此可见，美丽中国建设不仅涉及环境问题，还是一个涉及经济、政治、社会、文化等多个方面的系统性工程，必须全方位、全地域、全过程地开展生态文明建设，从而推动全面推进美丽中国建设目标的实现。然而，这一过程必不可少地要做好法治、市场、科技、政策等方面的配套保障，这些方面的基础需要进一步夯实。同时，生态文明建设是一个长期的、持续的过程，需要全程控制、全程管理、全程监督，这就需要运用法治的方式去贯穿和渗透到各领域建设的各方面和各过程，规范和保障整个生态文明建设的全面、有效推进。因此，依靠法治是全面推进美丽中国建设的路径依赖之一。

（三）全面推进美丽中国建设的支撑条件之法治保障

迈上新征程，美丽中国建设对法治保障提出新要求，需要配套强有力且严而密的法治保障体系，用法治思维和法治方法推进生态文明建设。我国生

---

① 《不断书写中华民族治水安邦、兴水利民新篇章》，《人民日报》2024 年 10 月 30 日，第 6 版。

态环境领域存在的问题，归根到底还是体制机制问题。习近平同志强调："保护生态环境必须依靠制度、依靠法治。只有实行最严格的制度、最严密的法治，才能为生态文明建设提供可靠保障。"① 如此坚定的话语，不仅彰显了对建设生态文明的信心，还强调了法治保障的重要作用。党的二十届三中全会审议通过了《中共中央关于进一步全面深化改革　推进中国式现代化的决定》（以下简称《决定》），提出在法治轨道上深化改革、推进中国式现代化，做到改革和法治相统一，重大改革于法有据，及时把改革成果上升为法律制度。美丽中国建设的实践要求之一就是加快生态文明体制改革，完善生态环境保护制度。因此，根据重大改革要于法有据且与法治统一协调，生态文明体制改革要完善立法、加强执法、公正司法、促进全民守法。首先，生态文明建设需要完善的法律体系作为保障。必须加快生态环境立法步伐，完善环境保护法律法规体系，形成一整套科学、合理、完善的生态环境法律制度。通过法律手段规范和引导社会各方面的生态文明行为，如《环境保护法》《大气污染防治法》《水污染防治法》等法律的修订和实施，为美丽中国建设提供了坚实的法律基础。其次，法律的生命力在于实施，需要通过严格的执法确保法律的有效实施。对于违反生态文明法律法规的行为，必须依法严肃处理，做到有法必依、执法必严、违法必究。必须加强环境执法队伍建设，提高执法能力和水平，确保环境执法的公平、公正、公开。同时，生态文明建设离不开公众的参与和监督。需要通过加强环境教育、增强公众环保意识、健全公众参与机制，鼓励和引导公众积极参与生态文明建设。此外，通过加强信息公开和社会监督，提高与增强生态文明建设的透明度和公信力。最后，美丽中国建设需要强有力的司法保障。必须完善环境司法体系，提高环境司法能力和水平，确保环境纠纷得到及时、公正的解决。例如，设立环境专门法院、配备专业的环境法官、推动环境公益诉讼制度的实施，都是加强生态文明司法保障的重要措施。我国当前正在开展的

① 中共中央文献研究室编《习近平关于全面深化改革论述摘编》，中央文献出版社，2014，第104页。

美丽中国建设，既需要通过生态文明建设发力才能取得成就，又需要借助法治建设提供的保障才能行稳致远。

二 全面推进美丽中国建设法治体系的进展与挑战

（一）立法层面

全面推进美丽中国建设离不开法治的规范和保障作用。生态文明建设与法治建设只有深度融合，全面提升生态文明建设法治化水平，才能切实保障美丽中国建设的全面推进与目标实现。党的二十届三中全会提出，法治是中国式现代化的重要保障。必须全面贯彻实施宪法，维护宪法权威，协同推进立法、执法、司法、守法各环节改革，健全法律面前人人平等保障机制，弘扬社会主义法治精神，维护社会公平正义，全面推进国家各方面工作法治化。

1. 立法进展

党的十八大以来，中国在生态环境保护立法方面取得了显著成就，制定和修订了超过 30 部生态环境领域的法律和行政法规，基本覆盖了各类环境要素。立法的迅速推进，为全面推进美丽中国建设提供了强有力的法律基础。以《环境保护法》为核心，形成了一套较为完整的生态环境法律体系，并在 2018 年通过的《宪法修正案》中明确将“美丽中国”建设作为国家的根本任务，进一步强化了生态文明建设的宪法依据。

据统计，目前，全国人大常务委员会已经通过或修订了 17 部与环境保护相关的单项法律，其中 15 部是在党的十八大之后制定或修订的。所涉领域相对广泛，主要分为污染防治类法律和自然保护类法律：污染防治类法律涵盖了大气、水、土壤、固体废物、噪声、放射性污染等领域，如《大气污染防治法》《水污染防治法》《土壤污染防治法》《固体废物污染环境防治法》《噪声污染防治法》《放射性污染防治法》等；自然保护类法律包括了海洋、青藏高原、黄河、黑土地、湿地、长江、森林等领域，如《海洋环境保护法》《黄河保护法》《黑土地保护法》《湿地保护法》《长江保护法》《森林法》等。

除此之外，还有国务院及其主管部门颁布制定的行政法规、规章，以及其他地方相关立法等。当然，有关环境保护的立法在其他部门法中也有所体现和增加。比如，在刑法中，《刑法修正案（八）》《刑法修正案（十一）》对危害生态环境的犯罪行为进行了细化，尤其是增设适用“处七年以上有期徒刑”的 4 种情形凸显了环境刑法的“重典化”趋势；在民法中，2020 年通过的《民法典》确立了贯穿民事活动的“绿色原则”和“绿色制度”；《民事诉讼法》《行政诉讼法》积极回应生态文明法治体系新需求，建立了具有中国特色的环境公益诉讼制度。目前，我国与生态环境保护、污染防治相关的法律法规共有 31 部，已经超过我国 294 部现行有效法律的 1/10，足以见得我国对生态环境保护、污染防治的重视，同时相关法律法规正在逐步完善。这些不仅是生态环境法治建设的成果，还是全面深化、向纵深推动生态文明体制改革的坚实保障，更是全面推进美丽中国建设的坚实基础。

2. 立法问题

虽然我国已经构建了包括宪法、生态环境保护基础法、单行法、行政法规、环境标准等在内的较为完整的生态环境法律体系，确保了对美丽中国建设的全方位、多层次覆盖，但现有的法律法规在立法理念上尚未完全体现出“美丽”导向，未能全面融入生态文明建设的核心理念。当前，生态环境相关的法律更多注重环境污染的防治和自然资源的保护，但对于如何更好地实现人与自然和谐共生、如何营造优美的生态环境等方面的规范仍显不足。许多法律条款过于笼统，缺乏操作性，导致其在实际应用中难以发挥应有的作用。

此外，立法层面的系统性、整体性和协同性尚未达到理想水平。例如，对于国家公园等特定地域的生态保护，法律的覆盖还不够全面，特别是在美丽中国建设中，如何将“美丽”的概念具体化、法治化，使其不仅成为一种愿景，还能通过法律手段实现，仍是当前立法面临的挑战。

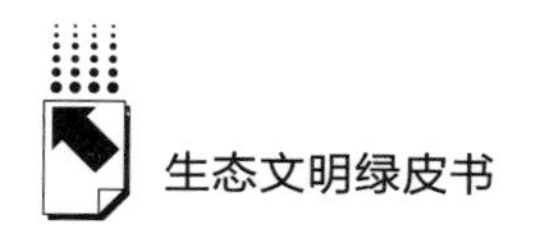

（二）执法层面

1. 执法现状

法律的生命力在于执行。2024 年 1 月 12 日，公安部发布的《公安机关依法严厉打击污染环境犯罪　助力深入打好污染防治攻坚战》指出，为了确保生态环境保护的法律法规能够真正落到实处，公安机关在 2023 年深入开展了“昆仑 2023”等专项行动，严厉打击污染环境的犯罪行为。在此过程中，全国各地公安机关以“零容忍”的态度，共侦办了近 2900 起刑事案件，抓获了 5900 余名犯罪嫌疑人，有效提升了环境执法的打击质效。

尽管如此，各地执法能力和力度仍存在不均衡的问题。在一些地区，执法不力导致的生态环境问题未能得到有效解决，如甘肃祁连山生态环境保护由乱到治，大见成效。祁连山国家级自然保护区生态环境破坏问题，就是在立法上“放水”、在执法上“放弃”，才导致了生态系统遭到严重破坏。此外，一些重大生态环境事件的背后，往往存在领导干部不作为、不负责任的问题。因此，除了健全法律制度外，我国还通过生态环保督察机制，强化对地方环保工作的监督和问责。2023 年，各督察组共受理并转办了超过 1.3 万件群众举报案件，推动了问题的及时解决。

2. 执法挑战

相关法规的实施机制协同性不足。在生态环境治理过程中，各部门之间的协调机制不健全，导致相关法规的实施机制协同性不足。尽管近年来国家在推进生态环境治理的综合行政执法改革，但部分法律法规的模糊性和多部门间的利益纠葛，导致法律法规在实际执行中的效果大打折扣。

特别是在垂直管理改革和综合行政执法改革后，一些基层生态环境部门的执法主体资格不明确、执法权力的来源不清晰，影响了生态环境保护的执行效果。例如，生态环境分局作为设区市级生态环境主管部门的派出机构，虽然负有履行法定职责的责任，但执法主体资格却未能在法律上得到明确。此外，县级综合行政执法机构的执法权来源问题、不设区市的执法权委托权限问题等，均在实践中阻碍了生态环境保护综合行政执法的推进。

要解决这些问题，必须加强法律法规实施机制的协同性，明确各部门的职权和责任，健全各级执法机构的职权体系，确保各项环境保护法律法规在实际执行中能够有效落实。

（三）司法层面

1. 司法现实

司法是生态环境保护的重要保障。根据《2023 年度中国环境资源审判报告》，全国法院在 2023 年共受理了 25.9 万件环境资源一审案件，审结 23.2 万件。这一数字显示出环境资源案件的数量稳中有升，司法对生态环境保护的支持力度逐步加大。截至 2023 年底，全国法院已设立了 2800 多个环境资源专门审判机构，并在重点生态功能区设立了巡回法庭和环保法庭，进一步提升了司法对生态环境的保护能力。具体设立情况为：各地法院在重点流域、世界自然遗产、江河源头、国家公园、自然保护区等设立巡回法庭、环保法庭、旅游法庭等，如北京 8 个中级、基层法院，河南 18 个集中管辖基层法院挂牌成立环境资源审判专门机构，山东 17 个中级法院和 44 个基层法院、河北 7 个中级法院和 3 个基层法院成立环境资源审判庭，陕西新增设基层环境法庭 90 个，不断加强重点生态功能区的司法保护。

同时，最高人民检察院在 2023 年向全国人大常委会提交的报告中指出，全国检察机关在 2018~2023 年共办理了 82.3 万件环境资源案件，全国公安机关共立案侦办破坏环境资源保护类犯罪案件 26 万起，并侦破了 1.5 万起污染环境犯罪案件。这表明，在司法领域，生态环境保护的力度持续加大。

2023 年，最高人民法院、最高人民检察院、公安部等单独或者联合发布 12 个环境相关的司法文件，发布 1 批 5 个指导性案例、32 批 246 个典型案例。其中，有生态环境侵权责任纠纷、生态环境侵权民事诉讼证据等 5 部司法解释，还有贯彻实施黄河保护法意见、打击涉海砂违法犯罪纪要等 3 个司法文件，5 个指导性案例聚焦长江保护专题。由此可知，环境司法专门化专业化发展、环境司法效能等方面的数据呈现持续上升趋势，如专门审判机构的增设、司法政策供给的增加、案例业务指导的重视等。

尽管司法在环境保护方面取得了显著进展，但仍存在一些问题亟待解决，如环境司法专门化的水平有待进一步提升、司法政策的供给仍需增加。只有不断完善司法体制和机制，才能更好地保障美丽中国建设的顺利推进。

2. 司法不足

环境司法专门化虽然取得了一定进展，但整体上仍然存在不足，尤其是在环境案件的审理专业性方面。虽然各地法院逐步设立了环境资源专门审判机构，但由于专业化程度不够，环境司法在实际操作中仍面临诸多挑战。在司法实践中，部分法官对环境法律的理解不够深入，导致环境案件的裁判质量不高。此外，在环境司法过程中，案件审理的专业性和统一性不足，难以为环境保护提供有力的司法保障。

环境司法专门化的发展不仅需要法院内部的改革，也需要相关部门的协调配合。要想全面推进美丽中国建设，需要进一步加强司法机关的专业化建设，完善环境司法体制机制，确保司法的独立性和权威性。

（四）守法层面

美丽中国建设不仅是政府和公共部门的责任，还需要全社会的共同参与。然而，当前全民参与生态文明法治建设的意识仍然不够强烈，公众的守法意识和参与度有待增强与提升。《公民生态环境行为规范（试行）》和后续修订的《公民生态环境行为规范十条》虽然为规范和引导公众参与生态环境保护提供了制度保障，但影响力和实施效果仍有待进一步加强。个体的环保意识、知识和能力的培养需要长期的宣传教育和社会引导。政府需进一步加大对生态文明建设的宣传力度，增强与激发公众对美丽中国建设的认同感和参与热情。

综上，在全面推进美丽中国建设的过程中，法治体系虽已初具规模，但仍存在不足之处。这些不足主要表现在立法、执法、司法以及守法等多个层面，亟待进一步改进。比如，立法层面，法律体系的系统性、整体性、协同性存在不足，如对于一些具体地域的保护欠缺立法，法律体系的全面性不够，如对于国家公园生态保护的立法不全面；执法层面，仍存在执法不明、执法不严、执法不足等问题；司法层面，相关的司法规范明显不够，专业化和专门化的司法尚需完善；守法层面，全民参与美丽中国建设仍有很大空间。因此，要想实现美丽中国的目标，必须继续深化生态文明法治建设，强化立法、执法、司法和守法各层面的衔接与协调，同时广泛动员全社会力量，增强全民的生态环保意识，共同推动美丽中国建设迈上新台阶。

三 完善美丽中国建设法治保障体系的建议

完善中国特色社会主义生态文明体制是一个不断发展的动态过程，既需要对已有体制机制的健全和完善，也需要积极应对新问题、新挑战的出现，不断推动体制机制的创新和空白的填补。党的二十届三中全会通过的《决定》明确提出要推进生态环境法律法规体系建设。针对现有法治保障体系的不足，结合深化体制改革的要求，全面完善和优化法治保障体系，以为全面推进美丽中国建设、推动新时代生态文明建设保驾护航。

（一）完善立法体系，统筹协调相关法律法规

《决定》部署的所有改革任务都与法治密切相关，这是坚持依法治国原则的基本要求。全面贯彻党的二十届三中全会精神，要求在立法方面积极适应新形势、新要求，妥善处理好改革与法治的关系。首先，编纂生态环境法典。在 2020 年召开的中央全面依法治国工作会议上，习近平总书记指出，要总结编纂民法典的经验，适时推动条件成熟的立法领域法典编纂工作。[①] 立足我国国情，编纂一部切实解决现实问题的有效法典——生态环境法典，有助于完善现行的生态环境法律制度体系，进一步提高生态环境治理的法治化水平。我国目前正在推进生态环境法典的编纂工作，以完善生态环境法律体系的顶层设计。其次，统筹推进其他法律法规的制定修改。中国式现代化

① 《习近平：坚定不移走中国特色社会主义法治道路 为全面建设社会主义现代化国家提供有力法治保障》，中国政府网，2021 年 2 月 28 日，https：//www. gov. cn/xinwen/2021-02/28/content_ 5589323. htm。

强调人与自然和谐共生，这对生态环境法律法规建设提出了更高的要求。我国要根据全面深化体制改革以及全面推进美丽中国建设的要求，加快如国家公园、可再生能源等领域的单项立法，同时启动环境保护新领域的立法工作。习近平总书记曾专门论述了科学立法的问题，他指出："推进科学立法，关键是完善立法体制，深入推进科学立法、民主立法，抓住提高立法质量这个关键。"① 因此，在立法进程中，要注重提高立法的科学性与可预见性，充分借鉴最新的科学研究成果，预判未来可能出现的新问题、新挑战，在此基础上强化立法的科学性，从而为执法、司法和守法提供良好的法律依据，建立高效的法治轨道。此外，不断根据实际问题修订法律条款，确保立法适应当下环境问题的变化，如近年来的大气和水污染防治的相关法律修正案。最后，完善法律法规间的冲突协调机制。在修订完善相关法律法规的同时要注重生态环境法典与单项立法、环境保护立法与其他部门立法的协调与统一，减少法律法规间的冲突和重叠，建立定期评估和修订机制，确保各项法律法规统一协调适用，使美丽中国的每一项具体建设举措都有相应的法律法规作为依据和保障。

（二）深化执法改革，加强协同合作

全面推进美丽中国建设，要善于运用法治思维和法治方式开展工作。只有通过严格执法，加大执法力度，方能落实完善的法规体系，落实《决定》提出的改革任务。

深化行政执法体制改革，首先，需要对机构改革后的执法主体及其授权情况进行系统研究，重点解决县级环境保护综合行政执法机构的主体资格等问题，明确授权事项和授权机制。其次，在明确各自职责的基础上，建立协调、协作、协同的机制，明确共同职责事项的分工与协作方式，建立会商、信息共享、协同执法等机制，尤其是要加强生态环境保护的垂直管理改革与

① 中共中央文献研究室编《习近平关于全面依法治国论述摘编》，中央文献出版社，2015，第50页。

综合行政执法改革，确保事权与财权相统一，明确具体的人员构成、经费提供与分担方式，以确保改革取得预期效果。此外，还需落实领导干部生态文明建设责任制，严格考核问责。对于那些不顾生态环境盲目决策、造成严重后果的领导干部，必须追究责任，并实行终身追责。同时，加强行政执法与刑事司法的联动，提升生态环境执法效能，确保执法严格有力。

（三）深入推动司法专门化发展

在生态环境领域，司法专门化的发展尤为重要。要加强生态环境领域的司法保护，进一步完善公益诉讼，统筹推进生态环境损害赔偿机制。部分城市已设立生态法庭、生态检察院、生态警察局，这些机构对环保违法行为具有强大的震慑作用，但司法专门化发展不仅需要在机构设置和审判机制上进一步完善，还需要提升司法队伍的专业化水平，充分发挥行政审判、环境资源审判的作用，为生态环境保护和修复、绿色发展提供优质高效的司法服务和保障。

（四）促进全民守法，推动全民参与

美丽中国建设不仅是政府和企业的责任，还需要全社会的广泛参与。《中共中央　国务院关于全面推进美丽中国建设的意见》指出，美丽中国建设目标的实现需要坚持做到把建设美国中国转化为全体人民的行为自觉。习近平同志在主持十八届中央政治局第六次集体学习时强调，要加强生态文明宣传教育，增强全民节约意识、环保意识和生态意识，营造爱护生态环境的良好风气。[①]

美丽中国建设已迈出新步伐，不仅要做深做实相关工作，还要全民行动、全民参与、共同奋斗，为全面推进美丽中国建设奠定基础。群众基础是最广大、最坚实的力量，没有公民的共同参与，美丽中国建设难以推进，更难以持续。因此，要通过持续的宣传引导和政策推动，增强公民生态文明意识、

---

① 《习近平谈治国理政》，外文出版社，2014，第 210 页。

法治意识，增强公民参与美丽中国建设的自觉性和主动性。结合《中共中央 国务院关于全面推进美丽中国建设的意见》中提出的具体路径，可以通过培育弘扬生态文化、践行绿色低碳生活方式以及建立多元参与行动体系，激发全社会共同呵护生态环境的内生动力。比如2024年六五环境日前夕，生态环境部、中央社会工作部等9部门联合印发《关于深入开展“美丽中国，我是行动者”系列活动工作方案》，推动美丽中国建设全民行动，不断激发全社会共同呵护生态环境的内生动力。①

此外，还需加大法治宣传教育的力度，提高普法工作的针对性和时效性。通过广泛的生态文明宣传和实践活动，引导公众真正成为美丽中国建设法治保障的参与者和推动者，实现全民自觉守法，积极参与全面推进环境保护法等生态法律法规的实施，监督法律的执行，推动实质法治化落地，将美丽中国建设的法治保障真正落到实处，从而为全面推进美丽中国建设提供坚实的社会基础。

四 结语

全面推进美丽中国建设不仅是国家生态文明建设的核心目标，还是实现高质量发展的重要途径。全面推进美丽中国建设离不开健全的法治保障体系。通过完善立法、加强执法合作、推动司法专门化发展以及促进全民守法，能够有效弥补现有法律体系中的不足，增强法律的执行力和公信力。未来，应进一步推动生态文明理念在法律体系中的全面融入，增强公众参与意识，共同推动美丽中国建设向纵深发展。但完善美丽中国建设的法治保障体系是一项长期且复杂的任务。只有坚持在立法、执法、司法和守法等多个层面的持续努力，才能为全面推进美丽中国建设提供坚实的法治保障，确保生态文明建设目标的实现。

---

① 《美丽中国建设迈出新步伐（人民日报）》，搜狐网，2024年8月4日，https：//www.sohu.com/a/798475068_121107000。

参考文献

《论坚持人与自然和谐共生》，中央文献出版社，2022。

《推动我国生态文明建设迈上新台阶》，《求是》2019年第3期。

《习近平谈治国理政》第一卷，外文出版社，2014。

《习近平谈治国理政》第二卷，外文出版社，2017。

李军等：《走向生态文明新时代的科学指南：学习习近平同志生态文明建设重要论述》，中国人民大学出版社，2015。

孙丽霞：《谈“美丽中国”建设的内涵和实现途径》，《商业经济》2013年第19期。

李建华、蔡尚伟：《“美丽中国”的科学内涵及其战略意义》，《四川大学学报》（哲学社会科学版）2013年第5期。

夏东民、罗健：《“美丽中国”内涵的哲学思考》，《河南社会科学》2014年第6期。

吴文盛：《美丽中国理论研究综述：内涵解析、思想渊源与评价理论》，《当代经济管理》2019年第12期。

王宇：《习近平建设美丽中国重要论述的内涵阐析》，《中国人口·资源与环境》2022年第3期。

吕忠梅：《习近平生态环境法治理论的实践内涵》，《中国政法大学学报》2021年第6期。

魏胜强：《习近平关于生态文明法治建设重要论述的时代价值》，《学术交流》2023年第5期。

吕忠梅：《生态环境法典编纂的立法选择》，《江淮论坛》2024年第1期。

G.8

生态文明语境下中国生物多样性保护的法治进路

魏 想*

摘 要： 随着全球生物多样性持续下降和生态系统功能减弱，生物多样性保护已成为国际社会关注的焦点。中国在生物多样性保护中的法治进路凸显了生态文明理念的核心作用。从“昆明宣言”到“昆蒙框架”的实施，生物多样性保护实现了从政治承诺到法律约束的关键转变，标志着全球生物多样性保护在理念、法律效力和实际实施方面的逐步深化。中国作为生物多样性资源大国，在此过程中不仅倡导了“生态文明”理念，且通过国家公园体系的法律化和生态补偿机制的完善，显著提升了保护措施的执行力和有效性。与此同时，国际法与国内法的深度融合，不仅巩固了生物多样性保护的法律基础，也促进了生态文明理念在全球范围内的推广。中国的这些法治实践，为全球生物多样性治理提供了具有普适性的法律经验和创新路径。

关键词： 生态文明 生物多样性 法律协调 国际合作

全球生物多样性的持续下降和生态系统功能的减弱，已经对地球生命系统和人类社会的可持续发展构成了严重威胁，对全球生态安全产生了巨大挑战。作为生物多样性资源大国，我国同样面临着栖息地破坏、外来物种入侵

* 魏想，法学博士，南京林业大学马克思主义学院法律系讲师，南京林业大学生态文明与乡村振兴研究中心成员，兼任江苏省法学会涉外法治研究会理事、江苏省法学会知识产权法研究会理事，主要研究方向为涉外法治、环境法、知识产权法。

和过度开发等严峻问题。为了应对这些问题，中国在生物多样性保护领域不断推进生态法治建设，通过制定和完善《环境保护法》《野生动物保护法》等一系列法律法规，逐步构建了覆盖多个领域的生物多样性保护法律体系。但现行法律体系仍存在碎片化、主流化不足和执法力度不够等问题，这些问题制约了生物多样性保护目标的实现。在“昆明-蒙特利尔全球生物多样性框架”（以下简称“昆蒙框架”）和《中国生物多样性保护战略与行动计划（2023—2030年）》（以下简称“行动计划”）的指导下，我国需要进一步完善法律框架，深化国际合作，推动公众参与，确保法律体系的有效实施。本报告旨在通过分析中国生物多样性保护法律体系的现状和挑战，提出相应的对策建议，为中国在全球生物多样性治理中扮演的角色提供理论支持。

一　生态文明语境下中国生物多样性保护的法律体系：现状与挑战

（一）生态文明理念的提出与发展

生态文明理念是我国在应对日益严峻的环境问题和推动可持续发展过程中逐步形成并完善的重要理念。作为中国特有的环境治理理念，生态文明强调人与自然的和谐共生，倡导通过可持续发展实现经济、社会与环境的协调发展。早在20世纪90年代，我国就已意识到环境保护的重要性，并提出了可持续发展战略。然而，随着全球环境问题的日益复杂，传统的环境治理方式难以应对生态危机。在此背景下，习近平总书记提出了“绿水青山就是金山银山”的重要理念，强调了生态文明建设的重要性，并将其视为关系中华民族永续发展的根本大计。这一理念已经上升为国家战略，成为指导中国生态环境政策制定和实施的核心思想。

生态文明理念的提出，标志着我国生态环境治理从被动应对向主动治理的转变，反映了我国对环境保护的新认识。该理念强调经济社会发展要与生态系统健康和稳定相协调，实现人与自然的和谐共生，为全球生物多样性保护提供了新的理论基础。在这一理念的引领下，中国的生态法治建设特别是在生物多样性保护领域，迎来了新的发展机遇，逐步探索法治进路，实现可持续发展。

（二）中国生物多样性保护的法律现状

生态文明理念不仅为中国的生物多样性保护提供了理论指导和政策支持，而且通过立法、执法、司法和守法等法治手段，将这一理念转化为具体可操作的行动。从《环境保护法》到《野生动物保护法》，再到《生物安全法》，中国逐步构建起一个日趋完善的生物多样性保护法律体系。这些法律法规的制定和实施，不仅提高了公众对生物多样性保护的认识，也为保护工作提供了坚实的法律支撑。

1. 基本法律框架的形成

我国的生物多样性保护法律框架经过数十年的发展，已逐步形成了一个多层次、多领域的综合法律体系。这一法律体系涵盖了从国家级法律到地方性法规，从专门保护法律到相关领域的法律规定，构成了生物多样性保护的重要法律保障。

作为环境保护领域的基础性法律，《环境保护法》构成了生物多样性保护法律框架的基础。该法明确了保护生态环境的基本原则和政府的职责，提出了生态系统的整体保护要求。作为环境保护的总纲，《环境保护法》为各类具体的生物多样性保护立法提供了法律依据，并通过其综合性规定，将生物多样性保护纳入国家法律体系的核心部分。

2. 专门法律与配套法规的细化

在基本法律框架的基础上，我国通过一系列专门法律和配套法规，进一步细化了生物多样性保护的法律措施。此外，《环境影响评价法》《水土保持法》等法律法规，通过对经济活动的规范间接保护了生物多样性。

专门保护生物多样性的法律，如《野生动物保护法》在法律体系中占据了重要地位。该法对野生动物的保护、管理和利用做出了全面的规定，特别是对濒危物种的保护、栖息地的管理以及非法猎捕、买卖野生动物的处罚机制，构成了中国生物多样性保护的重要法律保障。此外，《森林法》通过对森林资源的保护、管理和可持续利用的规定，间接促进了生物多样性的保护，尤其是在保护森林生态系统及其生物多样性方面发挥了关键作用。

近年来出台的一系列法律，如《湿地保护法》《渔业法》《青藏高原生态保护法》等，则进一步完善了中国生物多样性保护法律体系。这些法律不仅关注特定生态系统（如湿地、森林、渔业资源等）的保护，还通过具体的法律条文规定了各类自然资源和生态系统的保护措施、管理方式以及法律责任，从不同层面保障了生物多样性保护。

中国生物多样性保护法律框架还包括行政法规、地方性法规和政府规章等。例如，《自然保护区条例》《野生植物保护条例》《国家公园条例》等法规，对特定的生态系统和物种的保护提出了明确的要求。此外，地方性法律法规根据各地的生态特点和生物多样性保护的需求，制定了更加具体的保护措施和管理办法。例如，《四川省大熊猫国家公园管理条例》为地方特色物种和生态系统的保护提供了法律支持。

3. 国际条约的国内化与法律保障

作为《生物多样性公约》（Convention on Biological Diversity，CBD，以下简称《公约》）和《濒危野生动植物种国际贸易公约》等国际条约的缔约方，中国通过引入性立法、框架性立法、参考性立法和综合性立法等多种方式，将国际法原则和标准灵活有效地纳入国内法律，实现了与国际法的接轨。《环境保护法》、《野生动物保护法》和《生物安全法》等法律既体现了国际环境法的核心原则，如可持续发展原则、预防原则和公共参与原则，又通过国内法律的制度化，确保了中国在履行《公约》及其他国际环境条约义务方面的有效性。《野生动物保护法》依据《濒危野生动植物种国际贸易公约》进行修订，以确保对濒危物种的保护和管理与国际标准保持一致。此外，《濒危野生动植物种国际贸易公约》在我国的实施，主要通过《濒危野生动植物进出口管理条例》来实现，该条例规定了野生动植物的进口、出口和再出口的法律程序，确保了国际条约在国内的有效执行。

（三）中国生物多样性保护的法律挑战

中国生物多样性保护的法律制度经历了从无到有、从简单到复杂的演进过程。现有法律框架具有多层次的特点，既包括了综合性环境保护法律，也涵盖了各类专门的生物多样性保护法规，同时确保了法律与国家法相接轨，形成了一个覆盖广泛、结构完善的法律体系。这一法律框架为中国生物多样性保护的法律实施提供了有力保障，并为未来法律的进一步发展奠定了坚实基础。然而，尽管这些法律制度在生物多样性保护方面取得了显著成效，发挥了重要作用，但在实际实施过程中仍存在一些不足之处，亟待进一步完善。

1. 法律体系的碎片化

我国现行的生物多样性保护法律体系虽然建立了涵盖多个领域的基础框架，但法律之间的协调性和系统性不足，不同法律之间的衔接和配合不够紧密，导致在实施过程中出现法律冲突和重叠的问题。例如，现行的《环境保护法》和《野生动物保护法》等相关法律虽涵盖了生物多样性保护的部分内容，但缺乏系统性衔接，导致法律执行分散且效率不高。《环境保护法》主要关注环境整体保护，而《野生动物保护法》则聚焦特定物种的保护，两者在生物多样性保护方面各有侧重。然而，前者由生态环境部门负责，后者则由林业部门管理，这种职责分工不明确的情况影响了法律的有效执行和管理。《森林法》与《自然保护区条例》之间的协调问题也尤为突出。两者均涉及森林资源的保护，但由于森林保护区与自然保护区的交叉管理，往往出现多部门职责不清、管理执行时发生冲突的情况。

2. 执法力度的不足

生物多样性保护法律的实施效果在很大程度上取决于执法力度。然而，现行法律的执法力度和执法手段仍存在不足，特别是在地方层面的执行中，往往受到经济利益和地方保护主义的影响，生物多样性保护的法律措施往往被经济发展和基础设施建设的需要淡化，导致生物多样性保护法律的执行效果未能达到预期。再加上生物多样性保护与其他生态环境保护领域的交叉性，生物多样性保护法律的实施往往依赖于其他领域的法律和政策，缺乏独立性和针对性。易言之，生物多样性保护中执法的协调性和一致性也面临挑战，执法过程中的资源不足和技术手段有限进一步加剧了这一问题。

3. 公众参与度的不足

尽管中国的生物多样性保护法律体系规定了公众参与的机制，但在实际操作中，公众参与的广度和深度仍需进一步拓展。公众对生物多样性保护的认识不足、参与积极性不高，导致在法律实施过程中缺乏社会监督和支持。同时，参与渠道的有限性和信息的不对称性限制了公众有效参与生物多样性保护决策的能力。

综合而言，通过不断完善生物多样性保护的国内法律体系，并积极履行国际义务，中国在全球生态文明建设中发挥了重要作用。这种法治进路不仅体现了国家对生态保护的高度重视，也为国际社会提供了“中国方案”。然而，随着全球环境问题的日益复杂，传统的法律框架和治理方式面临新的挑战。为应对这些挑战，国际社会通过了一系列重要文件和框架，如《公约》、《“生态文明：共建地球生命共同体”昆明宣言》（以下简称“昆明宣言”）以及“昆蒙框架”，推动了全球生物多样性保护的法律升级和合作深化。在这一背景下，有必要深入探讨这些国际法律文件的演进及其对中国生物多样性保护的影响。

二　全球生物多样性保护的法律演进及启示

全球生物多样性保护的法律框架经历了重要的演进和发展，从早期的《公约》到“昆明宣言”，再到最新的“昆蒙框架”，各国在保护生物多样性方面承担的法律责任日益明确，国际合作愈加紧密。

（一）《公约》：国际生物多样性保护的法律基础

《公约》是1992年在里约热内卢举行的联合国环境与发展会议上通过的，是全球生物多样性保护领域最具影响力的国际法律文件之一，标志着国际社会对生物多样性重要性达成的共识，并确定了各国在生物多样性保护方

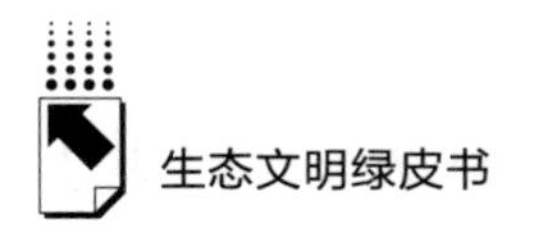

面的法律义务。目前，《公约》共有196个缔约方，中国于1992年签署《公约》，是最早签署和批准《公约》的国家之一。

《公约》的核心目标包括三个方面：保护生物多样性、可持续利用生物多样性组成部分、公正合理地分享源自遗传资源的利益。这三个核心目标相辅相成，形成了一个全面的框架，以应对全球生物多样性丧失的挑战。《公约》强调，各缔约国应通过立法、政策制定和其他措施，将这些目标纳入国家层面的生物多样性保护实践中。具言之，包括以下三个方面。

首先，《公约》要求缔约国制定并实施国家生物多样性战略和行动计划，以实现保护和可持续利用生物多样性的目标。《公约》还强调，各国应根据自身国情，通过立法、政策调整和行政管理等手段，确保生物多样性保护措施的有效落实。这些规定为各国提供了行动指南，推动了生物多样性保护的法治化进程。

其次，《公约》特别关注遗传资源的获取与惠益分享问题，提出了“获取与惠益分享”的基本原则。这一基本原则旨在确保遗传资源的使用者与提供者之间的公平利益分享，促进遗传资源的可持续利用。这不仅在生物多样性保护中具有重要意义，也在国际贸易和生物技术领域产生了深远影响。

最后，《公约》通过缔约方会议机制定期审议《公约》的执行情况，制定和完善相关议定书和行动计划。通过这一机制，国际社会能够及时应对生物多样性保护中出现的新问题和挑战，并推动《公约》的进一步发展。例如，2010年通过的《名古屋议定书》进一步明确了遗传资源的获取与惠益分享的具体操作规范，丰富了《公约》的内容。

总的来说，《公约》奠定了全球生物多样性保护的法律基础，通过确立缔约国的法律义务、促进国际合作和推动立法实践，极大地推动了全球生物多样性保护进程。但是，《公约》在立法和实施中面临着国家间法律体系和执行能力的差异、资源分配不均、技术支持不足以及缺乏有效的全球监督机制等困难。这些困难导致各国在履行《公约》承诺时的进展不一，影响了全球生物多样性保护的整体效果。

（二）“昆明宣言”：生态文明理念的全球共识

“昆明宣言”是联合国《公约》缔约方大会第十五次会议（COP15）通过的政治性文件，强调了全球生物多样性保护的紧迫性，并承诺在 2030 年之前逆转生物多样性丧失的趋势。“昆明宣言”呼吁各国将生物多样性保护纳入国家战略，并通过相关政策和法规促进其主流化。

“昆明宣言”的核心在于倡导“生态文明”和“地球生命共同体”的理念，强调人与自然的和谐共生以及可持续发展的重要性。通过这份宣言，国际社会形成了广泛共识，认识到生物多样性保护不仅是生态环境的需要，还是人类生存和发展的基础。因此，各国应当加强合作，共同应对全球生物多样性面临的严峻挑战。这一共识增强了各国在生物多样性保护中的责任感，同时为未来国际合作制定了明确的指导方针。

作为一份政治性文件，“昆明宣言”主要是表达各国政府在生物多样性保护方面的政治承诺和共同愿景，其内容具有象征性和倡导性，并为全球生物多样性保护奠定了思想基础。“昆明宣言”提出的生态文明和地球生命共同体的理念，已成为各国在生物多样性保护领域合作的重要思想指导，并推动了相关政策和行动的制定与实施。

总之，“昆明宣言”不仅代表了国际社会在生物多样性保护理念上的一次重大进步，也为全球生物多样性保护的法律化和行动化奠定了基础。随着“昆蒙框架”的逐步实施，“昆明宣言”中的生态文明理念将进一步深化，并为全球生物多样性治理提供持续的思想引领和实践推动力。

（三）“昆蒙框架”：全球生物多样性保护的法律升级

2022 年“昆蒙框架”的制定，标志着全球生物多样性保护进入了一个新的法律阶段，进一步深化了《公约》及“昆明宣言”所确立的原则与目标。作为一个具有法律约束力的国际框架，“昆蒙框架”不仅继承了“生态文明”和“地球生命共同体”的核心理念，还提出了具体的、可操作的生物多样性保护目标，为全球生物多样性治理提供了新的法律基础。

首先，“昆蒙框架”明确了“30×30目标”，即到2030年保护全球30%的陆地和海洋区域。这一目标要求各国通过制定和实施国家战略与行动计划，将保护区的设立和管理法律化，确保生物多样性保护措施的有效执行。“昆蒙框架”还特别强调了生态系统修复和基于自然的解决方案（NbS），推动各国在制定相关法律和政策时，优先考虑自然生态系统的恢复与可持续利用。这种从宏观愿景向具体行动的转变，标志着全球生物多样性保护从倡导性文件走向法律化的重大进步。

其次，“昆蒙框架”在法律层面上强化了国家责任与国际监督机制。各缔约方必须定期向《公约》秘书处提交国家生物多样性战略与行动计划的实施进展报告，并通过国际监督机制确保各国对生物多样性保护义务的履行。此举不仅提高与增强了全球生物多样性保护的透明度和责任感，还为国际社会提供了评估和改进保护措施的数据支持。

最后，“昆蒙框架”进一步完善了全球生物多样性保护的法律体系。通过设定国际标准和目标，各国被要求在国内法律中进行相应的调整和完善，确保“昆蒙框架”目标的实现。这种推动国内法与国际法接轨的要求，强化了“昆蒙框架”的法律效力，使得生物多样性保护义务在国家层面上得到更有效的履行。

“昆蒙框架”作为全球生物多样性保护的法律升级版，不仅巩固了国际社会在生物多样性保护方面的共识，还通过设定明确的法律义务和监督机制，推动了全球生物多样性保护从政治承诺转变为法律约束。这一框架的实施，为全球生态治理提供了更加坚实的法律基础，也为各国实现可持续发展目标指明了方向。

（四）全球生物多样性保护的法律演进对我国生态法治的启示

全球生物多样性保护的法律演进，从最初的《公约》到近年来的“昆蒙框架”，经历了从政治承诺到法律约束的重大转变，标志着国际生物多样性治理在法律层面的深化与发展。

第一，从“昆明宣言”到“昆蒙框架”的转变，体现了生态文明理念的逐步深化。最初的“昆明宣言”强调“生态文明”与“地球生命共同体”的广泛共识，而“昆蒙框架”则进一步通过生态系统修复和基于自然的解决方案等具体行动，推动全球生物多样性的恢复和可持续利用。这一转变不仅在理念上深化了对生态文明的理解，还标志着全球生物多样性保护从愿景走向了实质性实施。

第二，随着法律的演进，国际社会对生物多样性价值观的认知也得到了提升。“昆蒙框架”不仅重视生物多样性的内在价值，还强调其在生态系统服务、经济社会价值，特别是在人类福祉、粮食安全和气候调节中的重要性。这种更全面的价值观拓展，进一步加深了生物多样性保护的全球共识。

第三，从政治承诺到法律约束的转变。“昆蒙框架”不同于“昆明宣言”的宣言性文件性质，它是一份具有法律约束力的国际协议，为各国设定了具体的目标和时间表，如“30×30 目标”（到 2030 年保护全球 30% 的陆地和海洋区域）。这种法律上的强制性要求，确保了各国不仅要承诺，还必须采取实际行动，从而为全球生物多样性保护提供了更强的法律保障。

第四，“昆蒙框架”引入了具体可衡量的法律义务，与“昆明宣言”中的宽泛目标不同，“昆蒙框架”明确提出了如降低物种灭绝率、减少污染和过度利用、恢复受损生态系统等具体目标。这些可衡量的目标使得各国的行动更加具有可操作性和可监测性，并在法律上赋予了各国实现这些目标的责任。

第五，“昆蒙框架”还强化了国家责任与国际监督机制。它要求各缔约方定期向《公约》秘书处提交国家生物多样性战略与行动计划的实施进展报告，这种国际监督机制确保了各国对其生物多样性保护义务的履行，并提高与增强了全球生物多样性保护的透明度和责任感。

第六，随着“昆蒙框架”的实施，全球生态治理的法律体系也得到了进一步完善。该框架不仅通过设定国际标准推动各国国内法与国际法的接轨，还为全球生物多样性保护设定了法律上的共同基准。这一法律体系的完善，有助于国际社会在应对生物多样性丧失的挑战时，采取更加一致和协调的行动。

从《公约》到“昆蒙框架”的法律演进，标志着全球生物多样性保护从政治承诺走向法律约束的关键转变，这一过程为全球生态文明建设提供了更加坚实的法律基础和保障。

三 “昆蒙框架”下中国生物多样性保护的法治实践

作为《公约》的缔约方，从“昆明宣言”到“昆蒙框架”，中国在全球生物多样性保护中的作用从倡导者和领导者逐步转向实际行动的推动者和实践者。通过加强国内立法、实施国家战略、推进国际合作和倡导生态文明理念，中国不仅履行了国际义务，也为全球生物多样性保护提供了重要的中国方案，展示了大国的责任与担当。

（一）制定《行动计划》

随着“昆蒙框架”的通过，中国积极推动了国际法向国内法的转化，制定了《行动计划》，为生物多样性保护提供了法律框架和实施路径。《行动计划》不仅继承了“昆明宣言”的核心理念，还将国际生物多样性保护目标与中国的实际国情相结合，制定了具体的实施措施。《行动计划》基于全球生物多样性治理引领者的新定位，紧密衔接“昆蒙框架”行动目标，将全球目标纳入国家层面实施，设定符合国情的生物多样性保护国家目标，推动中国乃至全球生物多样性治理进程。

首先，《行动计划》明确了中国生物多样性保护的总体目标，要求到2030年，至少30%的陆地和海洋区域得到有效保护，并通过国家公园、自然保护区等保护措施完善法律框架，确保这些区域的生态系统得到全面保护和管理。国家公园体系的建立是这一目标的重要实现途径，通过法律保障国家公园的设立和管理，促进生态系统的恢复与可持续利用。

其次，《行动计划》强调生态修复的重要性，提出通过法律手段推动退化生态系统的修复，明确生态修复的责任主体和技术标准，确保修复工作的科学性和有效性。此外，《行动计划》还推广基于自然的解决方案，要求在气候变化应对和可持续发展中优先应用这些方案，进一步推动生态补偿机制和绿色金融的实施，为生物多样性保护提供经济支持。

最后，《行动计划》还着重推动遗传资源的获取与惠益分享制度的落实，确保资源提供方获得合理收益，并通过健全的监督机制防止遗传资源的非法获取和滥用。惠益分享制度的法律化保障了生物资源的可持续利用，并推动了国内与国际法律的深度融合。

不过，应当注意的是，《行动计划》在生物多样性保护实际操作中仍面临多重挑战，包括法律实施与地方经济发展的协调、生态修复技术的复杂性、推广的认知不足以及制度的执行难点等。未来，通过进一步完善国内法治体系和法律框架，强化地方政府和社会各界的参与，可以更有效地推动生物多样性保护目标的实现，确保《行动计划》的各项要求在实践中得到落实。

（二）完善国内生物多样性保护法治体系

在全球生物多样性保护要求日益提高的背景下，进一步完善国内生物多样性保护的法治体系是确保中国在全球治理中发挥积极作用的关键。在“昆蒙框架”和《行动计划》的指引下，我国生物多样性保护的法治建设需要从立法的系统性、执法的有效性、责任追究的严密性和公众参与的广泛性入手，通过一系列制度性改进进一步完善法治体系并增强其实践效果。

1. 增强生物多样性法律体系的协调性

为解决这些问题，在推进生物多样性保护的过程中，建立一个协调一致的法律体系至关重要。在法律制定和修订过程中，应加快推进法律的整合和修订，将分散在不同领域的规定整合为统一的法律框架，进一步明确各部门在生物多样性保护中的职责和权力，避免管理职责不清和资源浪费的问题。此外，为了避免法律之间的冲突和重叠，必须建立跨部门的法律协调机制，以确保各项法律能够有效衔接，形成系统化的生物多样性保护法律体系。

值得一提的是，生态法治作为生态文明建设的重要保障，不仅依赖于健全的法律体系，还需要生物多样性保护实践的反馈。通过完善的生态法治体系，各项生物多样性保护措施得以系统化和规范化，并在法律框架内具备更强的执行力和有效性。国家公园体系的建立、生态补偿机制的实施以及生态修复工程的推进，都是通过法律的协调性得以有效执行的关键措施。

2. 加大生物多样性主流化的法律支持力度

从“昆蒙框架”到《行动计划》，完善生物多样性相关政策法规体系、建立长效机制都是推动生物多样性主流化的关键行动。①

在生态文明建设的背景下，生物多样性主流化的推进已成为中国法治进程中的关键任务。为确保生物多样性保护能够切实融入国家法律体系并在各级政府层面得到有效落实，需要在法律框架内强化以下三个方面的内容：国家公园体系的建立、生态补偿机制的实施和生态修复工程的推进。

其一，国家公园作为生物多样性保护的核心区域，通过立法确立其地位和管理机制，确保这些区域在开发利用与保护之间取得平衡。当前，中国已经通过立法保障了国家公园的设立和管理，进一步推动“30×30 目标”的实现。完善国家公园体系的法律框架，不仅能够巩固生态系统的恢复与保护，还能为生物多样性保护提供长期的法律支持。

其二，生态补偿机制的实施是实现生物多样性保护目标的重要手段。生态补偿通过立法形式明确了生态系统服务的价值化，使得资源的可持续利用得到法律保障。这一机制不仅在法律上奠定了生态补偿的基础，还通过具体的政策措施推动了生态环境保护与经济发展的协调统一。随着生态补偿法律体系的不断完善，地方政府和社会各界对生态补偿的认知和参与度也逐步提高，为生物多样性保护提供了广泛的社会支持。

其三，生态修复工程的推进在生物多样性主流化中具有不可忽视的作用。法律明确了生态修复的责任主体、技术标准和监管机制，确保退化生态系统能够得到及时有效的修复。通过立法推动生态修复工程的实施，不仅保

① 《新时期推进生物多样性保护的目标与关键行动》，生态环境部网站，2024 年 4 月 19 日，https：//www.mee.gov.cn/zcwj/zcjd/202404/t20240419_1071180.shtml。

障了生态系统的健康与稳定，还促进了区域生态环境的整体改善。生态修复工程的法律化，使得生物多样性保护的目标更具操作性和可持续性。

简而言之，加大生物多样性主流化的法律支持力度，需要在法律框架内重点推动国家公园体系的建立、生态补偿机制的实施和生态修复工程的推进。这三个方面内容的法律化，不仅为生物多样性保护提供了坚实的法律基础，还为生态文明建设提供了长远的法治保障。通过强化这些法律措施，生物多样性保护将在法治的轨道上稳步推进，为全球生态文明建设贡献更大的中国力量。

3. 加大执法与技术支持力度

生态法治的核心要义在于通过立法、执法、司法和社会监督等手段，保障生态环境保护措施的系统性、全面性和持续性。通过严格的法律制度和较强的执行力，生态法治在生物多样性保护中的核心地位得以体现，确保保护目标的实现和可持续发展，推动生态文明建设向前迈进。习近平总书记强调，“只有实行最严格的制度、最严密的法治，才能为生态文明建设提供可靠保障”。[①] 应通过立法和政策措施，增强执法机构的权威性和独立性，提高执法透明度和完善问责机制，确保生物多样性保护法律的有效实施。此外，法律的执行效果在很大程度上取决于执法手段的先进性和科学性。在生物多样性保护中，依靠传统的人力巡查和监控往往难以满足保护需求。因此，还应加强执法的技术支持，通过引入先进的技术手段，如遥感监测、基因检测等，提高执法的准确性和有效性。例如，在《海洋环境保护法》和《渔业法》之间，管理部门职责不清，导致珊瑚礁生态系统的保护受到影响。通过引入高科技手段进行生态监测，不仅能提高执法效率，还能为保护区的管理提供可靠的数据支撑。同时，应加强执法人员的培训，提升其专业能力和法律素养，以开展复杂的生物多样性保护执法工作。

① 中共中央文献研究室编《习近平关于社会主义生态文明建设论述摘编》，中央文献出版社，2017，第 99 页。

4. 构建严密的责任追究机制

构建严密的责任追究机制是确保地方政府有效履行其生物多样性保护职责的关键。生物多样性保护的最终落实需要地方政府在执法中积极参与和主动履职，但现实中由于责任不清或考核机制不完善，地方政府在执行过程中常常出现懈怠现象。有鉴于此，有必要通过建立健全的责任追究机制，将生物多样性保护的成效与地方政府的绩效评估挂钩。采取的进一步措施可以包括制定量化指标，对地方政府在生物多样性保护中的表现进行严格评估，并根据其执行效果进行奖惩。此外，鼓励公众参与和监督也能为生物多样性保护提供额外的社会监督，推动责任落实。

5. 推动公众参与社会监督

生物多样性保护不仅是政府的责任，还是全社会的共同责任。中国应通过立法和政策引导，增强公众参与生物多样性保护的积极性。通过加强宣传教育，增强公众的环保意识，拓宽公众参与的渠道，确保公众能够通过合法途径参与生物多样性保护决策。此外，还应加强信息公开，确保公众能够及时获取有关生物多样性保护的相关信息，从而拓展公众参与的深度和广度。通过加强公众的参与和监督，形成全社会共同参与的生物多样性保护格局。

（三）加强国际法治合作

在“昆蒙框架”及全球生物多样性保护的背景下，中国积极开展国际法治合作，尤其是在“一带一路”倡议框架下，通过签订多边与双边协议、推动生态合作项目等方式，进一步深化了国际合作与法律机制的衔接，展现了中国在全球环境治理中的重要作用。

首先，中国在“一带一路”倡议中倡导绿色发展，积极推动与共建国家的生物多样性保护合作。与东盟国家共同制定的《中国—东盟环境合作战略及行动框架（2021—2025）》便是典型案例。该行动框架在法律框架下明确了双方在生物多样性保护、环境治理、气候变化应对等领域的合作方向，旨在通过法律手段和共同机制推动跨境生态系统的保护与恢复。这一行动框架的实施不仅为区域内的生物多样性保护提供了法律保障，还促进了各国在环保政策和标准方面的协调一致。

其次，中国与非洲国家在生态保护和可持续发展领域开展了广泛合作。以中非合作论坛（FOCAC）为平台，中国与非洲各国签署了多个涉及生态环境和生物多样性保护的合作文件。例如，《达喀尔行动计划 2022—2024》明确规定了双方在生态保护、环境治理、自然资源管理等领域的合作内容。通过这些合作，中国帮助非洲国家提升环境治理能力，建立健全的生物多样性保护法律和政策体系，推动实现经济发展与生态保护的双赢。

最后，中国还通过参与全球环境基金（GEF）和联合国环境署（UNEP）等多边平台，推动国际生物多样性法律合作。例如，在“全球环境基金第七次增资会议”上，中国提出并支持了一系列与生物多样性保护相关的全球项目，这些项目包括跨境保护区的建设、濒危物种的保护，以及生态系统服务的可持续管理。这些项目通过全球合作和资金支持，为发展中国家和生物多样性热点地区提供了强有力的法律和政策支持。

在拉丁美洲地区，中国积极推动与多个国家在生物多样性保护方面的合作。通过与巴西、阿根廷等国签署《中拉合作共同行动计划》，双方在农业、林业、渔业及环境保护等领域开展了广泛合作。该行动计划不仅涵盖了资源保护与可持续利用，还特别强调了在保护区建设和生态系统修复中的法律协调与技术合作。

中国通过“一带一路”倡议框架下的多边与双边合作，积极推动生物多样性保护的国际法治合作。这些合作不仅加强了国际条约与国内法律的有效衔接，也为共建国家和地区的生态保护提供了法律和政策支持。在全球生物多样性治理中，中国的法治合作经验与成果为全球生态文明建设贡献了独特的智慧与力量。

四　结语

生态文明理念的深入贯彻通过法律框架与执行机制的保障，使中国生物多样性保护实现了从政策承诺向法律约束的关键转变。国家公园体系与生态补偿机制的法治化，确保了保护目标的实现，提升了法律实施的科学性和可操作性。通过法律手段与法治实践，生态文明建设在生态环境保护与绿色发展方面取得了显著成效，逐步形成了具有中国特色的生态法治体系。

这种法治与生态文明的互动关系不仅提升了生物多样性保护的法律地位，还增强了法律的权威性与执行力，从而奠定了生态环境保护的长效机制。在全球治理中，借助国际法与国内法的有效衔接，中国进一步确立和加大了生物多样性保护的法律标准和执行力度。展望未来，面对区域差异和资源不均等挑战，中国的生物多样性法律保护将聚焦于以下三个方面：一是加强国际合作，推动双边、区域及多边合作，以积极参与全球生物多样性治理；二是完善法律体系，建立综合性法律框架以增强法律的有效性和执行力；三是提升法律执行力，通过执法队伍建设、先进技术手段引入及监督机制完善，确保法律规定转化为实际行动。

参考文献

《习近平谈治国理政》第四卷，外文出版社，2023。

中共中央宣传部、中华人民共和国生态环境部编《习近平生态文明思想学习纲要》，学习出版社，2022。

吕忠梅：《环境法新视野》，中国政法大学出版社，2000。

张文显：《习近平法治思想的基本精神和核心要义》，《东方法学》2021 年第 1 期。

吕忠梅：《习近平法治思想的生态文明法治理论》，《中国法学》2021 年第 1 期。

吕忠梅：《环境法典编纂：实践需求与理论供给》，《甘肃社会科学》2020 年第 1 期。

秦天宝：《中国生物多样性立法现状与未来》，《中国环境监察》2021 年第 10 期。

于文轩、胡泽弘：《生态文明语境下生物多样性法治的完善策略》，《北京理工大学学报》（社会科学版）2022 年第 2 期。

蔡颖莉、朱洪革、李家欣：《中国生物多样性保护政策演进、主要措施与发展趋势》，《生物多样性》2024 年第 5 期。

赵富伟等：《新时期我国生物多样性法制建设思考》，《生物多样性》2024 年第 5 期。

王思丹：《总体国家安全观视域下的生物多样性保护：多元安全和治理框架》，《长沙理工大学学报》（社会科学版）2024 年第 3 期。

秦天宝：《论生物多样性保护法律规制的范式转变》，《人民论坛 · 学术前沿》2022 年第 4 期。

秦天宝、田春雨：《生物多样性保护专门立法探析》，《环境与可持续发展》2021 年第 6 期。

李永宁、张隽：《生态文明促进法的基本设想及其展开》，《江苏大学学报》（社会科学版）2024 年第 1 期。

蔡守秋：《以生态文明观为指导，实现环境法律的生态化》，《中州学刊》2008 年第 2 期。

于文轩：《习近平生态文明法治理论指引下的生态法治原则》，《中国政法大学学报》2021 年第 4 期。

秦天宝：《论生物多样性保护的系统性法律规制》，《法学论坛》2022 年第 1 期。

苏宇：《风险预防原则的结构化阐释》，《法学研究》2021 年第 1 期。

G.9

生态环境分区管控的制度梗阻与完善路径

王中政*

摘　要：　生态环境分区管控是生态文明制度建设的重要内容，是建设美丽中国的重要依托。从内涵上看，生态环境分区管控具有广义和狭义之分，具有空间性和行政性的双重属性；从制度缘起上看，生态环境分区管控是基于生态整体和空间异质的矛盾以及经济布局与空间格局的错位而产生的。由于央地事权划分不清、考核评估制度不健全和公众参与不足等因素，我国生态环境分区管控存在顶层设计付之阙如、技术标准不完善和管理水平不高等问题。生态环境分区管控的制度完善应先行理清经济利益与生态利益的横向逻辑以及中央利益与地方利益的纵向逻辑，从夯实规范基础、优化制度衔接和强化技术保障等方面，构建更加科学、合理、有效的生态环境分区管控体系。

关键词：　生态环境　分区管控　生态文明

一　文献综述与问题提出

生态环境分区管控是深化生态文明体制改革的重要制度成果。党的十八大以来，习近平总书记高度重视生态环境分区管控的制度建设，多次强调要

* 王中政，法学博士，南京林业大学讲师，南京林业大学生态文明建设与林业发展研究院智库研究员，主要研究方向为环境与资源保护法学。

划定并严守生态保护红线、环境质量底线和资源利用上线。2021 年，《生态环境部关于实施“三线一单”生态环境分区管控的指导意见（试行）》印发，初步明确了建立生态环境分区管控制度的“时间表”和“路线图”。2024 年 1 月，《中共中央　国务院关于全面推进美丽中国建设的意见》发布，进一步明确了完善全域覆盖的生态环境分区管控体系的目标要求。同年 3 月，《中共中央办公厅　国务院办公厅关于加强生态环境分区管控的意见》（以下简称《意见》）正式发布，围绕建设美丽中国的宏伟目标，提出了新时代全面加强生态环境分区管控的目标任务，标志着生态环境分区管控实现了从地方实践到中央制度的飞跃。

生态环境分区管控不仅在政策层面受到了充分的关注，还在理论研究层面成为学界研究的重点。具体而言，学界的研究主要围绕生态环境分区管控的“四大体系”展开。一是关于生态环境分区管控的成果体系研究。秦昌波等认为，“三线一单”核心成果主要体现为“四个一”，即一套摸清家底的基础工作底图数据库、一项生态环境分区管控方案、一份生态环境准入清单和一个服务于多重对象的成果数据共享系统。[①] 二是关于生态环境分区管控的技术体系研究。汪自书等在梳理了生态环境分区管控总体框架和关键方法技术的基础上，明确了“三线一单”生态环境分区管控划定各环节的主要任务，提出“生态功能不降低、环境承载促减排、资源利用保协同、管控等级不降低”的技术要点。[②] 三是关于生态环境分区管控的管理（制度）体系研究。唐丽云、陈海嵩认为，生态环境分区管控在制度建设方面缺乏法律支撑，且与相关制度的衔接不畅。[③] 四是关于生态环境分区管控的应用体系研究。杨俊杰、方皓认为生态环境分区管控的应用路径尚不明确、应用领域较为狭窄，应当进一步加强“三线一单”数据系统建设和信

① 秦昌波等：《“三线一单”生态环境分区管控体系：历程与展望》，《中国环境管理》2021 年第 5 期。

② 汪自书、李王锋、刘毅：《“三线一单”生态环境分区管控的技术方法体系》，《环境影响评价》2020 年第 5 期。

③ 唐丽云、陈海嵩：《关于深化生态环境分区管控制度应用的若干思考》，《环境污染与防治》2023 年第 4 期。

息平台建设。[①]

综上所述，目前学界对生态环境分区管控的成果体系、技术体系、管理体系、应用体系进行了多元化的研究，形成了诸多理论成果和共识。然而，既有研究具有明显的实践应用性，更侧重于从技术层面探讨生态环境分区管控的实践落地，以及从内部视角探讨生态环境分区管控的技术应用，在一定程度上忽视了生态环境分区管控的制度环境和制度语义。基于此，本报告将以生态环境分区管控的实践为基础，重点从规范层面探讨生态环境分区管控的制度内涵，以期为建立生态环境分区管控制度提供理论参考。

二　生态环境分区管控的现实样态

（一）生态环境分区管控的内涵廓清

生态环境分区管控是我国从粗放式环境管控模式向精细化环境治理模式转变的主要制度手段。从广义上说，一切以生态环境质量保护与改善为目的，从空间地域差异性管理角度切入开展的一系列生态环境管理工作，均属于生态环境分区管控的范畴。从狭义上说，生态环境分区管控是指地方各级人民政府或生态环境主管部门，为推动生态环境质量改善，以国土空间为载体，以生态环境的空间差异化特征为基础，划分不同类型的生态环境管理分区，开展生态环境分区、分类、分级管理，实施生态环境差别化管理。基于以上认识，生态环境分区管控具有两大基本属性。一是空间性，即生态环境分区管控中的“分区”。所谓“分区”是指根据国土空间规划的要求，将国土空间划分为优先开发区、限制开发区和禁止开发区三个基本空间单元，并结合经济发展、城市布局和生态环境等因素，以资源环境承载力为基础，充分衔接行政区域边界，协调经济发展与环境保护的关系。二是行政性，即生

① 杨俊杰、方皓：《关于“三线一单”生态环境分区管控体系落地应用机制的探索》，《环境保护》2021 年第 9 期。

态环境分区管控中的“管控”。所谓“管控”是指针对生态环境管控单元，制定“一单元一策略”的差异化、精细化的生态环境准入清单，主要根据不同单元的生态环境功能定位，聚焦解决突出生态环境问题，系统集成现有生态环境法律法规和制度要求，从管控污染物排放、防控环境风险、提高能源资源利用效率等方面提出差异化管控要求。

（二）生态环境分区管控的制度因应

1. 基于生态整体和空间异质的矛盾

生态环境分区管控是根据不同区域的生态环境特征、功能需求和环境承载力，实施差异化的环境保护和资源管理措施。从手段上说，它是将地理空间划分为不同的管控区域，在不同的管控区域内，根据环境敏感性、生态价值、经济发展水平等因素，实施不同管控强度的措施。因此，从某种意义上说，生态环境分区管控是对整体空间的人为切割，在一定程度上割裂了生态环境的整体性。所谓生态环境的整体性，是指生态系统的各个组成部分（如生物群落、非生物环境等）之间是相互联系、相互依存的，它们共同构成了一个有机整体。在这个整体中，各个部分的功能和作用是相互协调、相互补充的，共同维持着生态系统的稳定和繁荣。与此相对，空间异质性表明生态系统内部或不同生态系统之间在空间上存在的差异性和复杂性。前者要求将生态系统作为一个整体进行考量和管理，而后者则揭示了生态系统内部存在的局部差异性和复杂性。这种矛盾共性地存在于生态系统之中，反映出整体与局部的内在张力。因此，在资源有限的情况下，如何合理分配资源以保护生态系统就成为一个重要问题：整体性要求在整个生态系统范围内进行资源分配和优化配置；空间异质性则可能导致某些区域或生态环境需要更多的资源来支持其保护和管理。基于此，针对不同区域或生态环境特点制定差异化的管理策略，即生态环境分区管控，就成为解决这一问题的“良方”。

2. 基于经济布局与空间格局的错位

经济布局是指一个国家或地区在一定时期内经济活动的空间分布和组合状态，包括产业分布、生产力布局、城市体系等。而空间格局则是指地理空

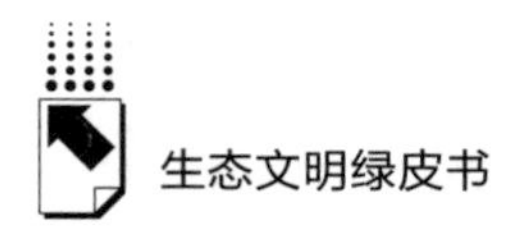

间上各种要素（如自然、经济、社会等）的分布状态和相互关系。经济布局与空间格局之间存在密切关联，经济布局的变化会影响空间格局的形成和演变，而空间格局的特点也会制约经济布局的优化和调整。通常情况下，经济活动往往倾向于资源丰富、交通便利、市场潜力大的地区，使这些地区经济繁荣、人口密集；资源匮乏、交通不便、市场狭小的地区则发展滞后，形成明显的区域差异。这种资源分配不均加剧了空间格局的不平衡性。在“马太效应”的影响下，我国经济布局与空间格局的错位更加明显。东部沿海地区凭借地理、政策扶持和开放较早的优势，经济发展迅速，成为中国经济最发达的区域，吸引了大量国内外投资，形成了较为完善的产业链和产业集群。相比之下，中西部地区虽然空间资源丰富，但受历史、地理和政策等因素限制，经济发展相对滞后。由此，经济布局与空间格局的不适应性造成了我国经济发展的不平衡性。在此背景下，生态环境分区管控通过问题识别、科学划分等方式，协调经济发展与空间资源分配的不均衡，实现经济利益与生态利益的“双赢”。

三　生态环境分区管控的实践梗阻及成因

（一）生态环境分区管控的实践梗阻表征

1. 顶层设计付之阙如

近年来，生态环境分区管控受到了国家层面的高度关注，相关政策文件频发，在一定程度上夯实了生态环境分区管控的制度根基。例如，在国家层面，2020 年 12 月审议通过的《长江保护法》，将生态环境分区管控、生态环境准入清单作为重要内容纳入其中，这是“三线一单”在国家层面立法的重大突破。随后出台的《黄河保护法》进一步明确了“三线一单”在流域管理中的法律地位。由此，生态环境分区管控成为流域治理的重要手段。2023 年修订的《海洋环境保护法》以及《青藏高原生态保护法》也相继沿用了这一规定。可见，生态环境分区管控逐渐得到了国家立法的肯定和认可。在地方层面，各省（区、市）在开展“三线一单”工作的同时，高度重视“三线一单”法治化建设工作，积极推动将“三线一单”生态环境分区管控相关要求纳入地方性法规。例如，天津、山东、吉林、四川、湖北等省（市），在生态文明建设条例、生态环境保护条例、流域水环境保护条例及实施《环境影响评价法》办法等地方立法中，明确“三线一单”的法律地位，为“三线一单”的编制实施提供了法律保障。生态环境分区管控制度尽管被写入了国家和地方的相关立法之中，但总体上为原则性规定，缺乏必要的操作性。例如，无论是《长江保护法》《黄河保护法》，还是《海洋环境保护法》，关于生态环境分区管控的规定基本一致，即“制定生态环境分区管控方案和生态环境准入清单”“生态环境分区管控方案和生态环境准入清单应当与国土空间规划相衔接”，但对于如何制定“三线一单”以及如何实现与国土空间规划相衔接则语焉不详。

2. 技术标准不完善

技术问题是影响生态环境分区管控制度实效的重要因素。通过比较发现，在各类生态环境分区管控制度中，“三线一单”技术支撑文件数量最多、覆盖范围最广，技术体系覆盖成果编制、数据成果、清单编制、图件表达等多方面，提升了成果的规范性和统一性。我国生态环境分区管控技术体系尽管已初步建立，但基础理论和关键技术支撑仍显不足，主要表现在以下几个方面。第一，技术规范体系不完善。当前，我国的一些技术标准和指南虽然已出台，但系统性和全面性仍有待加强，特别是在生态环境管控单元划定、生态环境准入清单编制、信息平台建设等方面，缺乏统一的技术规范和标准，导致各地在实施过程中存在差异和偏差。第二，关键技术研发滞后。生态环境分区管控涉及多个领域，需要一系列关键技术的支撑。然而，目前部分关键技术，如减污降碳协同增效技术、生物多样性保护技术、环境风险防控技术等研发滞后。这些技术的研发滞后限制了生态环境分区管控的深入实施和效果提升。第三，智能化和信息化水平不高。随着新一代信息技术和人工智能的发展，智能化和信息化已成为生态环境管理的重要趋势。然而，目前生态环境分区管控智能化和信息化水平还不高，缺乏高效的信息收集、处理和分析手段。这导致在数据支撑、信息共享、监管执行等方面存在不足，影响了生态环境分区管控的效率和效果。

3. 管理水平不高

生态环境分区管控的制度效能能否落地有赖于管理水平的高低。目前，我国生态环境分区管控的管理水平相对不高，主要表现在以下几个方面。第一，缺乏统一的管理平台。近年来，生态功能区划、生态保护红线、环境功能区划、水功能区划、水环境控制单元、环境网格化管理、“三线一单”等一系列空间性的管理制度相继探索性地实施，生态环境空间管控制度相对混乱，缺乏统一的管理平台和工作抓手，导致生态环境空间管控存在空间上重叠、职责分工不明确、管控措施不严谨、技术方法不规范、精细化信息化管理水平不高等一系列问题，难以形成生态环境空间管控的“一揽子”抓手。第二，管理内容存在疏漏。目前，生态环境空间管控的重点仍在生态保护红线与生态空间领域上，水、大气、土壤等领域的生态环境空间管控仍相对薄弱。尽管在生态环境空间管控中，生态保护红线的划分对维护区域生态安全格局具有重要作用，其“硬约束”的地位也已具备普适性，但城镇空间、农业空间以及生态保护红线以外的其他生态空间的环境管控却未能全面有效实施。这种非全领域、非系统化的生态环境空间管控现状，导致基于环境宜居的发展规模、密度、布局、结构管控缺失，难以为国家空间格局优化、用途管制和环境治理提供系统方案。第三，监督机制不完善。从总体上看，生态环境分区管控监督体系尚未建立，存在职责不清、权责不明等问题，监督力度不够。此外，从监督方式上看，生态环境分区管控的监督方式往往比较单一，主要依赖于政府部门的行政监督。然而，这种方式可能存在信息不对称、监督效率低下等问题。同时，缺乏社会监督、舆论监督等多元化的监督方式，难以形成有效的监督合力。

（二）生态环境分区管控的实践梗阻成因

1. 央地事权划分不清

区域协调发展本质上属于央地关系的范畴，要促进“效率”和“公平”

兼顾的区域协调发展，根本上有赖于建立合理的央地关系。我国生态环境分区管控的制度梗阻在很大程度上是央地事权划分不清造成的。通常情况下，中央政府负责制定全国性的生态环境分区管控政策、规划和标准，为地方政府提供明确的指导和方向。例如，《意见》就明确了生态环境分区管控的总体要求、主要目标和重点任务。地方政府负责根据中央政府的政策要求，结合本地实际情况，制定具体的实施方案和措施，并组织实施。然而，生态环境分区管控政策在自上而下传达和执行过程中，可能会因各地实际情况不同、政府重视程度不一而出现执行差异。一些地方政府可能出于经济发展考虑，对环保政策执行不力，导致政策效果大打折扣。同时，生态环境分区管控往往涉及土地开发、产业布局等经济利益问题，不同层级政府之间以及同一层级政府之间可能存在利益纠葛。例如，中央政府强调生态环境保护，而地方政府则可能更关注经济发展，或者相邻地区之间因资源争夺、污染排放等问题产生矛盾。此外，生态环境问题往往具有跨区域、跨流域的特点，需要各地政府共同协作解决。然而，在实际操作中，信息不对称、责任不明确、利益分配不均等因素，可能导致协作障碍。例如，在跨流域污染治理中，上下游地区政府可能因责任划分不清而相互推诿。

2. 考核评估制度不健全

在生态环境分区管控中，考核评估制度扮演着至关重要的角色，它不仅是检验政策执行效果的重要手段，也是推动生态环境持续改善的关键机制。然而，从地方实践来看，部分地方政府及生态环境部门在推进生态环境分区管控的过程中，存在“顾头不顾尾”的问题，更多关注的是解决“有无”的问题，对于“有用”的问题重视不足。换言之，他们更注重编制生态环境区划方案，而对于编制的区划方案在实施层面的推进重视不足。这主要表现在以下几个方面。第一，考核指标体系单一化。当前的考核指标体系侧重于环境质量指标，如空气质量、水质等，忽视了对生态环境保护和修复过程的考核。这种单一的指标体系难以全面反映生态环境分区管控的综合效果。第二，考核标准不够严格。部分考核标准设置过于宽松，存在“打人情分”“完成任务即可”的现象，导致考核结果难以真实反映生态环境保护的实际情况。第三，奖惩机制不健全。考核结果未能与奖惩机制有效衔接，对于生态环境保护工作突出的地区缺乏足够的激励措施，而对于工作不力的地区则缺乏有力的惩戒措施。由于考核评估机制不健全，生态环境分区管控的落地效果就难以得到保障，也造成了管理体系混乱的问题。

3. 公众参与不足

建设人与自然和谐共生的中国式现代化离不开社会公众的全方位参与，特别是在环境治理领域，公众参与已成为一项重要的法律原则和法律权利。然而，我国生态环境分区管控在制度建设时，具有明显的“自上而下”特征，在一定程度上忽视了社会公众的参与性。首先，公众认知不足以及参与度低。尽管生态环境保护已成为社会共识，但公众对于生态环境分区管控的具体内容、目的和意义了解不够深入，这导致公众在参与过程中缺乏主动性和针对性。由于认知不足，加之缺乏有效的参与渠道和平台，公众在生态环境分区管控中的参与度普遍较低。其次，信息公开与透明度不够。在生态环境分区管控过程中，部分地方政府和部门在信息公开方面不及时、不充分，使得公众难以及时、全面、准确地获取相关信息。同时，一些地方政府和部门在决策过程中透明度较低，未能充分听取公众的意见和建议。这不仅影响了公众的参与热情，也降低了决策的科学性和民主性。最后，参与机制与渠道不畅。目前，我国生态环境分区管控中的公众参与缺乏明确的参与程序、途径和方式。公众参与的渠道有限且不畅，导致他们的意见和诉求难以得到有效传达与回应。一些地方政府和部门尽管设立了投诉举报渠道，但往往存在处理不及时、反馈不到位等问题。公众参与不足导致生态环境分区管控不管是方案编制环节还是实施环节，都处于一种相对封闭的状态，导致方案的编制存在脱离公众需要的可能性，不利于生态环境分区管控制度效能的发挥。

四　生态环境分区管控的制度完善

由于央地事权划分不清、考核评价制度不健全以及公众参与不足等，生态环境分区管控在制度体系、技术体系和管理体系等方面还存在诸多问题。为此，本报告建议应先理清生态环境分区管控的双重逻辑，即平衡经济利益与生态利益的关系以及协调中央利益与地方利益的关系，再从夯实规范基础、优化制度衔接、强化技术保障等方面完善生态环境分区管控制度。

（一）生态环境分区管控的完善逻辑

1. 横向逻辑：平衡经济利益与生态利益的关系

从利益视角看，经济利益与生态利益的角力可能是影响生态环境分区管控制度落地的最典型的利益冲突之一。从逻辑上说，经济的发展需要消耗一定的资源，当资源的消耗超出自然的供给能力就会产生生态问题。因此，经济利益与生态利益是一对潜在的矛盾体。为了更清楚地说明经济利益与生态利益的关系以及两者冲突的原因，需要对生态利益做进一步的还原。目前，学界对生态利益的概念展开了多元的讨论，对生态利益所具有的公共性、外部性等特征达成了一定的共识，但也存在概念混用之嫌，特别是将生态利益与环境利益或资源利益等同。本报告认为，生态利益是指生态系统对人类非物质性需求的满足，包括生态安全利益和生态精神利益。生态利益与资源利益共同构成环境利益，其共同的载体是生态环境系统。其中，资源利益体现为物质利益或经济利益，可以通过权属制度进行分割，因而本质上是一种私益，主要依靠民法规范进行调整；生态利益属于非物质利益，本质上属于公共利益，具有非排他性、共享性和不可分割的特点，仅仅依靠私法规范很难得到保障。经济利益与生态利益的冲突在很大程度上源于两者的利益特征不同。一方面，生态利益作为一种间接性利益，它所带来的利益效果需要较长的时间才能兑现，而且生态利益的生产者往往并不是直接或唯一的受益者。相对而言，经济利益具有直接性和现实性的特点，它能在相对较短的时间内给利益主体带来物质和经济上的“好处”，因而经济利益比生态利益更具有吸引力，这也是“重经济轻生态”现象出现的主要原因。另一方面，作为公共利益的生态利益存在主体错位的问题，生态利益由全体公众享有，不分国家、不分区域，所有人都是生态利益的享有者，这就使得“搭便车”的

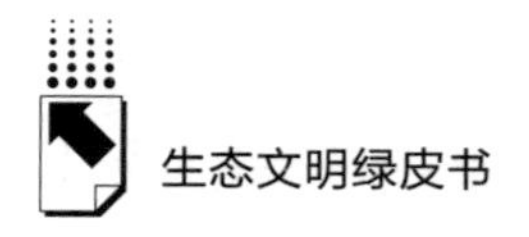

现象屡见不鲜。与之相反，经济利益具有明确的主体性，人们有为保护、谋求自己的经济利益而努力的动力。由于生态环境是一种典型的公共产品，每个人都有使用它的权利，这就加剧了人们对资源环境的掠夺，使得生态利益不可避免地遭到破坏。因此，要想化解经济利益与生态利益的冲突，维持和谐的空间生产秩序，就需要发挥生态环境分区管控的约束和调整作用。通过对国土空间进行整体的谋划布局，加强对空间的规范管理，切实保护生态系统的完整性和生物功能的整体性，努力提高自然界供给生态产品的能力，以此保证生态功能不破损而直接或间接地供给生态利益。

2. 纵向逻辑：协调中央利益与地方利益的关系

除了生态利益与经济利益的横向矛盾外，中央利益和地方利益的纵向冲突也是影响生态环境分区管控制度落地的重要利益冲突。这种矛盾的产生源于不同层级政府在生态环境治理中的角色定位、目标设定以及资源分配上的差异。首先，中央与地方的角色定位差异。中央政府通常从国家整体利益和长远发展的角度出发，制定全国性的生态环境分区管控政策。其目标是实现国民经济的长久可持续发展，维护国家生态安全和环境质量。因此，中央政府在政策制定时更注重全局性、系统性和长远性。而地方政府则是某一区域内利益集团的综合体，其首要目标是实现本地区的经济增长和社会稳定。在经济发展与生态环境保护之间，地方政府往往面临更为直接和迫切的压力。为了吸引投资、促进就业和增加财政收入，地方政府可能更倾向于牺牲部分生态环境利益来换取短期的经济增长。其次，目标设定不同。中央政府的目标是实现全国范围内的生态环境质量改善和生态系统服务功能提升。这要求各地区在经济发展过程中必须严格遵守生态保护红线、环境质量底线和资源利用上线等约束条件。地方政府在设定目标时可能更注重本地区的经济增长速度和产业结构优化。在缺乏有效激励和约束机制的情况下，地方政府可能难以平衡经济发展与生态环境保护之间的关系，导致生态环境分区管控政策执行不力或变形走样。为了协调生态环境分区管控中的中央利益和地方利益的矛盾，可以采取以下策略。第一，明确责任与权力边界。中央和地方应明确各自在生态环境分区管控中的责任和权力，确保政策执行过程中的权责对等。同时，建立健全考核机制，将生态环境保护成效纳入地方政府政绩考核体系，以激励地方政府积极参与生态环境治理。第二，建立利益补偿机制。对于因生态环境保护而遭受经济损失的地方，中央应给予相应的利益补偿。这可以通过财政转移支付、税收减免等方式实现，以减轻地方的经济负担和缓解地方的抵触情绪。第三，加强政策协同与信息共享。中央和地方应加强在生态环境分区管控政策上的协同配合，确保政策在制定、执行、监督等各个环节上保持一致性和连贯性。同时，建立健全信息共享机制，实现中央与地方、部门与部门之间的信息共享和互联互通，提高政策执行效率和监管水平。

（二）生态环境分区管控的完善路径

1. 夯实生态环境分区管控的规范基础

根据《意见》的要求，推动将生态环境分区管控要求纳入相关法律法规制定修订，鼓励有立法权的地方研究制定与生态环境分区管控相关的地方性法规。可见，生态环境分区管控的规范建设将成为未来一个时期法治工作的重点。为此，应当从以下几个方面做出努力。首先，完善生态环境分区管控的法律法规体系。依循“中央+地方”以及“专项+融合”的立法思路，可以采取“三步走”策略：一是研究制定加强生态环境分区管控的专项法律法规，明确生态环境分区管控的法律地位、基本原则、实施范围、责任主体、管控措施和法律责任等，为生态环境分区管控提供坚实的法律支撑；二是修订相关法律法规，将生态环境分区管控纳入《环境保护法》《环境影响评价法》等相关法律法规的修订中，确保生态环境分区管控与现有法律法规相衔接，形成完整的法律框架；三是推动地方立法，鼓励和支持地方根据本地实际情况，制定生态环境分区管控的地方性法规、规章和规范性文件，细化生态环境分区管控的具体要求和操作规范。其次，强化法律“硬约束”。一是明确法律责任，在法律法规中明确规定违反生态环境分区管控要求的法律责任，包括行政处罚、民事赔偿和刑事责任等，提高违法成本，形成有效的法律震慑力；二是建立健全生态环境分区管控的执法监管机制，加强执法队伍建设，提高执法能力和水平，加大对违法行为的查处力度，确保生态环境分区管控要求得到有效遵循；三是建立生态环境分区管控的监督考核机制，定期对生态环境分区管控的实施情况进行检查和评估，将生态环境分区管控的实施成效纳入地方政府政绩考核体系，强化地方政府对生态环境分区管控的责任意识。

2. 优化生态环境分区管控的制度衔接

长期以来，生态环境、自然资源等相关管理部门在技术与管理上的交流、沟通较少，导致生态环境空间管控融入国土空间规划的制度桥梁相对缺失。在上一轮市级、县级“多规合一”试点编制过程中，涉及生态环境空间管控的大部分内容以生态保护红线为主，而关于大气、水、土壤等生态环境空间管控的内容相对较少。在此次国土空间规划“五级三类”体系构建过程中，生态环境空间管控的内容迫切需要落实到“五级”空间要求中，但是在实施过程中发现两者缺乏对话交流的平台。因此，实现生态环境分区管控与国土空间规划的衔接既是现实之需，也是落实法律规定之要。首先，明确制度衔接的基础与原则。具体而言，一是保持基础底图一致，包括底图坐标系、行政区划、山体河流水系、自然资源要素、生态环境状况、各类依法设立的保护区及管控区边界范围等；二是统一生态保护红线，确保在国土空间内对重要的生态功能区域实施最严格的保护；三是以生态优先为指导理念，将生态环境保护作为国土空间规划和生态环境分区管控的核心任务。其次，加强政策协同和组织保障。一方面，要建立协同工作机制，成立跨部门协调机构或工作小组，定期召开联席会议，共同研究解决衔接过程中出现的问题；另一方面，要制定衔接方案，在生态环境分区管控方案编制、单元划定、信息共享、更新调整等过程中，与国土空间规划做好充分衔接，确保两者在目标、内容、措施等方面相互协调、相互促进。最后，强化空间分区与管控措施的协同。生态环境分区管控以区域生态环境评价结果为科学依据，将国土空间划分为禁止开发区、限制开发区和优先开发区等三类生态环境管控单元。国土空间规划则需统筹考虑生产、生活、生态的空间需求，划定生态保护红线、永久基本农田、城镇开发边界等空间管控边界。两者在空间分区上应相互衔接，确保生态环境管控单元与国土空间规划分区在功能上相互匹配。此外，生态环境分区管控应细化各类管控单元的生态环境管理要求，制定生态环境准入清单。国土空间规划则需结合空间用途和属性，提出详细的开发利用或保护要求。两者在管控措施上应相互补充、相互支撑，共同形成完整的国土空间生态环境分区管控体系。

3. 强化生态环境分区管控的技术保障

构建科学、系统、高效的生态环境分区管控技术保障体系，支撑生态环境分区管控工作的全面实施，是推动生态环境质量持续改善的重要路径。鉴于生态环境分区管控存在的技术标准体系不完善、关键性技术薄弱以及信息化平台建设滞后等问题，应从以下几个方面做出努力。首先，完善技术规范和标准体系。一是制定技术规范和标准，针对生态环境分区管控的各个环节，制定详细的技术规范和标准，明确管控要求、监测方法、评估指标等。二是推动标准国际化，积极参与国际生态环境治理标准的制定和修订工作，借鉴国际先进经验，提升我国生态环境分区管控技术的国际竞争力。其次，加强监测评估与数据支撑。一是构建监测网络，建立覆盖全域的生态环境监测网络，实现对大气、水、土壤、生态等要素的实时监测和数据分析。二是强化数据分析与评估，运用大数据、人工智能等技术手段，对监测数据进行深度挖掘和分析，评估生态环境状况及变化趋势，为制定科学的管控策略提供依据。最后，建设信息化平台与智能化系统。一方面，依托云计算、物联网等信息技术，建设生态环境分区管控信息化平台，实现数据共享、业务协同和智能决策；另一方面，开发智能化管理系统和工具，如智能监测设备、预警系统、决策支持系统等，提高生态环境分区管控的智能化水平。

参考文献

黄锡生：《生态利益衡平的法制保障研究》，北京出版社，2020。

于雷等：《中国生态环境空间分区管控制度进展报告 2020》，中国环境出版集团，2021。

姜昀：《美丽中国建设目标下完善生态环境分区管控体系建设思路》，《环境影响评价》2024 年第 3 期。

刘卫先：《也论生态整体主义环境法律观》，《政法论丛》2013 年第 2 期。

顾磊、江晓霞、陈智华：《生态学空间异质性研究进展》，《西南民族大学学报》（自然科学版）2005 年第 S1 期。

姜昀、王亚男、郭倩倩：《“三线一单”生态环境分区管控落地实施情况及应用探讨》，《环境影响评价》2022 年第 1 期。

王晓、胡秋红、杨芳：《我国生态环境分区制度建设与实施机制分析》，《环境保护》2020 年第 21 期。

宣晓伟：《区域协调、央地关系和基本权利的中央化》，《经济与管理评论》2024 年第 1 期。

方印：《环境法上的公众权利——公众环境权范畴、类型与体系》，《河北法学》2021 年第 7 期。

张璐：《环境法独立性阐释与环境法典编纂》，《中共中央党校（国家行政学院）学报》2022 年第 4 期。

焦君红：《对经济利益与生态利益的伦理分析》，《河北职业技术学院学报》2004 年第 4 期。

虞新胜：《生态利益实现的制度困境及其破解》，《长白学刊》2021 年第 4 期。

郝佳婧：《习近平生态文明思想的原创性贡献》，《中南林业科技大学学报》（社会科学版）2020 年第 2 期。

杨建国、徐艳、刘传俊：《地方生态环境治理何以发生形式主义？——基于 20 个中央生态环保督察典型案例的组态分析》，《华中农业大学学报》（社会科学版）2024 年第 2 期。

耿海清：《生态环境分区管控体系建设探讨》，《环境保护》2022 年第 6 期。

林海滨：《生态环境分区管控跟踪评估技术路径探索》，《环境影响评价》2024 年第 3 期。

杨晔、王龙飞、王琰：《推进生态环境分区管控数字化建设实践及思考》，《环境影响评价》2024 年第 3 期。

孙金龙、黄润秋：《加强生态环境分区管控　以高水平保护推动高质量发展创造高品质生活》，《环境保护》2024 年第 6 期。

G.10

国家公园立法中的利益识别与衡平

齐婉婉*

摘　要： 随着国家公园建设和立法实践的不断推进，既往以政府为主导的国家公园建设模式日益面临公共资源有限性和滞后性的问题。国家公园建设涉及多元主体的多元利益，应把握国家公园立法的历史机遇，厘清国家公园立法过程中涉及的公共利益与私人利益，探讨国家公园立法中多元利益识别与衡平的建构路径，进而在实现对国家公园有效保护的同时，发挥国家公园的生态价值和文化价值，推进国家公园治理体系的现代化建设。

关键词： 国家公园立法　公共利益　私人利益

2023年9月，十四届全国人大常委会将《生态环境法典》列入立法规划一类项目，即条件比较成熟、任期内拟提请审议的法律草案。2024年4月，十四届全国人大常委会将《生态环境法典》列入2024年度立法工作计划，力争年内提请审议，其中以国家公园为主体的自然保护地立法是重要的一环。此外，2024年5月，国务院2024年度立法工作计划发布，拟提请全国人大常委会审议的21件法律案也包括《国家公园法（草案）》。无论是作为《生态环境法典》重要组成的以国家公园为主体的自然保护地法律体系如何建构，还是作为专项立法的《国家公园法》如何规定，都是当前亟待解决的现实与理论议题。其中，基于国家公园治理体系现代化建设要求产生的公私利益衡平问题尤为重要。

---

* 齐婉婉，法学博士，南京林业大学讲师，主要研究方向为环境与资源保护法学。

一　生态文明背景下国家公园的建制

（一）国家公园的概念与特征界定

目前世界上广泛认同的关于国家公园的概念是联合国教科文组织的定义，即国家公园是一国政府对某些在天然状态下具有独特代表性的自然环境区划出一定范围而建立的公园，属国家所有并由国家直接管辖，旨在保护自然生态系统和自然地貌的原始状态，同时作为科学研究、科学普及教育和提供公众游乐、了解和欣赏大自然神奇景观的场所。相较于其他类型的自然保护地，国家公园具有独特的“自然”和“文化”属性。

首先，国家公园的“自然”属性是排除人力干预之外形成的，具体体现在两方面：一是静态的具有科学和美学价值的特定自然区域；二是动态的具有科学和美学价值的多样性特定生物和重大、持续的生态系统。

其次，国家公园的“文化”属性是国家公园的价值性和可继承性。一方面，国家公园的价值性是其基本属性，包含财产价值性和非财产价值性，将国家公园视为一种自然资源，则其具有财产价值性，为人类所利用的对象；将国家公园视为自然环境的一部分，则其具有非财产价值性的生态价值，为人类所保护的对象。另一方面，国家公园来源于自然界，不能为某人、某地所独占，是大自然遗留给人类的遗产，是属于全人类的，当代人和后代人均有权享有，因此，国家公园具有可继承性，这也是人类对国家公园加以保护的根本原因。

（二）国家公园的立法沿革

我国国家公园的立法实践是在生态文明建设、国土空间规划以及自然资源资产产权改革等多元政策背景下逐步深化的，在此之前，自然遗产和自然保护区是与国家公园较为相关的法律概念。自 1985 年加入《保护世界文化和自然遗产公约》以来，我国已经建立了中央和地方自然遗产保护和管理机构，形成了行之有效的规划、建设、监测、执法等综合管理体系，并逐步建立了符合中国国情的自然遗产管理体制机制。在自然保护区立法方面，自 1956 年我国第一个自然保护区——鼎湖山自然保护区建立以来，以《中华人民共和国自然保护区条例》为核心的一系列自然保护区立法体系日益完善。

2017 年《建立国家公园体制总体方案》首次阐明“构建以国家公园为代表的自然保护地体系”这一理念。2018 年《深化党和国家机构改革方案》成立国家林业和草原局，将其作为各类自然保护地的统一管理机构。2019 年《关于建立以国家公园为主体的自然保护地体系的指导意见》这一以国家公园为主体的自然保护地领域的纲领性文件颁布，2021 年我国第一批国家公园正式设立，我国以国家公园为主体的自然保护地体系的有关探索逐步深化。2022 年 10 月，党的二十大报告进一步明确了“以国家公园为主体的自然保护地体系建设”这一重大部署。2024 年 5 月，《国家公园法（草案）》被列入国务院 2024 年度立法工作计划。在《生态环境法典》制定背景下，我国国家公园的立法逐步深化。

二　国家公园立法中的利益识别

国家公园立法中的利益识别是实现国家公园公私利益衡平和多元共治的题中之义，随着国家公园立法进程的日益深化以及国家公园治理体系现代化建设的逐步推进，探讨国家公园立法中多元利益识别与衡平制度建设的重要性日益凸显。

（一）国家公园立法中利益识别的必要性与可行性

在国家公园立法中利益识别的必要性方面，多元主体参与国家公园保护的有效性和积极性更高。首先，当地居民保护国家公园的有效性较高。由于国家公园遭到破坏以后很难恢复，因此对国家公园的预防性保护是国家公园管护制度的重要组成部分。当地居民具有较大的保护主动性以及自觉性，能够弥补政府公共资源有限性以及滞后性的不足，对国家公园进行预防性保护。其次，当地居民保护国家公园的积极性更高。当地居民对国家公园的保护作用是其他主体无法比拟的，国家公园的保护与当地居民的切身利益息息相关，当地居民世代居住在国家公园之中，他们的生产生活方式已经融入当地生态系统，成为其中不可或缺的一部分。当地居民对国家公园更具认同感和归属感，对国家公园的保护积极性更高。因此，通过对国家公园立法中多元主体利益的识别，发挥多元主体在国家公园保护中的作用具有重要意义。

在国家公园立法中利益识别的可行性方面，我国目前以国家力量为主的推动性保护，消耗大量财力物力人力却收效甚微。随着当下国家公园建设和立法实践的不断推进，既往以政府为主导的国家公园建设模式日益面临公共资源有限性和滞后性的问题。吸收力量强大且容易集中的当地居民等多元主体参与国家公园保护能够有效弥补政府行政资源的有限性缺陷，提高国家公园保护的效率。因此全球化背景下，在中国国家公园的保护与管理中，引导规范享有和传承国家公园主体的行为，识别与保护国家公园中多元主体的利益具有较强的可行性。

（二）国家公园立法中的公共利益识别

国家公园作为自然生态系统原真性、整体性的代表，具有较高的生态价值。国家公园的首要功能是重要自然生态系统的原真性、完整性保护，兼具科研、教育以及游憩等综合功能。[①] 因此，国家公园立法中涉及的公共利益包括环境保护、公众教育、科研及游憩等。当地居民除了保护者、利益的牺牲者之外，还具有国家公园的使用者和最终利益获得者的角色。因为国家公园的建设目的除了生态环境与生态价值的保护与世代传承，还包括保障当地居民的游憩空间，提高当地居民社会福利以及促进旅游经济发展。在对受保护的利益内容的识别方面，如国家公园产生的生态效益为全社会所有，但其所在地的居民未能直接从中获得经济利益，法律不可能对某一利益主体的所

① 参见《建立国家公园体制总体方案》第五条。

有利益都加以保护或者都不加以保护，因此，对于以上识别的公共利益，在国家公园保护立法中需要有所取舍。

（三）国家公园立法中的私人利益识别

国家公园立法中的私人利益识别得益于对利益主体的识别，国家公园保护涉及的利益主体较多，法律只对部分利益主体进行保护。从社会意义上讲，国家公园立法中的私人利益主体主要指位于国家公园范围以内的人类聚落。就空间范围来讲，研究聚焦国家公园范围以内的当地居民，是国家公园立法工作的重要组成部分，居民的日常生活受到国家公园管理政策的直接影响，在社区价值、社区管理方式和社区发展诉求等方面都存在特殊性。

国家公园立法中首先涉及的私人利益是生存权。如果当地居民的确需要搬迁，必须考虑对当地居民房屋等的征收给予补偿，推进产权制度改革，为以国家公园为主体的自然保护地体系建设提供所有权制度安排；同时应考虑当地居民的生存问题，确保他们能够保持传统的生活居住方式，具有基本的生存条件。

国家公园立法中还涉及发展权等私人利益。如果当地居民不需要搬迁，也应进行相应的制度设计，使其获得相应的经济利益；通过创建生态管护岗位等方式，实行动态管理。同时，允许当地居民逐步由利用者转变为生态管护者。

三　国家公园立法中利益衡平的现状分析

首先，政府主导的国家公园保护模式存在公共资源有限性以及滞后性的不足。由于国家公园所涉区域较大，依靠单一的行政机关管理的方式难以实现有效的治理，需要构建社会多元治理模式。

其次，国家公园生态补偿制度实施困难。生态补偿制度至今仍缺乏学界统一认可的定义，究其原因主要是生态补偿法律关系尚未理顺，生态补偿的主体及调整对象仍存在争议，完善的生态补偿制度有赖于生态补偿法律关系主体的明晰。另外，对国家公园内以及国家公园外当地居民的生态补偿方式单一，也使得国家公园建设实践中生态补偿制度落实进展缓慢。

再次，当地居民参与国家公园保护制度待完善，参与意识亟待增强，参与能力有待加强。如同我国的环境保护工作一样，我国对国家公园的保护由政府主导和推动，而不是公众自发进行。从以往的经验来看，国家公园当地居民无法获得生态环境保护方面的相关知识，或者所接受的相关知识相对有限。因此在当地居民已有传统的自发性保护意识的基础上，通过宣传国家公园保护知识，更好地增强当地居民对国家公园保护意识的必要性是显而易见的。

最后，国家公园制度中当地居民的权利救济制度有待建构。我国的国家公园当地居民受自身文化素质和保护意识所限，往往无从了解相关制度，无法积极主动行使诉讼权利，致使权利受到侵害时，缺乏权利救济的意识，因此需要建构较为完善的权利救济制度，更好地保障国家公园制度中当地居民的利益。

四　我国国家公园立法中利益衡平的制度建设

我国国家公园立法中的利益衡平应遵循保护价值优先、兼顾社会价值和发挥经济价值等衡平多元价值的规范逻辑。通过识别环境保护公共利益与私人利益之间的冲突与衡平方法，确立紧急利益优先原则以及利益填补减损的路径。

（一）建立国家公园多元主体共管机制

通过对国家公园制度中当地居民利益的识别与保护，建立当地居民共管制度，引入当地居民参与国家公园管护，健全当地居民生态补偿制度，有助于增强国家公园共管能力，提升国家公园共享水平，是实现国家公园生态价值和遗产价值、促进国家公园更加有效保护与传承的重要路径。

我国国家公园制度中利益的衡平应遵循紧急性利益优先以及后置性利益补偿原则。政府应该转变国家公园政府主导管理理念，引入当地居民共同管理理念。从国际经验来看，美国国家公园管理者将自己定位为管家或服务员的角色，而不是业主。国家遗产的继承人是当代和后代美国公民，管理者对遗产只有照看维护的义务，而没有随意支配的权利。当地居民的参与不仅有助于建立长期有效的国家公园生态保障模式，还有助于国家公园的管理与保护方案得到更好的实施与执行，使得国家公园的管理与保护更加有效。创建国家公园生态管护岗位，同时允许当地居民进行特许经营，使当地居民逐步由利用者转变为生态管护者。我国规定了“政府主导，社会参与”的基本原则和立场，避免出现实践中在以政府为主导的国家公园制度中忽视当地居民利益的现象。

（二）健全国家公园生态补偿制度

首先，明确补偿主体。由于环境及生态利益的公共性等特征，生态利益的获得者较难确定，从目前我国已开展的生态补偿实践来看，生态补偿奉行“受益者补偿”等基本原则，政府在生态补偿中承担着订立补偿协议、进行财政转移支付等生态补偿义务。受偿主体是项目地区地方政府和人民，如划定国家公园造成财政减收和粮食损失，由国家财政转移支付补偿。

其次，丰富补偿方式。在资金补偿方面，应通过对国家公园建设过程中权利受损者优先授予特许经营权或者让特许经营者给予相应的经济补偿等方式，使国家公园建设过程中权利受损者的权利得到尊重。在非资金补偿方面，应积极探索当地居民能力建设等非资金补偿路径，此处的能力建设是指对生存能力以及发展能力的建设。用各种途径为居民就业、从事与国家公园运作相关的商业活动创造机会。

（三）完善多元主体参与国家公园管护制度

首先，当环境保护的公共利益与私人利益之间不冲突时，国家公园中环境保护等公共利益的实现也能够促进当地居民私人利益的实现，此时当地居民属于国家公园中的关键利益相关者，因此，应该完善公众参与国家公园管护制度。具体包括以下几个方面。第一，应增强公众意识。由于国家公园遭到破坏以后很难恢复，因此对国家公园的预防性保护是国家公园管护制度的重要组成部分。当地居民具有较大的保护主动性以及自觉性，能够弥补政府公共资源有限性以及滞后性的不足，对国家公园进行预防性保护。培养良好的保护意识就意味着国家公园保护有了很好的前提。第二，提高当地居民对国家公园的熟悉度。加大知识宣传力度，要不断深化当地居民关于国家公园的基本知识和对保护方式方法的认识，在初级教育体系中融入国家公园知识，不断深化当地居民对国家公园价值、国家公园保护以及自身所发挥作用的认识。加强居民参与国家公园生态环境保护的法治宣传。第三，对国家公园的科研以及当地居民的游憩能够提高公众对国家公园的认可度，也能增强公众的环保意识。这是对公众开展环保教育的一种途径，也是公众乐于增强能力建设的前提。

其次，在公众参与的制度建设方面，除了增强当地居民等多元主体的参与能力之外，也应完善环境信息公开制度。政府的环境信息公开是公众有效参与国家公园保护的前提，因此，政府在开展国家公园的保护工作时应注重对相关信息的公开，包括公开内容和渠道。政府应当完成对国家公园内物种与资源等信息的普查工作，并对国家公园的范围、标准和内容等信息予以公开，以使当地居民明晰国家公园的保护范围。同时当地政府在进行信息公开时，要考虑到当地居民获取环境信息的便利度以及有效性。

最后，应完善发言权与表决权制度。虽然政府作为国家公园的主要管理主体，对国家公园的保护与管理等重要事项具有占有主导性的决策权，但是，当国家公园保护和管理过程中涉及当地居民的利益时，应当听取国家公园当地居民的声音，建立保障当地居民发言权与表决权的制度。在国家公园决策之初征求当地居民的建议，同时保障当地居民的建议被国家公园的决策充分有效吸收，有助于国家公园各项决策的有效施行，提高国家公园的保护和管理效率。

（四）构建国家公园利益保障机制

首先，构建对政府国家公园管理权力的监管机制。第一，明确法定监督主体。目前我国国家公园的管理权力主体为国家公园管理局等相应的行政机构，根据“法无明确授权即禁止”的规定，对国家公园管理权力的监督应该在国家公园立法中予以明文规定。第二，明确监督主体的权力，让监督本身也置身于阳光之下。对国家公园管理权力的监督能够使国家公园的管理活动置于法定监督之下，有助于督促国家公园管理权力机构更好地行使权力与履行义务。此外，数智时代背景下对国家公园管理权力的监督还可以通过自媒体监督等新型监督方式更加高效快速地实现。

其次，构建国家公园权利救济制度。对于国家公园管理机构的行为损害公共利益或者当地居民利益的情况，国家公园立法应构建相应的救济制度。如果国家公园管理机构对国家公园的管理行为对公共利益造成损害，应该构建国家公园的行政公益诉讼制度，允许检察机关对国家公园管理机构的行为提出环境行政公益诉讼。如果国家公园管理机构的管理行为损害当地居民利益，应允许当地居民基于私法方式对其利益予以救济，当地居民有权针对不当行为主张私权救济；同时赋权相应的社会组织提起环境民事公益诉讼，通过环境民事公益诉讼制度保障国家公园涉及的私权利益。

通过对国家公园立法中多元主体利益的识别，建立当地居民共管制度，引入当地居民参与国家公园管护，健全当地居民生态补偿制度，完善多元主体参与国家公园管护制度，构建国家公园利益保障机制，有助于增强国家公园共管能力，提升国家公园共享水平，促进国家公园立法中公私利益的衡平和国家公园的多元共治，为进一步促进国家公园立法工作的高效开展、推动国家公园治理体系现代化建设提供重要的路径参照。

参考文献

陈慈阳：《环境法总论》，中国政法大学出版社，2003。

吕忠梅等：《自然保护地立法研究》，法律出版社，2022。

王文革主编《国家公园法律制度研究》，法律出版社，2023。

王曦：《美国环境法概论》，武汉大学出版社，1992。

陈海嵩：《中国生态文明法治转型中的政策与法律关系》，《吉林大学社会科学学报》2020 年第 2 期。

杜群：《环境法体系化中的我国保护地体系》，《中国社会科学》2022 年第 2 期。

胡大伟：《自然保护地集体土地公益限制补偿的法理定位与制度表达》，《浙江学刊》2023 年第 1 期。

高利红等：《我国自然遗产保护的立法合理性研究——兼评〈自然遗产保护法〉征求意见稿草案》，《江西社会科学》2012 年第 1 期。

李爱年、肖和龙：《英国国家公园法律制度及其对我国国家公园立法的启示》，《时代法学》2019 年第 4 期。

李启家：《环境法领域利益冲突的识别与衡平》，《法学评论》2015 年第 6 期。

刘超、邓琼：《自然保护地社区治理机制的逻辑与构造》，《学习与实践》2023 年第 5 期。

刘超：《自然保护地立法维护国家生态安全的法理与机制》，《中国人口·资源与环境》2024 年第 8 期。

吕忠梅、刘佳奇：《自然保护地体系立法理路》，《世界社会科学》2024 年第 1 期。

齐婉婉、柯坚：《自然保护地政府规制行为的规范化——以类型化分析为进路》，《旅游科学》2021 年第 5 期。

秦天宝：《论国家公园国有土地占主体地位的实现路径——以地役权为核心的考察》，《现代法学》2019 年第 3 期。

汪劲：《论〈国家公园法〉与〈自然保护地法〉的关系》，《政法论丛》2020 年第 5 期。

吴凯杰：《生态环境法典自然保护地制度构建研究》，《法学》2024 年第 10 期。

谢忠洲、陈德敏：《类型化视域下自然保护地立法的制度建构》，《重庆大学学报》（社会科学版）2021 年第 1 期。

徐菲菲：《制度可持续性视角下英国国家公园体制建设和管治模式研究》，《旅游科学》2015 年第 3 期。

齐婉婉、柯坚：《论政府在生态保护补偿制度中职能的法律属性》，《广西社会科学》2021 年第 6 期。

叶俊荣：《环境立法的两种模式：政策性立法与管制性立法》，《清华法治论衡》2013 年第 3 期。

周武忠：《国外国家公园法律法规梳理研究》，《中国名城》2014 年第 2 期。

G.11
“以竹代塑”的市场前景、潜在问题及展望

王泗通*

摘　要：　“以竹代塑”产业的快速发展对解决塑料过度使用引发的生态环境问题以及促进经济社会生态的可持续发展具有重要意义。竹子作为绿色、低碳、环保的生物质材料，有力地推进了“以竹代塑”产业的发展进程。但受诸多不利因素的影响，“以竹代塑”产业仍存在市场占有率相对较低、市场秩序较为紊乱、公众消费行为相对不足、核心技术创新较为匮乏等潜在问题，严重影响了“以竹代塑”产业体系的形成。由此提出政府重视开辟发展新道路、市场聚焦激活产业新动力、社会突出助力消费新风尚以及技术关注数字赋能新动能的未来政策取向，以真正促进“以竹代塑”产业体系的形成以及实现经济社会生态的可持续发展。

关键词：　“以竹代塑”　竹制品消费　生物质材料

党的二十大报告指出，“发展绿色低碳产业，健全资源环境要素市场化配置体系，加快节能降碳先进技术研发和推广应用，倡导绿色消费，推动形成绿色低碳的生产方式和生活方式”。习近平总书记更是强调，“要通过高水平保护，不断塑造发展的新动能、新优势，着力构建绿色低碳循环经济体系，加快形成科技含量高、资源消耗低、环境污染少的产业结构，大幅提高经济绿色化程度，

* 王泗通，社会学博士，南京林业大学人文社会科学学院副教授，主要研究方向为环境社会学、社会治理。

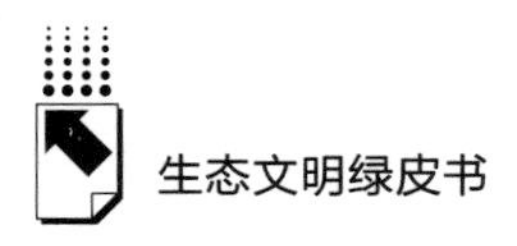

有效降低发展的资源环境代价，持续增强发展的潜力和后劲”。[1] 然而，塑料产业在促进经济社会快速发展的同时，也带来了严重的生态环境问题，随着经济社会发展更加强调可持续发展，推动塑料产业的绿色发展逐渐成为重要趋势。国家发展改革委等部门印发的《加快“以竹代塑”发展三年行动计划》中提出，以构建“以竹代塑”产业体系为重点，着力抓好竹林资源培育、竹材精深加工、产品设计制造、市场应用拓展等全链条全要素协调发展，有效提升“以竹代塑”动能、产能、效能，推动“以竹代塑”高质量发展，助力减少塑料污染。“以竹代塑”主要是指利用竹子的特性将其应用到原本由塑料制成的领域，从而减少塑料使用量，推动塑料产业的绿色低碳发展。

但由于“以竹代塑”还处于起步阶段，产业发展受到多方面因素的制约，产品竞争力相对较弱。目前，大部分竹材采用人工采集方式，采集成本高，竹材加工过程自动化水平低，产业集聚效应不明显。尽管我国拥有丰富的竹类资源，但竹子利用率仅为20%左右，开发程度最高的毛竹利用率不足30%，得到开发利用的竹种仅有20多种，占全部竹种类的2.5%，大量特色优良竹种尚未被完全开发利用。故而，不少学者指出，要加快推进“以竹代塑”产业发展的市场供需对接，强调市场需求对产业发展的重要性。但实践中，公众对“以竹代塑”的认知程度相对较低，不少公众对“以竹代塑”政策的了解相对较少，导致政府在推动“以竹代塑”产业发展的过程中困难重重，严重影响了“以竹代塑”产业的市场前景。鉴于此，本报告拟以“以竹代塑”产业发展为切入点，着重关注“以竹代塑”产业的市场前景及存在的问题，进而提出“以竹代塑”产业的未来政策动向，以期为推进“以竹代塑”产业发展以及构建绿色低碳循环发展经济体系提供有益的经验借鉴。

一 “以竹代塑”的市场前景

有效推进塑料污染全链条治理，加快推动“以竹代塑”产业发展，已

---

① 习近平：《推进生态文明建设需要处理好几个重大关系》，《求是》2023年第22期。

然成为推动绿色低碳经济发展的重要举措。竹制品的传统优势以及市场需求，公众对竹制品持有的积极态度，使得竹制品展现出较大的市场前景。作为世界竹资源最为丰富以及竹制品历史最为悠久的国家，我国竹制品具有显著的生态优势和丰富的文化价值，较好地满足了绿色低碳经济的发展要求。公众对于竹制品的消费意愿和推荐意愿比较积极，很多公众能清楚地认识到塑料制品的危害性，“以竹代塑”也将有利于公众进一步增强使用绿色、低碳产品的意识。同时，国家推行的“以竹代塑”的理念与政策不仅顺应了时代绿色发展的号召，还带动了我国竹产业链发展，为产业发展模式创新注入新的动力。

（一）公众消费意愿创新高

随着绿色低碳产品市场占有率的稳步提升，绿色低碳消费逐渐成为社会生活新风尚，要求政府有序引导公众自觉形成绿色低碳消费行为。国家发展改革委等部门发布的《促进绿色消费实施方案》提出，全面促进重点领域消费绿色低碳转型，建立健全绿色消费制度保障体系，到 2030 年，绿色低碳消费方式成为公众自觉选择，绿色低碳产品成为市场主流。公众绿色低碳消费意愿将直接影响公众绿色低碳消费行为的形成以及绿色低碳目标的实现。竹子作为绿色、低碳、环保的生物质材料，对全球化背景下生态环境问题的破解具有重要促进作用。“以竹代塑”是旨在以竹制品替代塑料制品的可持续发展行动，主要包括全竹产品以及竹基纤维复合材料对塑料制品的全部替代，对推动传统生产模式的转变、促进竹资源生态优势转化为经济优势具有重要意义。随着竹制品消费市场空间的稳步扩大，公众对竹制品表现出积极的消费态度。一方面，竹制品进入公众消费日常，不仅使得公众意识到生态环境保护的重要性，还使得公众认识到竹制品逐渐替代塑料制品的必要性。另一方面，竹制品的绿色低碳消费理念得到了公众的极大认可，公众的购买意愿相对较高，逐渐形成绿色低碳消费的良好氛围。

（二）竹制品消费新热潮

我国是世界上竹资源最为丰富的国家，在很多竹资源较为丰富的农村地区，竹制品是农民日常生产生活的重要资源。依托丰富的竹资源编制的竹筐、竹篮、扫帚等竹制品，不仅成为农民日常生产生活的重要必需品，还成为农民家庭的重要副业经济来源。“以竹为生”的农村生产生活方式以及源远流长的竹制品传统手工艺，造就了富有中国特色的竹制品消费市场。然而，随着城镇化和工业化的快速发展，传统竹制品受到了严重的冲击，特别是塑料制品的快速发展，使得很多传统竹制品被替代。“以竹代塑”的绿色低碳消费理念的提出，为竹制品市场注入了新的活力。首先，更多富有绿色低碳特性的竹制品进入公众日常生活，使得公众更加重视竹制品的功能提升，从而推动竹制品消费市场更加多样化；其次，竹制品成为保护生态环境的重要产品，逐步替代塑料制品，间接提升了公众对竹制品的关注程度以及消费意愿。总而言之，“以竹代塑”有利于推动公众重新认识竹制品的经济价值以及生态价值，推动竹制品消费市场的全面更新。

（三）产业发展新蓝海

“因竹而富”已然成为竹制品产业发展的新蓝海。“以竹为生”阶段，竹制品更多只是简单的日常生活必需品，随着很多现代企业进入竹制品市场，竹制品产业集群发展趋势愈加明显。一方面，许多更加专业的竹制品产业开始快速发展，诸如竹凉席、竹炭、竹食品、竹纤维、竹工艺品等竹制产品，迅速成为公众消费的主要产品，在很大程度上推动竹制品产业走向集群发展。比如，我国竹资源较为丰富的浙江安吉，专门打造国际竹艺商贸城，成为国内唯一一家具备商贸、研发、物流、旅游等多功能的大型竹制品专业交易市场。另一方面，竹制品产业更加多样化，横跨一二三产，如建筑、装饰、家具、造纸、包装、运输、食品、纺织、化工、工艺品和一次性产品等领域都有竹的用武之地。竹制品对塑料制品的替代，极大地丰富了竹制品的产业体系。比如，在农业领域，以竹纤维为原料制作的薄膜可以代替塑料大棚；竹缠绕技术使竹纤维不仅能够替代塑料管道，还能用来制造高铁车厢、建造房屋；竹浆经过碎浆、热压、成型等工序，还能变成一次性环保餐具。以上这些将会使“以竹代塑”培育更加多样化、多元化的竹制品产业体系。

二　“以竹代塑”产业存在的潜在问题

竹制品的显著政策优势、产业优势以及生态优势，使其具有良好的市场前景，“以竹代塑”产业的快速发展，对减少塑料制品使用及塑料污染具有重要促进作用。同时，绿色低碳消费理念的兴起，也使得公众对竹制品表现出较高的认可，从而使得竹制品市场需求不断增长。但“以竹代塑”产业仍处于起步阶段，“以竹代塑”产品在表现出巨大市场潜力的同时，存在市场占有率相对较低、市场秩序较为紊乱、公众消费行为相对不足以及核心技术创新较为匮乏等问题，不仅影响了“以竹代塑”产业的可持续发展，还影响了公众对“以竹代塑”产品的消费好感。

（一）市场占有率相对较低

作为新兴产业，“以竹代塑”在为减少塑料污染提供新思路和新智慧的同时，为竹制品市场注入新的活力。但当前竹制品产业集群过于集中，导致竹制品类型较为单一、同质化较为严重，难以真正满足公众的多元化消费需求，进而导致竹制品市场占有率相对较低。当前畅销的竹制品价格偏低，大多为小型的“家具用品”和“餐具厨具”类产品，公众主要消费的竹制品局限于传统家居用品领域。调查发现，尽管大多数公众表示愿意在“以竹代塑”的政策下支持竹制品替代塑料制品，但在实际消费过程中，塑料制品价格低于竹制品，导致不少公众仍会选择消费塑料制品。同时，当前很多竹制品附加值不高，缺乏有影响力的品牌与特色产品，难以形成市场竞争优势。比如，竹签、竹筷、竹吸管等“以竹代塑”产品，技术含量相对较低，生产企业规模也相对较小，且企业分布较为分散。这些小企业为了抢夺市场份额，常采取产品模仿、成本挤压、违规生产等方式，进行恶性低价竞争，在一定程度上反而影响了“以竹代塑”产品的市场占有率。

（二）市场秩序较为紊乱

市场秩序是市场运行状态的现实反映，表现为市场主体能否按照市场规范履行职责。一方面，市场秩序是市场主体行为的重要规范，市场秩序将直接影响市场主体的竞争行为；另一方面，市场秩序是市场主体有序发展的重要保障，只有形成良好的市场秩序才能实现市场主体的有序发展。“以竹代塑”产业的有序发展也离不开良好的市场秩序。然而，不少“以竹代塑”企业为了获取更多收益，通过恶意抬高价格、虚假宣传等方式扰乱了市场秩序，不仅破坏了“以竹代塑”产品的市场环境，还损害了公众的基本利益。比如，竹塑复合材料由于高强度、耐用性、稳定性等优良的性能受到市场的欢迎，但比起天然的竹材料，其在特殊处理的过程中添加的其他化学物质容易对环境造成破坏。有些企业为了牟取暴利，竟使用劣质竹塑复合材料降低生产成本，导致竹制品市场秩序较为紊乱。实际上，竹制品市场还缺乏有效的监督机制和体系，劣质的竹制品流入市场，使竹制品质量参差不齐，破坏竹制品的口碑，影响消费者对竹制品的评价和消费意愿。不符合安全标准的竹制品更会给消费者的健康带来威胁，大大降低公众对竹制品的信任程度。

（三）公众消费行为相对不足

市场效应理论认为，消费市场规模的不断扩大以及消费结构的转型升级，会直接影响特定产业的发展，特别是本土消费市场规模的扩大，将更加有利于本土产业的快速发展。“以竹代塑”作为新兴产业，其发展也有赖于公众的消费，即公众对“以竹代塑”产品的认可程度以及消费行为将直接影响“以竹代塑”产业的发展。实践中，公众对“以竹代塑”产品的消费却出现明显的“知行不一”问题。一方面，尽管公众对“以竹代塑”产品表现出较高的消费意愿以及推荐意愿，对“以竹代塑”产业的发展也展现出较高的正向评价，但在实际消费过程中，公众消费行为仍相对不足。比如，部分公众对购买“以竹代塑”产品持完全支持态度，认为以竹制品替代塑料制品有利于经济社会的绿色低碳发展，但在实际选购过程中，仍不愿意过多尝试“以竹代塑”产品。另一方面，不少人对“以竹代塑”产品的安全还存在许多担忧，比如，以竹纤维为基础生产的新型竹塑产品，虽然很多宣传认为这些产品多由“天然”的竹纤维制作而成，但实际上新型竹塑产品长期高温加热也会引起一定的健康问题，由新型竹塑材料制造的餐具仍存在一定的安全隐患。

（四）核心技术创新较为匮乏

现代产业发展中，技术创新是企业生存发展的重要保障。技术创新不仅有助于企业将新技术、新工艺等应用于新产品研发，还有助于企业提升产品品质。但实践中，“以竹代塑”产品技术创新严重不足，不少企业缺乏核心竞争技术，不仅市场竞争力较低，而且市场销售渠道难以打开。一方面，很多“以竹代塑”企业的设备较为落后，生产技术落后，不少企业仍采用传统的生产工艺，导致“以竹代塑”产品品质不高，难以满足公众对新奇、美观、时尚的需求。另一方面，不少企业尚未打破传统的经营模式，盲目生产“以竹代塑”产品，只重视“产”，忽略了“销”。另外，竹材采集技术、加工技术、竹业机械技术等需要进一步提升，“以竹代塑”计划要推行的不仅是全竹制品，也包括含竹纤维的竹基复合材料，这些都需要技术创新。归结而言，研究竹材技术创新的人才不足，竹制品的研发技术难以取得突破，生产的竹制品无法满足消费者多样化的需求，制约着整个行业的长足发展。此外，很多竹纤维产品由于技术受限，无法完全替代塑料产品的性能，需要解决发霉、变形等核心问题，而掺杂其他聚合物的复合竹材料产品，剩余的化学物质可能又难以自然降解，更需要材料上的技术创新。

三 “以竹代塑”的未来展望

国家大力推行“以竹代塑”产业发展的理念与政策不仅顺应了绿色低碳发展的号召，而且将带动中国竹产业链发展，为全新的产业模式和产业发展注入新的动力。特别是竹制品市场快速发展，在减少塑料垃圾污染方面做出了重要贡献，但“以竹代塑”产业发展过程中存在的诸多问题，要求政府进一步细化“以竹代塑”产业发展的未来政策取向，以更好地推进“以竹代塑”产业的快速发展。因此，针对“以竹代塑”产业高质量发展的根本目标，本报告将从政府、市场、社会、技术四个角度提出“以竹代塑”产业的未来政策取向。政府重视开辟发展新道路，市场聚焦激活产业新动力，社会突出助力消费新风尚，技术关注数字赋能新动能，如此才能真正促进“以竹代塑”产业体系的形成以及实现经济社会生态的可持续发展。

（一）政府重视开辟发展新道路

产业的快速发展离不开政府的有力支持，政府可通过战略规划推动产业的超常规发展。绿色低碳产业的发展，更是离不开政府强有力的政策支持。聚焦“以竹代塑”产业的发展，政府相关职能部门要及时出台、完善相关政策，落实优惠政策。政府明确角色定位，把握好宏观管理的度，科学地制定政策，宏观调控资源配置，加强规划引领，建设竹产业集群。重点支持竹产业科技创新、竹产业新型经营主体培育，鼓励竹制品企业发展，进一步提升竹制品的市场竞争力和占有率，促进竹制品产业的快速发展。同时，政府需要注重人才引进，通过建立人才交流机制培育专业化技术人才，实施联合人才培养计划，并且建立健全的表彰机制与晋升机制，激励技术人才。政府还要加强建设“以竹代塑”应用推广基地，加大对相关技术的研发投入力度，为专业人才搭建发展的舞台。此外，政府也要以市场需求为导向，拓宽竹制品销售渠道，加大“以竹代塑”宣传普及力度。政府相关职能部门应利用目前主流媒介渠道进行竹制品的市场推广和宣传，利用电商平台和网络营销手段，拓宽竹制品的销售渠道。要以青壮年特别是大学生群体为核心推广人群，在高校、企业、商场等场所举办相关论坛、展览会等活动，普及“以竹代塑”政策及理念，展示竹制品的优势。

（二）市场聚焦激活产业新动力

加快推进现代化产业体系建设已然成为中国式现代化发展的重要举措。随着我国产业规模的持续增长以及产业结构的不断优化，更加有效地释放市场主体活力，逐渐成为现代产业高质量发展的必由之路。市场主体作为产业发展的重要载体，自负盈亏以及追求利润最大化的特性，使其成为引领产业发展的重要驱动力。“以竹代塑”产业的发展也离不开市场主体的积极推进，特别是市场主体可通过需求导向的产品创新、品牌建设与市场推广、行业协作等方面为竹制品产业注入新动力。首先，市场主体要不断改进材料和技术，重点突破竹重组材、竹基复合材料等新型竹材生产制造技术，提升竹制品的性能。针对市场上消费者对竹制品品质、价格、美观度的需求，市场主体需注重原材料的防腐防潮处理，提高产品的耐用性，并对竹制品合理定价。比如，湖南靖州市场主体积极将竹产业由传统制品延伸至竹塑环保新型材料、竹纤维精深加工等领域，有力地推动了地方竹制品产业的快速发展。其次，在营销方面，市场主体可以运用电商平台拓展销售渠道，通过直播等方式向市场推广竹制品。市场主体要优化产品设计，做出更加优质的竹制品，满足消费者多样化的需求。比如，浙江安吉的市场主体充分利用电商平台实时推出新型竹制产品，为消费者提供更加多样化的消费体验。市场主体还可以通过树立独特的品牌形象，打响“国货”招牌，提升品牌知名度，利用广告、代言等方式，提升消费者对竹制品的认可度和接受度。最后，市场主体要加强竹制品产业合作，积极寻求产业链上下游市场主体间的深度合作，通过整合资源、交流人才、共享技术，在产业链协同效应下优势互补，共同推动竹制品市场的发展。市场主体可以借助政府搭建的行业交流资讯平台，获得与科研机构、高校等合作的机会，实现信息共享与技术合作，增强整个行业的市场竞争力和影响力。

（三）社会突出助力消费新风尚

“以竹代塑”市场的发展需要社会多元消费主体协同推进，只有在公众、环境保护者、社会组织及企业单位等多方共同参与下，“以竹代塑”的绿色消费观念才会成为社会消费新风尚。公众需要在日常生活中减少对塑料制品的购买和使用频率，减少塑料垃圾的产生。一方面，公众需要增强自身的环保意识，在消费时可以选择购买合适的竹制品替代塑料制品，以实际行动支持“以竹代塑”。另一方面，公众可以向家人、朋友和同事介绍竹制品，积极反馈竹制品的使用情况，提出改进意见，从而推动竹制品的不断完善和创新。比如，江苏溧阳致力于“以竹代塑”产品的推广和应用，以多元化的宣传方式向公众传递绿色消费理念，使得“以竹代塑”产品消费逐渐成为当地新风尚。环境保护者可以通过研讨会等渠道提出对“以竹代塑”相关国家政策和情况的认知和建议，联合技术人员探究“以竹代塑”发展的真实情况和反馈，深入研究现有的环保政策和法规，提出具体的政策建议。通过联合典型地区和企业进行项目合作，引导更多地区和企业加入“以竹代塑”的行列，为进一步发展“以竹代塑”提供动力。作为消费主体的社会组织和企业单位，需要树立责任感，做好示范。在采购办公、活动、日常用品时，可以优先选择竹制品，在自身运营和活动中增加竹制品使用频率，减少塑料制品的使用。社区、学校宣传相关信息，定期发布宣传资料，也可以举办各类活动，如讲座、交流会、手工比赛等，加深社会大众对竹制品的认知。

（四）技术关注数字赋能新动能

数字技术的快速发展，在促进产业升级以及产业结构转型等方面发挥着重要作用。同时，现代产业的快速发展也需要不断适应数字技术的发展，以适应时代发展的新潮流。比如，国家林业和草原局以“以竹代塑”为契机，积极倡议地方政府切实提高数字技术赋能，为竹制品产业的蓬勃发展注入新的活力。因此，“以竹代塑”产业的发展也要有效嵌入数字技术，实现“以竹代塑"产业升级以及产业结构转型。一是要依托数字化技术，突破技术壁垒，实现产业创新发展，通过大数据及时收集资料，引导和鼓励社会资本参与特色竹产业基地建设。利用先进的数字化设备和生产技术，重点突破技术难题，实现竹制品生产的智能化、自动化和绿色化，优化竹种结构，适度发展竹下经济，实现竹林科学化经营。比如，福建南平将科技创新作为"以竹代塑"产业发展的关键，创新"以竹代塑"产品关键技术，以数字技术创新，打破"以竹代塑"产业发展壁垒。二是要通过数字化管理，利用物联网技术和遥感监测等手段，及时更新数据，管理和掌握竹资源情况，制定科学的采集和利用计划。既要通过搭建网络竹产业数字平台，利用互联网平台进行数字化推广，增加竹制品销量，也要建立监管平台，利用信息技术对竹产业生产进行实时监控，并且为消费者提供反馈渠道，及时改进产品与服务。三是要构建数字化生态，打造数字化平台，贯通产业链，带动整个产业生态圈发展。政府需聚焦产业数字化发展，通过构建数字化平台，将产业基础设施、企业、高校等融合起来，建设产业生态圈。通过软件园、产业园和产业集群建设，推动信息共享、数据流通、业务协同，以大型企业带动中小型企业的快速发展。

四　结论与讨论

"以竹代塑"产业的发展对减少塑料垃圾污染以及促进绿色低碳经济发展具有重要作用，"以竹代塑"产品的巨大市场潜力，有力地促进了竹制品产业的快速发展。竹制品的生态优势、政策优势以及产业优势，不仅使公众对竹制品表现出极高的消费意愿，更推动竹制品消费更加多元化、多样化。竹制品产业的快速发展，也为绿色低碳经济发展注入了新的活力，创新了产业发展模式。然而，"以竹代塑"尚处于探索阶段，产业发展过程中还存在不少潜在问题，严重影响了"以竹代塑"产业的高质量发展。"以竹代塑"产品为市场注入了新的活力，但竹制品产业集群过于集中，不仅导致竹制品市场占有率相对较低，还导致竹制品类型较为单一，同质化竞争现象较为严重，“以竹代塑”企业为了获取更多收益，通过恶意抬高价格、虚假宣传等方式扰乱了市场秩序。此外，尽管大多数公众能认识到塑料制品的危害性，有一定的绿色环保意识，但在“以竹代塑”产品消费过程中，却因竹制品利用时间较短等，不愿意过多尝试“以竹代塑”产品。实际上，上述这些潜在问题与“以竹代塑”产业核心技术创新较为匮乏有直接的关联，不少“以竹代塑”企业缺乏核心竞争技术，不仅市场竞争力较低，市场销售渠道也难以打开。

在国家大力推行“以竹代塑”的背景下，作为“以竹代塑”产业发展重要主体的政府，需要联合市场主体以及社会主体，进一步细化“以竹代塑”产业发展的未来政策取向，更好地推进“以竹代塑”产业的高质量发展。首先，政府要通过战略规划推动产业的超常规发展，及时出台、完善相关政策，落实优惠政策及企业奖励机制，为“以竹代塑”产业开辟发展新道路。其次，市场主体作为产业发展的重要载体，要通过需求导向的产品创新、品牌建设与市场推广、行业协作为竹制品产业注入新动力，特别是要与政府进行信息共享与技术合作，增强整个行业的市场竞争力和影响力。再次，“以竹代塑”市场的发展需要社会多元消费主体协同推进，通过社会主体“以竹代塑”绿色消费观念的养成，逐渐推动“以竹代塑”产品消费成为社会消费新风尚。最后，随着数字技术在促进产业升级以及产业结构转型等方面发挥重要促进作用，“以竹代塑”产业也要运用数字技术突破技术壁垒，实现产业创新发展。只有对竹资源进行合理开发与利用，才能推动传统生产模式的转变，促进竹资源生态优势向经济优势的转换，才能实现绿色低碳发展最终目标。

参考文献

陈阿江、汪璇：《耿车模式环境转型的社会逻辑——创新扩散视角下的产业转型分析》，《河海大学学报》（哲学社会科学版）2023 年第 4 期。

杜庆昊：《数字经济赋能东北地区产业升级的逻辑与路径》，《社会科学辑刊》2024年第3期。

耿国彪：《“以竹代塑”一场引领全球的新时代“绿色革命”》，《绿色中国》2022年第22期。

黄俊毅：《我国竹产业大步迈向现代化》，《经济日报》2023年8月23日，第6版。

〔瑞典〕卡尔·贝内迪克特·弗雷：《技术陷阱》，贺笑译，民主与建设出版社，2021。

李许卡、张占斌：《构建我国现代化产业体系的六条路径》，《理论探索》2024年第3期。

刘鸽：《企业技术创新对策综合分析》，《企业经济》2011年第4期。

鲁可荣、胡凤娇：《以竹为生：乡村传统手工艺的集体记忆建构及价值传承》，《广西民族大学学报》（哲学社会科学版）2018年第5期。

马骥、汤小银：《产业集群网络、结构演化与协同发展——以叶集木竹产业为例》，《安徽师范大学学报》（人文社会科学版）2019年第4期。

王曙光：《优质产业营商环境构建与新质生产力发展》，《新视野》2024年第4期。

习近平：《推进生态文明建设需要处理好几个重大关系》，《求是》2023年第22期。

夏天生、施卓敏、赖连胜：《从众情景下社会排斥与亲社会消费行为的关系》，《管理科学》2020年第1期。

谢屹、庄云鹏、胡阳瑞：《加快“以竹代塑”绿色产业发展的市场供需对接机制研究》，《节能与环保》2024年第1期。

张东敏、沈梦雪：《环境税对公众绿色消费水平影响机制检验——基于供求双重视角》，《税务与经济》2024年第4期。

张国良、陈倩男、叶雯：《基于生态文明的竹产业集群区域品牌建设发展路径研究》，《科学管理研究》2017年第6期。

张昊：《居民消费扩张与统一市场形成——“本土市场效应”的国内情形》，《财贸经济》2020年第6期。

张继亮、王映雪：《市场秩序的经济发展价值及伦理建构的社会资本路径》，《广西社会科学》2019年第7期。

G.12

我国林草全面现代化建设面临的挑战及对策*

袁梨梨**

摘　要：　21世纪林政事业，是既见树木，又见森林，复见草原、湿地、自然保护地。在百年未有之大变局下，我国林政事业取得了瞩目的成绩，也面临新的挑战。林草现代化建设是人与自然和谐共生的现代化。全面推进我国林草现代化建设是中国式现代化建设的重要内涵。在林草全面现代化建设的事业中，需要深入推进系统治理、法治保障、林业产业发展、智慧林业、发扬林草精神等五个方面的工作，切实抓好生态保护、生态恢复、生态重建、生态治理、生态服务、生态富民、生态安全七条战线工作。林草建设是我国最大的生态环境建设工程。全面推进林草现代化建设是一项系统事业，需要齐心协力促进林草高质量发展。

关键词：　新质生产力　美丽中国　数字林草

2024年4月3日，习近平总书记在参加首都义务植树活动时强调“绿化祖国要扩绿、兴绿、护绿并举”“推动森林‘水库、钱库、粮库、碳库’更好联动”①。林草现代化建设正是其重要内涵之一。2024年7月，党的二

---

* 本报告为江苏省社科基金项目现代化视域下英国公民人文主义研究（项目编号：2021SC006）的研究成果。

** 袁梨梨，历史学博士，南京林业大学讲师，主要研究方向为林业文化史、生态文明史。

① 《全民植树增绿　共建美丽中国》，中国共产党新闻网，2024年4月4日，http://cpc.people.com.cn/n1/2024/0404/c64094-40209724.html。

十届三中全会通过的《中共中央关于进一步全面深化改革　推进中国式现代化的决定》（以下简称《决定》）对林草现代化提出了进一步的要求。林草现代化建设是中国式现代化的题中应有之义，是全面推进生态文明建设的题中应有之义，是统筹推进五位一体总体布局的重要组成部分。注重生态环境保护，深化生态文明体制改革，全面推进我国林草现代化建设事业，为建设人与自然和谐共生的现代化而努力。

林草系统所负责管理的林地、草地、湿地、沙地等重要生态系统面积占国土陆地面积的50%以上，监管的各类自然保护地达1.18万处，是我国生态文明建设的主阵地。这些领域还具有巨大的土地潜力、资源潜力、物种潜力和社会就业潜力，对于促进农民就业增收、推进乡村振兴、推动经济绿色发展发挥了不可替代的重要作用。全国绿化委员会办公室2024年3月公布的《2023年中国国土绿化状况公报》显示，全国全年完成造林399.8万公顷，种草改良437.9万公顷，治理沙化石漠化土地190.5万公顷，均超额完成年度任务，并全部实现落地上图。我国草地面积为39.68亿亩，位居世界第一，草原综合植被盖度达到50.32%。湿地总面积为8.45亿亩，位居全球第四，实现了依法保护和全面保护。2023年，全国发生森林火灾328起，受害森林面积为4134.06公顷，较上年同期分别下降53.74%和39.68%；发生草原火灾15起，较上年同期减少29%。全年新增水土流失治理面积6.3万平方公里。

我国林草信息化、科学化、智能管理化水平不断提升，林业草原发展中的基层体制机制性障碍仍然突出，林草高水平保护和高质量发展的政策机制还不完善。《决定》对全面推进生态文明现代化提出了更为深入的明确要求，对林草治理体系提出了更高的要求，为推动林业草原深化改革发展提供了根本遵循，必将促进林草监督管理水平的全面提升，加快实现林草治理体系和治理能力现代化，为推进人与自然和谐共生的现代化建设做出重要贡献。

一　我国林草现代化建设取得的成就

党中央高度重视林草事业，近年来做出一系列重大决策部署、采取一系列重大举措加快推进林草现代化建设事业，巩固和发展了新时代生态文明建设成果。我国林草事业稳步推进，在多个方面取得了重要成果。

（一）林草现代化建设制度体系不断完善

我国林草制度更为完善，全国各地已逐步建立起权责清晰、职责明确的林长责任制度体系。2020 年 12 月，中央全面推行林长制，截至 2024 年 4 月全国全面建立了林长制。2023 年，集体林权制度改革取得新突破。中共中央办公厅、国务院办公厅印发《深化集体林权制度改革方案》，进一步推进了集体林改再出发。福建、江西、重庆启动深化集体林改先行区建设，推动 7 个全国林业改革发展综合试点市建设。在 8 个省份开展集体林可持续经营试点。印发《国有林场试点建设实施方案》，布局服务集体林改等 3 类试点林场 600 个。例如，福建武平建设“数字林业”，探索建立以森林经营方案为基础的管理制度，创新发展多功能林业；江西资溪对森林资源进行数字化确权颁证，启动人工商品林主伐限额年度结转试点，建立林权代偿收储担保平台。

2023 年，我国林长制全面推深做实。开展林长制督查考核与激励，4 市 4 县林长制实施获得 2022 年国务院督查激励。各地完善林长履职方式，切实发挥林长制牵头抓总作用。这一年，林草资源保护管理持续加强。持续开展森林督查、全国打击毁林毁草、“三北”地区林草湿荒资源综合执法、自然保护地问题排查整治、候鸟保护、“清风行动”、“网盾行动”等一系列专项行动，有效遏制了破坏林草资源的违法行为。有效加强大熊猫等野生动植物保护管理，设立麋鹿国家保护研究中心，调整发布《有重要生态、科学、社会价值的陆生野生动物名录》，发布首批 789 处陆生野生动物重要栖息地名录。加强有害生物防控，强力推进松材线虫病疫情防控五年攻坚行动落实落地，深入开展包片指导，联合公安部、海关总署部署开展“护松 2023”涉松材线虫病疫木违法犯罪行为专项整治行动，启动实施互花米草防治专项行动。积极防范部署，扎实推进森林草原防灭火一体化，加大防火包片蹲点、隐患排查、联防联控和网格化管理力度，生态安全防线进一步筑牢。

国家公园保护制度体系不断完善。国家公园在自然保护地体系中处于主体地位。2023 年，以国家公园为主体的自然保护地体系建设迈出新步伐。印发实施首批 5 个国家公园总体规划，完成建设成效评估。落实《国家公园空间布局方案》，稳妥推进国家公园创建设立，成功举办第二届国家公园论坛。持续推进《国家公园法》立法进程，修订《中华人民共和国自然保护区条例》和《风景名胜区条例》，印发《国家级自然公园管理办法（试行）》。基本形成全国自然保护地整合优化方案。

（二）林草产业和林下经济管理经营成绩显著

林草部门坚持生态优先、绿色发展，不断壮大特色优势产业、生态富民产业、绿色经济产业，积极打通“两山”转化通道，建立健全生态产品价值实现机制，更好实现生态美与百姓富有机统一。

2023 年，围绕国有林场强基础、增动能，不断加大深化改革和示范建设力度，国有林场现代化和绿色发展的美好蓝图正加快变为现实。积极探索国有林场绩效考核激励机制。贵州、广西两省区和浙江东方红等 3 个国有林场开展国有林场绩效考核激励机制试点，总结形成了经营项目绩效、二次分配、全员竞聘等多种模式。抓好国有林场森林经营方案实施和成效评价。全面完成国有林场边界矢量数据落界成图工作，构建国有林场数据库和感知系统。浙江开展现代化林场和智慧林场建设，制定首个县级地方标准——长兴县《未来国有林场评价规范》。安徽宛陵国有林场进行智慧林场升级改造，做到空中有卫星、天上有无人机、卡口有监控、林地有护林员。打造 600 个国有林场试点建设样板，推进管护用房建设。

向森林要食物，构建多元化食物供给体系，一直是林草部门生态惠民榜单上的重点内容。我国加快开发并大力发展森林食品，经济林是森林食品生产的主力军，森林食品成为继粮食、蔬菜之后的第三大重要农产品。各地科学利用森林和林地资源，发展经济林和林下经济，提高森林食品生产能力。四川率先提出建设以油茶、核桃为主的“天府森林粮库”。截至 2023 年，全国经济林面积约为 7 亿亩，经济林产量达到 2.26 亿吨、产值超过 2 万亿元。林下经济利用林地面积达到6亿亩，产值突破1万亿元。[①]

林业产业发展更加规范。2023年，国家林业和草原局修订印发《国家林下经济示范基地管理办法》、《国家林业产业示范园区创建认定办法》和《国家林业重点龙头企业认定办法》等，制定出台《林草推进乡村振兴十条意见》，编制印发木材行业、竹产业等重点领域发展指南。2023年，全国林草产业总产值达到9.28万亿元，我国林草产业实现稳定健康发展。[②]

国家林业和草原局2023年3月发布《全国森林可持续经营试点实施方案（2023—2025年）》，计划在3年时间内，在全国开展森林可持续经营试点，并以试点示范引领带动各地提高森林质量、调整林分结构、创新管理机制，促进科学绿化提质量、上水平、见实效。2023年，以精准抓好森林可持续经营试点为重点，全面展开一系列工作。一是制定试点实施方案。方案明确，计划用3年时间建立以森林经营方案为核心的制度体系，以国有林场为主体建设一批示范模式林，打造全国先进样板，形成一批可复制可推广的典型经验和机制措施。二是加强试点工作保障。出台试点工作管理办法，建立专家衔接机制，组建专家委员会，形成了由5位院士领衔、102位专家组成的全国森林可持续经营专家队伍，召开专家研讨会及座谈会、试点启动会和现场推进会。[③] 三是落实试点单位和任务。在28个省份和6个森工集团确定森林可持续经营试点单位368个，安排任务271万亩。[④] 四是总结推广试点模式。发布149个森林可持续经营示范模式。各地选择典型森林类型，建设示范模式林。比如江西省总结出人工杉木林大径材经营模式、闽楠天然次生林提质增量经营模式、杉阔混交林大径材经营模式等14个森林可持续经营示范模式。

---

① 《森林食物年产量超2亿吨　人均产量130公斤左右——森林也是大粮库》，中国政府网，2024年1月13日，https：//www.gov.cn/yaowen/liebiao/202401/content_6926466.htm。

② 《我国林草产业健康发展》，中国政府网，2024年3月15日，https：//www.forestry.gov.cn/c/www/lcdt/550984.jhtml。

③ 《开展森林可持续经营　平衡保护与经营利用》，国家林业和草原局网站，2023年9月28日，https：//www.forestry.gov.cn/c/www/xwyd/525679.jhtml。

④ 《全国森林可持续经营试点政策解读》，国家林业和草原局网站，2023年3月14日，https：//www.forestry.gov.cn/main/6271/20230314/151115995910268.html。

（三）生态安全保护和修复林草项目化治理成效显著

2023年科学绿化工程持续推进。组织实施96个“双重”工程项目、第三批25个国土绿化试点示范项目，启动科学开展大规模国土绿化三年行动计划、林草种苗振兴三年行动，开展森林可持续经营试点。持续深入开展全民义务植树运动，推进身边植绿与心中播绿。广东深入推进绿美广东生态建设；山西实施“精准扩林、重点补林、科学改林、持续营林、依法护林、创新活林”六大行动；北京启动实施全域森林城市高质量发展五年行动计划和“森林环抱”的首都花园城市建设；浙江深化“千万工程”，打造乡村全面振兴浙江样板。

2023年，全面打响“三北”工程攻坚战。国家林业和草原局会同有关部门和“三北”地区各级党委、政府，全面启动打好黄河“几字弯”攻坚战、科尔沁和浑善达克两大沙地歼灭战、河西走廊—塔克拉玛干沙漠边缘阻击战三大标志性战役。在辽宁、内蒙古、甘肃治沙一线召开3次攻坚战现场推进会。布局68个“三北”工程重点项目，已陆续开工22个项目。如今，“三北”工程三大标志性战役开局良好。

通过深入开展国土绿化，我国实现了森林面积和森林蓄积连续40年“双增长”，2021年我国森林面积为34.6亿亩，森林蓄积为194.93亿立方米，森林覆盖率为24.02%。[①] 同时，全国森林资源中，树龄相对年轻的中幼龄林占全国森林面积的一半多，每公顷蓄积仅为全国森林蓄积平均值的2/3，提高中幼龄林蓄积和质量的空间、潜力巨大。[②] 为推进城乡人居环境建设，2023年林草部门用好浙江“千万工程”经验，深入开展城乡绿化美化，大力实施乡村“四旁”绿化。各地科学建设城市森林、森林公园、小

---

① 《〈2021中国林草资源及生态状况〉公布》，国家林业和草原局网站，2022年11月29日，https：//www.forestry.gov.cn/main/446/20221205/152058743907191.html。

② 《以攻坚行动全面推进生态保护修复——林草“高水平保护促进高质量发展”系列述评之二》，国家林业和草原局网站，2024年1月15日，https：//www.forestry.gov.cn/c/www/ggzyxx/542546.jhtml。

微绿地，打造公共绿地、城乡绿道、森林步道，进一步融合绿色空间与居民生产生活空间。

近年来，通过统筹实施生态保护修复工程，加强自然生态系统保护修复，抢救性保护珍稀濒危物种，缓解人兽冲突，生物多样性保护取得新成就。特别是扎实推进国家公园建设，首批国家公园在生态保护、社区共建、产业转型等多个领域发生新变化。通过实施生物多样性保护重大工程，我国90%的陆地生态系统类型和74%的国家重点保护陆生野生动植物物种得到有效保护，300多种珍稀濒危野生动植物野外种群数量得到恢复与增长，一大批珍稀濒危物种得到有效保护。①

（四）进一步完善林草治理法治化建设

林草部门通过建立健全法规制度和出台政策措施，创新管理体制机制，初步形成了分类科学、布局合理、保护有力、管理有效的以国家公园为主体的自然保护地体系。一是坚持规划引领，推进制度机制建设。发布实施第一批国家公园总体规划，制定国家公园总体规划编制和审批管理、创建设立材料审查等办法，出台《国家公园设立规范》《国家公园总体规划技术规范》等5项国家标准。制定《东北虎豹国家公园管理局职能配置、内设机构和人员编制规定》。加快自然保护地规划审查审批，优化完善自然保护地标准体系。2023年批复20个国家级自然保护区总体规划，完成29个国家级风景名胜区总体规划审查和5个详细规划批复。明晰局省工作边界，完善局省联席会议协调推进工作机制，推动形成国家主导、央地共建、权责对等、职责清晰的国家公园管理体制。二是坚持立法先行，推进法治建设。加快立法进程，将《国家公园法》列入十四届全国人大常委会立法规划一类项目，推进修订《中华人民共和国自然保护区条例》《风景名胜区条例》，印发《国家公园管理暂行办法》《国家级自然公园管理办法（试行）》，健全国

① 《国家林草局：我国陆生脊椎动物3000余种　野生动物资源本底调查如何进行?》，国家林业和草原局网站，2024年6月20日，https://www.forestry.gov.cn/c/www/lcdt/571858.jhtml。

家公园制度体系。持续加强国家级自然保护地监测，派发遥感监测人类活动疑似问题，跟踪督促重点问题整改。开展自然保护地问题排查整治专项行动。各地不断探索国家公园内自然资源统一执法形式，严厉打击破坏野生动植物资源的违法犯罪行为。三是坚持问题导向，推进整合优化。针对自然保护地多头管理、交叉重叠和碎片化孤岛化等问题，2020 年 2 月，启动了全国自然保护地整合优化工作。经过多轮修改完善，形成了《全国自然保护地整合优化方案》。该整合优化方案落地后，自然保护地布局更加合理，历史遗留问题和矛盾冲突将得到有效解决，形成以国家公园为主体、以自然保护区为基础、以各类自然公园为补充的自然保护地体系，自然保护地总面积占陆地国土面积的 17%以上。国家相关部门通过一系列制度举措，保障了以国家公园为主体的自然保护地体系的建立，为林草现代化发展夯实了基础。

（五）生态安全防护工作稳步持续推进

第一，严格守住林草资源管理防线。2023 年 12 月 5 日，国家林业和草原局召开中央生态环保督察典型案例督查督办会，针对破坏林草资源问题，加大涉林草案件督查督办力度。这一举措表明，林草部门持续坚持对林草违法行为动真碰硬。2023 年，国家林业和草原局认真组织开展森林督查和《湿地保护法》执法检查，相继开展打击毁林毁草、破坏古树名木、三北地区林草湿荒资源综合执法等专项行动，对一些重要区域重点领域的违法问题进行集中打击，挂牌督办 12 个问题严重地区和 22 起重点案件。2023 年，国家林业和草原局首次开展林长制落实情况督查，将 20 个省份的督查结果以“一省一单”形式反馈各省级党委、政府。向省级总林长发送通报、建议，督促各地严格保护管理林草湿荒资源。

第二，坚决守住防火防虫安全底线。森林草原防火工作事关林草生态资源安全，事关人民群众生命财产安全。充分发挥林长制督查考核作用，压紧压实各级党委、政府及各有关方面森林草原防火责任。强化预警联动、推动精准防控，强化野外火源管控和宣传教育，做到守住山、管住火、看住人。建立森林草原违法违规野外用火举报奖励机制，重点县实现全覆盖。联合应急管理部、公安部开展森林草原火灾隐患排查整治和查处违规用火行为专项行动，建立隐患排查整治台账，实行销号管理，及时消除隐患。强化火情早期处置，按照火灾风险等级，提前将专业队伍、装备部署到火灾高发地带，做到落地落实，靠前驻防，发现火情迅速处理，严防小火酿成大灾。积极推广应用林草防火网络感知系统及雷击火防控技术，加大雷击火防控和处置力度。寻求与中国航空工业集团公司签署战略合作框架协议，在航空消防、科技研发等方面加强合作，大大提升森林草原防灭火能力和水平。

防控松材线虫、美国白蛾等林业有害生物同样刻不容缓。2020 年以来，国家林业和草原局设立松材线虫病防控应急科技专项，实施防治技术研究揭榜挂帅。出台实施《国家林业和草原局关于科学防控松材线虫病疫情的指导意见》和《全国松材线虫病疫情防控五年攻坚行动计划（2021—2025）》，并组织开展了疫情精准监测、疫源封锁管控、除治质量提升和健康森林保护等行动。①

第三，全力守住野生动植物保护基线。2022 年以来，野生动植物保护管理频频出招。一是修订《中华人民共和国野生动物保护法》，调整发布《国家重点保护野生动物名录》和《国家重点保护野生植物名录》，以及《有重要生态、科学、社会价值的陆生野生动物名录》。二是积极开展野猪等野生动物致害防控，将野生动物毁损责任纳入中央财政农业保险保费补贴范围。三是组织开展“清风行动”“网盾行动”，查办野生动植物案件。各地接收海关罚没珍稀木材和象牙及其制品。四是印发大熊猫出境相关规定，2023 年平安接回 17 只到期到龄旅外大熊猫。成立大熊猫国家保护研究中心，设立大熊猫保护国家创新联盟。五是 2022 年和 2023 年分别发布《国家公园空间布局方案》《国家植物园体系布局方案》，科学布局 5 个国家公园和 44 个国家公园候选区、2 个国家植物园和 14 个国家植物园候选园。以旗舰物种拯救保护为抓手，持续推进就地和迁地保护体系建设，改善野生动植物栖息繁衍环境。六是印发《“十四五”全国极小种群野生植物拯救保护建设方案》，启动实施极小种群物种

① 《这种造成几亿株松树死亡的“松树癌症”，我国如何“对症下药”?》，国家林业和草原局政府网，2023 年 8 月 7 日，https：//www. forestry. gov. cn/c/www/zhzs/515827. jhtml。

拯救保护工程。七是2023年启动野生动植物和古树名木鉴定技术及系统研发应急项目揭榜挂帅，持续推进古树名木挂牌保护，加快推动出台古树名木保护行政法规，持之以恒开展打击整治活动，全面提升科学化保护管理水平。

总之，全面推进林草现代化建设事业取得重大进展。林草治理体系和治理能力现代化建设稳步推进，林草信息化、科学化、机械化水平稳步提升。

二　林草全面现代化建设面临的现实挑战

林草现代化建设是一项长期任务和系统工程，关键是要大力推进林草数字化和科技化。对林草现代化建设还需要继续推动，坚持整体推进，加强改革配套和衔接。

（一）数字林草建设要做大做强

近年来，随着数字技术与生态保护深度融合，数字科技守护绿水青山的生态治理创新实践正在各地展开。2020年，甘孜州林业和草原局全面启动“数字林草”建设，利用北斗卫星、无人机、高清摄像机等现代科技手段，通过天、空、地全方位监测，实现全州林草资源防火视频监控无盲区、无死角、全覆盖。截至2024年7月，甘孜州林业和草原局已建成“数字林草”软件平台1套，建设州级“数字林草”指挥中心1个、县级“数字林草”指挥中心25个，建成野外前端监控视频369套、卡点监控视频64套。在“数字林草”的建设中，甘孜州还充分利用北斗卫星、无人机等多种数字高科技手段，构建起“人防+技防”的数字化巡护机制，全面提升森林草原防火精细化防控能力。丹巴县“数字林草”监测平台还承担着林草行业森林生态系统建设和保护、湿地生态系统管理和恢复、生物多样性维护和发展的重要职能。①

① 《四川甘孜州：“数字林草”赋能生态治理绘就绿美新画卷》，关注森林网站，2024年7月24日，http：//www.isenlin.cn/sf_ D3C905DC882D4B32ADB52D46FB57F367_ 209_ 1AE976E771.html。

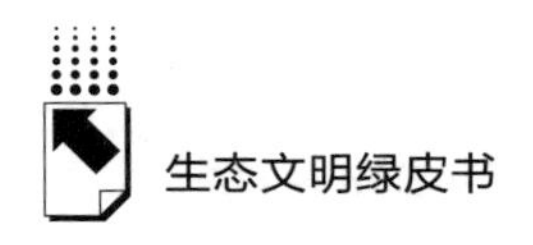

“数字林草”项目是林草信息化的重要组成部分，充分运用现代化技术在更多地方和更多领域全面深入推进数字林草建设。比如，数字平台建设、数字林草运用系统建设、空天地人林草感知体系建设、数字林草支撑保障体系建设等是林草现代化建设在未来需要持续深耕的重要工作。

（二）智慧林草建设需走深走实

科技赋能保护自然生态成绩凸显。除了先后建立的海南长臂猿、亚洲象、穿山甲、麋鹿等旗舰物种保护研究中心，自然保护地内还设立了一大批科研工作站和监测站点。

智慧管理下的国家公园，处处可见科技加力。东北虎豹国家公园可实时传输的无线红外相机等野外监测终端已有两万余台，天空地一体化监测系统覆盖国家公园全域。三江源、武夷山等国家公园内广泛应用智能化自然资源监测评估和管理系统。大熊猫国家公园建立大熊猫遗传数据平台，掌握了500余只大熊猫的DNA档案信息。整合资源建立了大熊猫国家保护研究中心，着力打造国际一流科研合作平台。

依托现代信息技术，智慧林业成为全面提升现代林业发展水平、助力林业全产业链提质增效的必然选择。目前，我国智慧林业的基础研究、产业发展和支撑体系还相对薄弱，需要增强关键技术研究与应用示范，构建智慧林业标准体系，加强智慧林业人才队伍建设。随着新一代信息技术不断更新迭代，期待在数智时代智慧林业的创新发展能够打通现代林业快速发展的堵点，为我国林业高质量发展保驾护航。

（三）进一步规范林草防护和建设标准化体系

2023年，标准化建设等支撑保障基础不断夯实。已发布一批国家标准和行业标准，明确一批重点研发专项，组建一批全国重点实验室，林草系统新增3名院士。林草生态综合监测评价持续开展，林草生态网络感知系统建设管理和应用得到加强。

目前，一些地区还存在不规范的林草防护情况。在巡护过程中，护林员对发现的违法使用林地、违法采伐林木等破坏林业资源的行为、林业资源变化情况，要做到应报尽报，确保上报事件与森林督查变动图斑数量相吻合，并要求监管员在规定时间内完成对巡护事件的核实与销号。

新时代林草标准事业不断推进，中央与地方标准的实施还需要群策群力，协同推进。需要坚持创新、系统、绿色、务实、开放的标准理念，健全完善理论体系、组织体系、技术体系、制度体系和高效的“科技—标准”“标准—实践”互动机制，结合实际情况稳步推进林草标准事业发展。

三　推进我国林草全面现代化建设的应对策略

林草现代化建设是对林草经济、林草精神、林草政治、林草服务和林草生态的系统建设。追求人与自然和谐共生的现代化也是林草现代化建设的重要举措。林草部门不仅是森林、草原、湿地、荒漠生态系统的守护者，还是森林“水库、钱库、粮库、碳库”的建设者。

（一）实现协同联动来深入和完善林草治理制度

学习党的二十届三中全会精神，必须完善生态文明制度体系，协同推进降碳、减污、扩绿、增长，加快完善落实“绿水青山就是金山银山”理念的体制机制。要完善生态文明基础体制，健全生态环境治理体系，健全绿色低碳发展机制，扎实推进绿色低碳发展，切实保障和改善民生，巩固拓展脱贫攻坚成果。完善自然灾害特别是洪涝灾害监测及防控措施。协同联动全面推进林草现代化建设的重点工作。

林草现代化建设事业需要发展和保护协同双管齐下。林长制建立之初，保护管理的主要对象基本上是森林资源。随着制度的不断完善和拓展，古树名木、野生动植物、湿地、荒漠等各种生态资源陆续被纳入林长制，实现了从主要管森林到生态领域全覆盖的新变化。

林草现代化建设事业需要林草治理体系和治理能力现代化建设协同。林草部门坚持将贯彻落实习近平总书记重要讲话和重要指示批示精神作为开展林草工作、全面推动林草现代化建设的根本遵循。根据中共中央、国务院关于林草改革的决策部署以及《决定》精神，紧密结合林草工作实际，完善和发展国有林管理制度、集体林权制度、资源利用监管制度、林草法治保障制度、林草支持政策制度以及科技和人才支持制度。林草系统还要不断构建完善林业生态建设体系、现代林业产业体系和林业现代治理体系。如继续深化林长制改革，建立完善林业目标责任体系；深化集体林权制度改革，建立完善林业规模经营奖补、林权收储担保、林业产业绿色富民、林业绿色金融创新等制度机制；建立更加适应林业改革发展需要的木材采伐管理、林业行政审批、林业综合执法、林业队伍建设等方面的制度机制，持续提升全面依法治林能力和水平等。

（二）完善良法善治作为林草事业发展的保障支撑

《决定》强调："法治是中国式现代化的重要保障。"必须坚持依法治国，在法治轨道上全面深化林草现代化事业，在改革中以法律为准绳，及时把林草实践成果上升为法律，林草全面现代化需要继续推进严密的法治建设，助力实现美丽中国建设目标。

首先，建立健全林业法律法规体系。一是明确公权与私权的边界和规范，加强对林地征收、森林资源开发利用等行为的法律约束，确保程序合法、补偿合理。保障林农的知情权、参与权和申诉权，维护林农的合法权益。二是加强沟通协调。建立政府与林农之间的沟通协调机制，及时了解林农的需求和诉求。在林业政策制定和项目实施过程中，充分征求林农的意见和建议，提高政策的科学性和可操作性。例如，召开林农座谈会，共同商讨森林资源保护与利用方案，实现政府与林农的双赢。三是强化监督问责。加强对公权行使的监督问责，严厉查处侵犯林农私权的行为。建立健全举报投诉制度，对违法违规行为依法进行严肃处理，为林业发展营造良好的社会环境。

其次，细化林草治理规范标准法律制定。林草部门把建立健全生态产品价值实现机制作为践行“两山”理念的关键路径，继续加大生态保护补偿力度，扩大林业碳汇试点，探索形成林业碳汇交易标准和规则，健全体现林业碳汇价值和森林“四库”服务功能的生态补偿制度法规。

最后，加强基层机构设置法治化。基层机构是法治实施的重要载体，提高林草基层管理机构的法治化水平有利于推进林草事业发展。部分基层林业站人员配备不足、技术设备落后，无法有效开展森林资源监测、防火防虫、生态保护宣传等工作，难以发挥基层林草人员的应有职能，不利于打通林草事业发展的“最后一公里”。

（三）创新驱动林草产业多向发展

到 2025 年，全国林草产业总产值达 9.0 万亿元，比较完备的现代林草产业体系基本形成，产业结构更加优化，质量效益显著改善，吸纳就业能力保持稳定；产品有效供给能力持续增强，供给体系对国内需求的适配性明显提升，产品生产、流通、消费更多依托国内市场；林草产品国际贸易强国地位初步确立，林草产品进出口贸易额达 1950 亿美元；林草资源基础更加巩固，资源利用效率不断提升；有效保障国家生态安全、木材安全、粮油安全和能源安全，服务国家战略能力进一步增强。

对标“十四五”时期林草产业发展主要指标（见表 1），需要创新驱动，在以下几个方面持续推进林草产业发展。一是大力推动林草生态旅游产业发展。二是推动林草教育事业深化发展。2024 年全国数字林草产教融合共同体成立，标志着我国林草职业教育在深化产教融合，对促进数字林草产业创新升级具有重要作用和意义。三是借助林草产业发展促生态安全。

表 1　“十四五”时期林草产业发展主要指标

序号	指标	2020 年	2025 年
1	林草产业总产值(万亿元)	8.1	9.0
2	林草产品进出口贸易额(亿美元)	1528	1950
3	经济林种植面积(亿亩)	6.2	6.5

续表

序号	指标	2020 年	2025 年
4	茶油年产量(万吨)	72	200
5	竹产业总产值(亿元)	3000	7000
6	国家林业重点龙头企业(个)	511	800
7	国家林下经济示范基地(个)	550	800
8	林特类中国特色农产品优势区(个)	27	40
9	生态旅游年接待游客人次(亿人次)	—	25
10	国家森林步道里程(公里)	25000	35000

资料来源:《林草产业发展规划(2025 年)(一) | 林草产业发展主要目标》,关注森林网站,2024 年 10 月 25 日,http://www.isenlin.cn/sf_5227A9E937A14A0BB7F76DA1A4E4FD32_209_312A00AE541.html。

此外,创新改革,寻找林草产业新发展,推进生态富民。2023 年启动了《中国森林康养行业发展报告(2023)》编制工作。

(四)科技数字化赋能林草碳汇工作

科技数字化赋能林草碳汇工作是有效的持续全面推进林草现代化建设的路径。要巩固和提升生态系统的碳汇能力,很重要的一点是做好生态系统保护,充分利用好自然条件并结合人工技术手段,提升森林、草原、湿地等生态系统的质量,使其保持健康和活力,从而吸收和储存更多的碳。从科技、法律、政策、人才队伍等方面提出了保障措施。一是提升科技支撑能力,支持草原科技创新,加强草品种选育、草种生产、退化草原植被恢复等关键技术和装备研发推广等。二是完善法律法规体系,加快推动《中华人民共和国草原法》修改,研究制定基本草原保护相关规定,推动地方性法规制修订,健全草原保护修复制度体系,加大草原法律法规贯彻实施力度等。三是加大政策支持力度,建立健全草原保护修复财政投入保障机制,健全草原生态保护补偿机制,探索开展草原生态价值评估和资产核算等。四是加强管理队伍建设,进一步整合加强、稳定壮大基层草原管理和技术推广队伍,提升监督管理和公共服务能力等。

林草碳汇事业持续发力。一是深入研究森林、草原、湿地等林草碳汇能力提升路径，引导社会力量多元化参与林草碳汇提质增效；二是加强林草碳汇计量监测相关研究和大数据平台建设，提升碳汇核算的精度和效率，服务碳中和战略目标；三是健全碳市场制度建设，完善林草碳汇项目管理机制和激励政策，规范林草碳汇交易的管理与监督；四是拓展“碳汇+”多种碳交易产品和碳中和应用场景，激励全社会通过参与碳汇交易实现个人、企业或组织的碳中和。

（五）发扬林草精神推进林草文化现代化

中国林草精神是全面推进林草现代化建设的重要力量源泉。新中国林草70 多年发展史所凝练概括的“不忘初心、牢记使命，艰苦奋斗、甘于奉献，实事求是、开拓进取，绿色发展、久久为功”的中国林草精神仍然引领我们全面推进林草现代化。林草精神具有科学性、实践性、人民性。林草精神奠定了林草事业高质量发展的精神基础，丰富了社会主义核心价值观，厚植了绿色发展和生态文明建设的先进理念，凝聚了实现中华民族伟大复兴中国梦的广泛共识和智慧力量。

培养更多优秀林草人才，借助林草科普教育加强全民对林草建设事业的了解，宣传林草事业和弘扬林草科学精神。2023 年国家林业和草原局、科学技术部于 2023 年组织了首批国家林草科普基地认定工作。未来还须继续推进，加强林草科普宣传，发挥科普基地的示范引领作用，推广林草科技成果，提升全民科学素质，增强全民生态意识，推动林草现代化发展。

全面深化推进林草现代化建设是一项艰巨的任务，需要我们具有伟大斗争精神，发扬林草精神，攻坚克难，持续发力，为美丽中国建设贡献一份力量。林草现代化建设应持续推进，从森林“四库”的碳库、粮库、水库、钱库到医库、美库，建设真正的美丽中国。

2024~2027 年是美丽中国建设的重要时期，林草系统将以习近平生态文明思想为指引，统筹山水林田湖草沙一体化保护和系统治理，调动一切积极因素，利用创新驱动，科技强林，运用现代化发展的成果推进高水平保护和高质量发展，努力创造林草全面现代化事业新奇迹，续写林草全面现代化建设事业新篇章，实现新时代美丽中国建设目标。

参考文献

党双忍等：《林政之变：21 世纪中国林政大趋势》，陕西人民出版社，2023。

李芳主编《林草碳汇》，上海科学技术出版社，2024。

董雅雯、丁山主编《数字林草建设》，中南大学出版社，2023。

《国家林草科普基地建设 2023》编委会编《国家林草科普基地建设 2023》，中国林业出版社，2023。

国家林业和草原生态保护修复司、国家林业和草原宣传中心编《中国林草应对气候变化》，中国林业出版社，2022。

国家林业和草原局：《2022 年全国林草生态旅游发展报告》，中国林业出版社，2023。

《中华人民共和国 2023 年国民经济和社会发展统计公报》，中国政府网，2024 年 2 月 29 日，https：//www. gov. cn/lianbo/bumen/202402/content_ 6934935. htm。

赵弘志、关键编著《绿色经济发展和管理》，东北大学出版社，2003。

王培君主编《林业生态文明建设概论》，中国林业出版社，2022。

国家林业和草原局编《中国林业草原“十四五”规划精编》，中国林业出版社，2022。

盖志毅：《草原生态经济系统可持续发展研究》，中国林业出版社，2007。

孔凡斌、徐彩瑶：《森林生态产品价值实现促进共同富裕：理论逻辑与浙江实证》，中国农业出版社，2023。

《中国林草产业信用建设与创新发展报告》编委会编《中国林草产业信用建设与创新发展报告》，中国林业出版社，2021。

李明文等：《黑河市生态空间绿色核算与生态产品价值评估》，中国林业出版社，2022。

《三北工程建设水资源承载力与林草资源优化配置研究》项目组：《三北工程建设水资源承载力与林草资源优化配置研究》，科学出版社，2022。

陈剑英主编《林草地方标准（林下经济培育卷）》，云南科技出版社，2023。

王冬梅：《林草行业精神的概念、内涵及其弘扬路径》，《国家林业和草原局管理干部学院学报》2023 年第 2 期。

白婷：《森林经营中的智慧林草系统建设思考》，《中国林业产业》2023 年第 9 期。

王悦盈等：《生态高水平保护与林业高质量发展协同推进问题及策略》，《现代农业研究》2024 年第 6 期。

李世东：《中国林草发展现代化的战略选择》，《中国发展观察》2022 年第 4 期。

刘珉、胡鞍钢：《中国打造世界最大林业碳汇市场（2020—2060 年）》，《新疆师范大学学报》（哲学社会科学版）2022 年第 4 期。

曹国强：《关于做好新时代林草行政处罚案件统计分析工作的思考》，《国家林业和草原局管理干部学院学报》2023 年第 4 期。

赵雷：《林草工作在建设人与自然和谐共生的现代化中的重要使命》，《国家林业和草原局管理干部学院学报》2023 年第 3 期。

张云飞：《习近平生态文明思想视域中的林草现代化》，《北京航空航天大学学报》（社会科学版）2023 年第 5 期。

唐晓倩等：《新时代林草标准化理念创新、体系架构与发展目标》，《林草政策研究》2023 年第 2 期。

王晨光：《新经济形势下林业经济管理信息化水平提升研究》，《林业科技》2023 年第 3 期。

王志强：《呼和浩特市聚焦“五高” 全面提升林草治理体系和治理能力现代化水平》，《内蒙古林业》2023 年第 10 期。

实践案例篇

G.13
大运河、长江国家文化公园建设的江苏实践
——以常州为例

汪瑞霞*

摘　要： 党的二十大报告要求“建好用好国家文化公园”，建设国家文化公园是推动新时代文化繁荣发展的重大文化工程，习近平文化思想成为指导新时代文化强国建设的科学世界观和方法论。本报告从本体论、方法论与价值论三个维度，阐述国家文化公园建设的理论逻辑。江苏协同推进大运河、长江国家文化公园建设，本报告以常州为例，分析长江国家文化公园常州段建设现状，其呈现绿色发展的良好态势，但也存在历史探源不深、保护利用方式单一等现实问题，提出长江国家文化公园常州段建设的对策与建议，即深度探究江苏“江、河、湖、海”水生态生命源，系统构建江苏“江、河、湖、海”水空间大格局，协同创新江苏“江、河、湖、海”水文化共同体，

* 汪瑞霞，南京林业大学创意设计与可持续发展研究中心主任、艺术设计学院二级教授，主要研究方向为设计学。

以期为协同推进大运河、长江国家文化公园建设提供江苏样本。

关键词： 国家文化公园　长江文化　大运河

党的二十大报告提出“中国式现代化是物质文明和精神文明相协调的现代化”，为建设国家文化公园、推动文化繁荣、丰富人民精神文化生活、提升国家文化软实力和中华文化影响力等各方面的工作指明了新方向。建设国家文化公园是贯彻落实习近平文化思想的生动实践。自2017年我国提出规划建设一批国家文化公园以来，先后确定了长城、大运河、长征、黄河、长江五大国家文化公园建设大格局，通过创新多元主体间相互尊重、相互信任和有效沟通的共享机制，开启了举全国之力凝练中华文化重要标识、开拓文化交流合作的新境界。“长江是中华民族的母亲河”[①]，大运河是囊括了中国古代社会至今发展史的人工河流，大运河、长江在江苏呈现十字交汇，贯通南北东西，蕴含着中华民族的文化基因，凝聚着一种深层次的生生不息、坚韧不拔的精神力量，是中华民族集体智慧的结晶。人与江、河、湖、海水岸共生，构成了人与自然和谐共生的生命共同体。协同推进长江、大运河国家文化公园建设，对长江、大运河文化进行整体性、系统性保护传承，不仅对于保护和传承中华优秀传统文化有深远的意义，而且在促进地方经济社会发展、增强文化自信、提升国家软实力等方面具有重要的时代价值。

一　国家文化公园建设的理论逻辑

“建好用好国家文化公园”是建设社会主义文化强国的重大文化工程，习近平文化思想为扎实推进国家文化公园建设提供了科学的世界观和方法

① 双传学：《重视长江文化的保护传承与弘扬》，《学习时报》2020年12月18日，第6版。

论。下面从本体论、方法论与价值论三个维度，来深刻理解国家文化公园建设的理论逻辑。

（一）本体论维度：文化自信与文化使命

文化自信是道路自信、理论自信和制度自信的根基，一方面，中国共产党自创立以来，始终与中国先进文化联系在一起。新民主主义革命时期，党领导先进知识分子推动了马克思主义在中国的广泛传播，实际上引领了“五四运动以后的文化建设主流”。从此，中国产生了完全崭新的“文化生力军”。社会主义新文化成为中国近现代文化建设领域的核心主题。新中国成立以后，文化建设的方针与理念愈加清晰完善，强调“百花齐放，百家争鸣”的文化建设原则。改革开放以后，在以经济建设为中心的背景下我国强调在抓物质文明建设的同时，也要注重精神文明建设。党的百年奋斗经验为习近平文化思想的形成提供了丰富的经验积累，确立了坚持在党的领导下开展文化建设的根本原则。

另一方面，从更为本质的层面出发，习近平文化思想明确提出要从中华五千年文明传承发展中，把握中国特色社会主义道路形成和发展的内在规律。源远流长的中华文明绵延至今，五千年中华文明构成了中国人独特的精神标识，也塑造了中国人特有的处事方式，深刻地形塑了中国人的思维方式和行为选择。中国特色社会主义道路，是在马克思主义理论的指导下走出来的，同时是从中华文明五千多年发展史中走出来的，中华优秀传统文化与社会主义先进文化在宇宙观、人生观、价值观等方面具有内在的契合性。国家文化公园战略凝结着中国智慧也绽放着中国魅力，彰显了中华文化的连续性、统一性、包容性、和平性、公益性、创新性等共性特征。国家文化公园建设有助于保护和展示具有代表性的文化遗产，传承中华优秀传统文化，构建中华文明标识体系。

（二）方法论维度：两个结合与文明更新

“两个结合”即“把马克思主义基本原理同中国具体实际相结合、同中华优秀传统文化相结合”，是习近平总书记在庆祝中国共产党成立 100 周年大会上的讲话中明确提出的重大理论观点。马克思主义是我们党的灵魂和旗帜，中华优秀传统文化是中华民族的文化根脉，习近平文化思想理论体系的建构正是在两者的辩证统一中完成的。建立在现代物质化大生产基础上的马克思主义理论，代表着现代文化的前进方向，其能够超越中华传统文化的时代性局限，不断以真理的力量激活传统文明，推动传统文化实现现代转型。同时，中国共产党始终坚持从本土实际出发把握马克思主义，使其牢牢扎根于中华文明的深厚历史土壤之中，不断以民族的形式和内容丰富发展马克思主义理论，拓展了马克思主义中国化的基本内涵，是马克思主义中国化的新高度、新境界、新要求，是对马克思主义中国化的原创性贡献，解决了中国革命、建设、改革的一系列重大理论和实践问题，迎来了全面建成小康社会的新胜利。

新时代以来，以习近平同志为核心的党中央高度重视理论创新与文化建设，遵循马克思主义政党根本立场和根本方法，立足中华文明千年传承文脉与优秀文化，提出了一系列关于党领导新时代文化建设的新论述新观点新理论，并最终凝结为习近平文化思想，彰显了科学真理与文化底蕴的交互统一。习近平文化思想蕴含着马克思主义的科学方法与基本立场。中华优秀传统文化厚植了习近平文化思想的文化基因。习近平文化思想是开辟马克思主义中国化时代化新境界道路实践的重要成果。

（三）价值论维度：人民至上与文明互鉴

中华民族现代文明内部蕴含着多元因素的有机整合，即马克思主义文明观和中华文明的有机融合。马克思主义文明观构成了中华民族现代文明的“魂脉”；延绵不绝的中华优秀传统文化为中华民族现代文明提供了丰富的滋养，发挥着重要的“根脉”作用。中华民族现代化文明不仅是现代的更是民族的，是具有深厚历史文化传承、独特文明基因的文明样态，具有深厚的历史根基和文化主体性。但从另一个维度而言，中华民族现代文明绝非传统文明的简单时间转化，是经过马克思主义真理力量“激活”、经由中国式

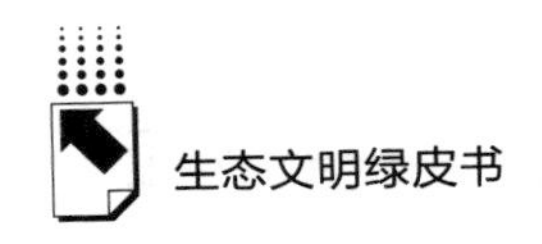

现代化实践扬弃过后的文明样态，是中华优秀传统文化经过创造性转化、创新性发展之后的文明表征。

习近平文化思想是在新时代中国特色社会主义文化建设方面提出的一系列新思想新观点新论断，在破解人类文明发展困境中彰显出平等包容、和合共生的生命力、感召力与凝聚力，有助于维护文明共存、促进文明共进、推动文明共荣。习近平总书记关于铸牢中华民族共同体意识的重要论述同“马克思主义民族理论”一脉相承，强调要实现民族间的相互尊重与平等。文化生产的主体和创造者是人民群众，也是国家文化建设的出发点和归宿点。水利是社会经济的命脉所在，长江、大运河串联了几乎所有的大型水体，具有“江河交汇”的特殊区位优势，构成相互影响、相互依赖的水网格局生态系统。两千多年来，我国持续加强对长江和大运河、淮河等水系的适应性改造，将水害转变为水利，促进中国与世界的经济和文化往来。习近平文化思想以全球视野系统吸收中外文化建设与主流意识形态演进的历史经验，确立了指导新时代中外文化交流实践的思想遵循。

江苏认真贯彻党的二十届三中全会精神，全面落实党中央、国务院决策部署，严格对标对照长江国家文化公园国家战略要求，协同大运河、长江国家文化公园江苏段的建设，全省统筹推进“五位一体”总体布局，坚持保护第一，局部服从整体，植根文化厚土，汲取文化滋养，鼓励社会力量和资本积极参与文化建设，共创共享具有“水韵江苏”特色的生活生态生产空间。让丰富的江苏历史文化资源留下来、活起来、响起来，着力打造走向世界的长江文化标识，使体验者增强身份认同、文化认同与国家认同，用心用力书写新时代新征程上国家文化公园建设的江苏新篇章。

二　长江国家文化公园常州段的建设现状

在江苏省八座长江沿线城市中，常州通江达湖，河流环绕，湖泊遍布，与水有着不解之缘。长江常州段岸线总长25.8公里，基于江南运河与大运河的水网联通、依靠运河与长江的交汇融合，处于南北转运中心地位的常州，“商业日益繁盛，手工业日趋发达，并成为苏南地区的政治中心”。顾祖禹《读史方舆纪要》中记载常州“北控长江，东连海道”“三江之雄润，五湖之腴表”。[①] 长期以来，常州市筑牢生态底线，努力把滨江区建成长江经济带绿色转型的先行示范区，实施了一批长江大保护项目，着力打造“一江清水、两岸葱绿”的滨江美景。

（一）总体规划保护绿色长江生态

常州位于江苏南部，南濒太湖，中贯运河，北枕长江，襟江带湖，自古就有“襟带控三吴，舟车会百越”誉称。千百年来，江湖汇秀，通达诗性的江南文化渗透在常州人的血脉之中。早在汉魏以前，长江口在镇江与扬州之间，呈喇叭形，有“广陵观潮”盛景。[②] 两千多年来，随着历朝历代文化变迁，长江岸线北移，各类生产生活设施亦随之变化，长江南岸常州境内的古孟渎经多次疏浚、变迁，在不同时期发挥了巨大的航运效益，“万缘桥位于常州市武进区奔牛镇东街，跨孟渎河，即老孟河入京杭大运河出口处”[③]；孟河古镇建设了军事城堡，出现了特色鲜明的孟河医派，促进了地方社会经济发展。

常州市十分重视自然与文化遗产的保护工作，先后出台了《常州市文物保护办法》《常州市非物质文化遗产保护办法》等。常州践行“绿水青山就是金山银山”的理念，坚决落实国家和省市关于长江经济带建设突出环境问题整治的专题部署，率先编制《长江经济带（常州沿江地区）生态优先绿色转型发展规划（2018—2035 年）》和六个专项规划，形成总体规划体系，坚定实施大保护、大整治、大修复，将“生态优先、绿色发展”落实到行动中；并明确了滨江生态景观带建设近期实施重点工程，系统推进“停、拆、绿、提、转”五大行动，出台了三年行动计划，强化主体责任，狠抓工作落实，坚决淘汰落后产能，推进长江自然岸线生态修复、违规利用

① （清）顾祖禹：《读史方舆纪要》，中华书局，1955。

② 扬州市经济委员会《扬州工业交通志》编纂委员会编《扬州工业交通志》，中国大百科全书出版社上海分社，1995，第 586 页。

③ 包立本、陆开学、徐伯元编著《常州文物古迹》，方志出版社，2007，第 262 页。

项目关停等整改措施，促进化工、印染、钢铁、煤电等重点行业绿色发展，常州污水治理成功入选首届长江大保护优秀实践案例。

（二）产业转型实现全域融合发展

长江下游常州段沿江文化建设亮点频出，精彩纷呈。依托沿江的澡港水利枢纽、魏村水利枢纽和长江江堤等水利工程，建成常州市滨江毗陵潮水利风景区。而沿江的孟河镇已按照自己的特色建设“齐梁故里”，以孟河医派为依托，以中医养生为体验，以小黄山为基础建成国内知名的休闲文化养生基地。滨江经济开发区已经利用长江大保护的契机，破除“化工围江”局面。出台了花园工厂试行评价规则，营造花园工厂，不仅整治提升企业千余家，实现沿江一公里低质低效化工生产企业全面清零，而且科学编制产业发展规划，致力于建设现代化产业体系。2022 年园区实现工业总产值 1055 亿元，全部工业销售收入达 1053 亿元。[①] 2024 年新能源等产业质效再创佳绩，产业转型和高新技术成为绿色园区的法宝，通过“加大投入、科技赋能、股改上市”等转型举措，以绿为链，有效推动战略性新兴产业融合集群发展和全域经济质效的提升。[②] 园区还通过机制改革促进园区融合发展，立足重大项目，提前规划布局交通、医疗、教育、商业配套、人才公寓等城市功能，区域“15 分钟便民利企服务圈”和“15 分钟医保服务圈”等一批民生工程已经启用。

（三）统筹生态要素提升群众获得感

常州坚持系统化构建、全方位布局、多层次推进，强化生态环境系统保护修复，对水面浮萍、岸坡种植等问题开展巡湖督查，用最严格制度最严密

---

① 姚程玉：《“双突破”迈入“千亿园区”，争当沿江高质量发展先锋》，《常州日报》2023 年 2 月 15 日。

② 《市政府关于印发〈常州市推进企业股改上市“龙腾行动”计划（2023—2025 年）〉的通知》，常州市人民政府网站，2023 年 4 月 10 日，https：//www.changzhou.gov.cn/gi_news/480168110823907。

法治保护生态环境，深化整治成效。统筹山水林田湖草沙等生态要素，综合提升改造水源地，一体化修复沿江生态廊道、实施绿化造林工程等，打造生态长江画卷，长江常州段生态岸线占比提升到80.6%，[①] 呈现新时代“春江花月夜”的现实图景。同时，通过编制《常州市空气质量持续改善行动计划实施方案》，发布《生态修复与生态旅游融合发展实践地建设指南》地方管理类标准，来处理好生态与旅游之间的关系。通过持续改善聚力长江精准治理，有效地提升了群众对环境生态改善的获得感，曾经的“生态锈带”蝶变为“生态秀带”。

总体来看，长江国家文化公园常州段的建设呈现绿色发展的良好态势，通过生态环境治理与产业转型，使长江常州段不仅新换绿装，还新增活力，自然美景与人文魅力绽放异彩，大大提升了常州的城市品质，也为长江国家文化公园建设做出了常州应有的贡献。

当然，建设国家文化公园是我国首创推出的一项系统性文化工程，我们也要清醒地看到，我国关于国家文化公园建设的理论与实践探索都还刚刚起步。长江国家文化公园常州段的建设面临历史探源不深、保护利用方式单一等现实问题，如何将长江国家文化公园常州段的文化建设提升到国家形象建构的高度值得深思。

三　长江国家文化公园常州段建设的对策与建议

守护好中华民族的文化瑰宝和自然珍宝是每一位中华儿女义不容辞的责任。江苏境内有横穿东西的长江、纵贯南北的京杭大运河、数百千米长的海岸线，水网密布数千条大小河流与百余个湖泊，可谓“江河湖海齐备”，自然条件优越，经济基础较好。大运河文化与长江文化在江苏省形成了重要交汇区，常州是长江、大运河呈现十字交汇的典型城市，正在从探源水生态、构建水空间、创新水文化三个维度协同推进长江、大运河两大国家文化公园建设。

① 《以示范创建为引领 绘就美丽常州生态画卷》，《新华日报》2023年11月1日，第8版。

（一）深度探究江苏“江、河、湖、海”水文明生命源

“长江流域现已发现的旧石器时代早期遗址还有元谋人、巫山人和‘鄂西臼齿’、郧县猿人、郧西猿人、和县猿人、巢县人、贵州观音洞文化和湖北大冶县章山乡石龙头发现的文化遗存。”[①]《新时代长江之歌》根据考古资料总结，在8000~10000年前，长江流域下游有上山文化，中游有彭头山文化、高庙文化，农业聚落出现；5000~6000年前，整个长江流域分别创造了上中游接合部的大溪文化，中游的屈家岭文化、山背文化，下游的马家浜文化、凌家滩文化、崧泽文化、北阴阳营文化、薛家岗文化等；[②] 历史发展到5000年前左右，长江流域出现良渚文化，良渚文化古城遗址正是早期国家文明的标志性遗存。到距今2500年左右的春秋战国时期，长江流域最终形成了“上游的巴蜀文化、中游的荆楚文化、下游的吴越文化”三大主流文化圈，大运河的贯通有效促进了江苏“江、河、湖、海”水文明的融合发展。

1. 寻根溯源：长江国家文化公园常州段的文化变迁

常州溧阳的古生物化石中华曙猿有4500万年的历史，大约在旧石器时代晚期，我国长江流域已经开始将野生稻驯化为人工栽培稻，是世界栽培稻的重要起源地，同样在长江之滨发现了最早的陶器遗存。新石器时代的常州就出现了马家浜文化—崧泽文化—良渚文化等自成一体的文明形态。从常州市圩墩村遗址探方出土的器物来看，大约在公元前7000年，长江下游的马家浜文化呈现母系氏族制繁荣的景象。良渚文化时期，常州的发展达到一个顶峰，它的稻作农业、玉器、漆器、丝绸的生产都是水平最高的。位于常州市武进区三皇庙村的寺墩遗址，曾经开展过五次发掘，其下部为崧泽文化层，上部为良渚文化层，随葬品多达124件，包括24件玉璧和33件玉琮，琢玉技术相当进步。[③] 2023年，寺墩遗址考古发掘被纳入“考古中国”长江下游区域文明模式研究，随葬品中的陶器有陶鼎、陶豆、陶杯、陶壶、陶

---

① 李学勤、徐吉军主编《长江文化史　第4卷》，长江出版社，2019，第274页。

② 贺云翱：《新时代长江之歌》，河海大学出版社，2022，第1页。

③ 王巍主编《中国考古学大辞典》，上海辞书出版社，2014，第345页。

罐等常见的器物组合，良渚文化形成了中华文明的曙光，实证了长江下游区域从崧泽到良渚阶段文明的演进过程和内生机制。该遗址显示了良渚文化时期社会发展的鼎盛状态，表明当时的社会发展已经达到相当的水准。

中古时期是常州文化史上的转折期。常州经济的发展得益于北方居民的纷纷南迁。西晋灭亡，大批北方士族渡江南迁，常州迎来第一个文化繁荣时代。“南兰陵萧氏”萧道成、萧衍先后创立萧齐、萧梁两个政权，皆以“武进县东城里”为籍贯，常州成为南朝齐梁文化的发源地和中心。此后常州漕运经济成为最重要的经济形式。

2. 文明探源：长江国家文化公园常州段的文化内涵

常州因江而生、因江而兴，深化长江常州段文明探源工程，不仅是对长江沿线历史地理、生物多样性的深度研究，更是对中华文明多元一体格局的重要补充。在历时性与共时性全面考察的前提下，找准文化定位，明确地域特色，形成明确的保护规划。一方面以共生思维创新立体化工作机制，统筹推进国家文化公园建设，确保长江流域不同城市相关部门之间协调开展各项工作。另一方面根据国家战略要求系统开展长江文明探源工程，对长江沿线不同城市整体系统和城市历史变迁过程进行系统研究。

如果说《昭明文选》构成了常州文学史一个璀璨的高峰，持续影响了清代常州的词学和骈体风潮，那么靖康之难之后北方人口再次大规模南迁，常州以其物质文明、社会文化的繁荣发达，成就了辉煌的历史，创造了具有丰富内涵和鲜明特征的地域文化。陆游的《常州奔牛闸记》曰“苏常熟，天下足”[①]。长江、运河不仅赐予常州这座城市经济的富庶、水陆交通的便捷，更赐予这座城市灵秀的才智。从常州全域的山水地理格局来看，“江湖汇秀”四个字概括出常州在江南地区（也即长三角地区）独特的水资源优势。与中原文化的多次融合，则更是强化了其开放的自觉性，造就了常州人开放包容、兼收并蓄、吐纳百川、锐意求变的性格特质。当前，常州正在积极推进长江、大运河及其周边河湖水系范围内具有中华民族意义的重要遗址

---

① （宋）陆游：《渭南文集校注二》，马亚中、涂小马校注，浙江古籍出版社，2015。

的考古研究，联合长江沿线城市建立自然资源与文化资源数据库，创新长江国家文化公园数字化监测预警机制。持续推进以圩墩遗址、寺墩遗址、象墩遗址为代表的长江文明探源工程，以及以焦溪、孟河古镇为代表的长江沿线江南水乡古镇联合申遗工作。

（二）系统构建江苏“江、河、湖、海”水空间大格局

从空间定位来看，长江国家文化公园分为上游、中游、下游三大板块，长江连接了沿岸不同区域的城市，长江国家文化公园建设将会形成以城市为中心的核心区、次核心区和相对边缘区。城市是由多方面、多个子系统组成的综合的系统的社会空间，依据长江文化遗产的发掘保护状态、不同区域的文化资源显示度、与核心文化的关联度，长江国家文化公园将形成“一轴三块，三核多点”的空间格局。从功能定位来看，以中华民族文化标识为核心，形成主题特色各异但又互联互通的功能分区，如上游文化板块的滇、巴、蜀等文化区，中游文化板块的荆楚、湖湘、赣等文化区，长江下游文化板块的江淮、吴越、镇宁、海洋文化区。通过整合具有重大影响力的长江文化资源，营造出承载中华民族文化标识、兼顾地方经济社会发展与生态环境保护、承载复合功能的公益性公共文化空间。

1. 长江国家文化公园常州段的水系生态

自然界的变化通常是渐进的，长江下游三角洲（特指从九江湖口至上海长江入海口区段）正好位于我国东部构造下沉区，形成重要的冲积平原，包括西部苏皖平原和东部长江三角洲平原。太湖地区河流水网密集，反而成了海水内浸的通道，常常因为入海水道淤塞而积水成涝。江南内部仍存在区域微环境的差异，高蒙河分析了长江下游考古时代聚落演化存在的“断裂型（主）、跳跃型（辅）、连续型（少）”三种模式，[①] 这与聚落遗址所在的地理环境变化息息相关。常州地处环太湖流域的西北角，从常州山水地理格局来看，大运河横穿常州市区全境，南襟北带，上牵长江、下系太湖，构成常州全域的

① 高蒙河：《长江下游考古时代的环境研究》，博士学位论文，复旦大学，2003。

水系总纲。“江湖汇秀”原本是常州城西西蠡河（即南运河）与大运河两相交汇风水口处石碑上的刻字留名。大运河常州段位于扬子江（长江）与滆湖、太湖中间，通过孟河、德胜河、澡港河、舜河等通江河道北通长江，又通过西蠡河、采菱港等大河南通滆湖与太湖，使得湖水与江水活水周流，气韵贯通。

常州得天独厚的自然水文条件、丰沛的水利资源在江南地区独占鳌头，为当地的水利、交通、农业生产、商业等带来巨大的先天优势。运河的水上交通及运河两岸驿道的陆路交通优势，为常州城市经济社会发展带来巨大的商机和财富。常州成为南宋时期四大城市之一，而明清时期的常州因运河而盛。南来北往的人财物和各种信息在此地交会融通、交流碰撞，促进了这座城市文明的发展和文化的发达，使之走在全国乃至全球前列，孕育出大批杰出的先贤和英才，龚自珍称颂常州：“天下名士有部落，东南无与常匹俦。”

2. 长江国家文化公园常州段的空间布局

常州市政府高度重视国家文化公园建设，率先编制《长江国家文化公园常州段建设保护规划》，依托长江主干及主要支流河道，统筹山水与人文等要素，构建“一主、四带、四园、四区”的长江文化保护传承弘扬总体格局。“一主”为长江文化主轴、山水人文绿轴；“四带”分别为滨江生态文明集中展示带、孟河—奔牛江河文化集中展示带、焦溪—舜河水乡风情集中展示带、大运河—老城厢古城风貌集中展示带；“四园”分别为“江河汇秀·春江潮涌”“运河古邑·活力城厢”“舜风舜水·焦点焦溪”“齐梁旧地·中医源脉”四大核心展示园，体现常州长江文化的核心价值特征；“四区”即西太湖—长荡湖、太湖湾区、南山—天目湖、茅山—曹山四大功能拓展区。长江国家文化公园常州段还设置了主体功能区，包括管控保护区、主题展示区、文旅融合区和传统利用区。

常州持续推进长江国家文化公园建设与历史文化名城名镇名村保护行动，依据不同的消费场景持续改编和再创喜闻乐见的展示方式，进一步拓展常州滨江岸线的文化旅游空间与休闲功能，鼓励社会大众参与共建共创长江常州段滨江文化长廊，推动长江文化的保护传承与活化利用。一是江山形胜（地理篇）：中华江山之龙的龙头；江南三江之北江全在毗陵常州；运河与长江交汇点。二是人文高古（内涵篇）：中华大地唯一高大上齐全的文明高地（寺墩、虞都），中华金钟六龙城。三是民生千秋（生活篇）：扬子文化、圩田文化、江俗文化。四是璀璨文艺（佳作篇）：咏江诗文，如江南古镇区、江海交汇景观区、长江大运河交汇景观区等。这些长江常州段的文化记忆具有丰富的人文情感，借助消费者的参与和大众传媒进行形象建构，能够为人们理解区域历史、当代生活与未来发展愿景之间的价值关联，提升民族文化自信和文化认同，提供重要的逻辑联系、解释框架和情境化的认知通道。

（三）协同创新江苏“江、河、湖、海”水文化共同体

现代社会中个性与共性常常是分离的，个人与共同体呈现“双向互建的样态”关系。哲学家们见解迥异：从柏拉图的理想国构思到亚里士多德的“城邦共同体”，康德提出的“政治共同体”，黑格尔提出的“伦理共同体”，哈贝马斯提出的“交往共同体”。马克思基于“自然共同体”与“抽象的共同体”提出“真正的共同体”，是对以往历史上“共同体”理论的批判性继承。习近平总书记多次全面而深入地阐述“构建人类命运共同体”的概念、总布局和路径。中国式现代化的文化建设突出强调坚持以马克思主义为指导，坚持以人民为中心的研究导向，加快建设具有中国特色、中国风格、中国气派的学科体系、学术体系、话语体系，构建中国自主知识体系。

1. 宏观层：长江国家文化公园体系的重要组成

从宏观上来看，国家文化公园建设的终极目标是赓续中华文明脉络、构建中华民族精神、凝聚原动力、实现文化自信。因此全面构建国家文化公园保护传承体系，属于“文化共同体”范畴，长江、黄河、大运河、长征、长城国家文化公园以各自文化主题为精神文脉，承载着伟大而悠久的中华文明，将沿线具有共同理想和相同文化基因的社会个体串珠成链，链接成网，构成的有序文化共同体，凝聚着中华民族数千年生生不息的价值追求。国家文化公园可以让世界认知中国文明、感受中国形象、读懂中国话语，从而建立平等相待、互商互谅的伙伴关系；共建共享绿色发展的生态系统，促进和而不同、兼收并蓄的

文明交流。长江文化是大国文明的重要组成部分，长江国家文化公园文化建设不仅是沿线城市中传统文化、历史文化、革命文化、时代文化、地域文化的荟萃与融合，更是代表国家形象的长江文化符号集成，是创造性提出自然资源与文化资源保护传承利用的中国方案。[①] 常州作为长江国家文化公园体系的一分子，更要从大空间、大系统的视角来链接历史之常州、今日之常州和未来之常州，探寻其兼容并蓄、海纳百川、事事当争一流的城市精神。

2. 中观层：江苏文化品牌塑造的根脉内核

从中观上来看，江苏的长江国家文化公园建设，要创新“江、河、湖、海”水文化保护传承体系，尊重长江、大运河在江苏交融汇通的地方特色，整合文化资源、挖掘文化内涵、拓展媒介路径、明确建设主体、主推示范项目、协同组织保障，促进文旅与工业遗产、教育、健康、休闲等领域相结合，塑造“水韵江苏”和“水运江苏”两大品牌，提升江苏文化自信。江苏整合研究力量，坚定文化自信，率先凝练长江文化特色标识，积极探索文旅深度融合发展路径，已经推出张家港长江文化艺术节、常州“春江花月夜”长江文化节等活动品牌。常州是江南环太湖区域的典型交通枢纽，除有得天独厚的自然生态，还有内涵深厚的文化资源，灵动的大运河滋养出委婉而清丽、柔婉曼妙而优美的常州文化。长江孕育的中华文明和民族智慧更为常州文化增添了独立潮头、劈波斩浪的壮美，开放性与包容性兼容并蓄，共同成就了常州的根脉、文脉与学脉，具有历史价值、文化价值、审美价值、经济价值和象征价值等。

3. 微观层：传播中华文化标识的媒介载体

从微观上来看，长江国家文化公园江苏段各城市百花齐放，常州段发展需要提升思想高度，坚持以马克思主义为指导，增强问题意识，坚持以人民为中心的研究导向，挖掘长江文化的时代价值和精神内涵，提出解决问题的正确思路和有效办法，协同创新长江国家文化公园管理机制。

---

① 何淼、曹劲松：《长江文化助推国家形象传播的叙事表达与实现路径》，《学习与实践》2024 年第 9 期。

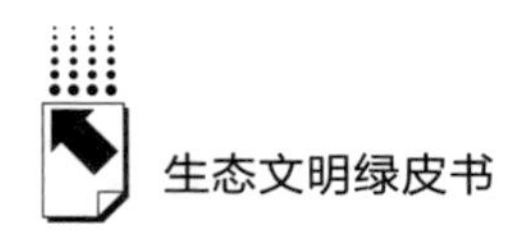

一是共建长江文化研究常州智库平台，把研究回答新时代重大理论和现实问题作为主攻方向，深入整理地方文献，包括《咸淳毗陵志》《大元一统志》《永乐大典・常州府》《成化毗陵志》《正德常州府志续集》《万历常州府志》《万历武进县志》《康熙常州府志》《康熙武进县志》《古今图书集成常州府》《乾隆武进县志》《乾隆阳湖县志》《常郡八邑艺文志》《常州赋》《道光武进阳湖县志》《光绪武进阳湖县志》《武阳志余》等，以及全国范围内与长江文明有关的文献资料，通过系统性的梳理集成长江文化资源，重点厘清长江文化史料之间的逻辑关系，阐发文化内涵，挖掘文化时代价值，为长江国家文化公园常州段展示片区建设提供重要文献依据，努力多出经得起实践、人民、历史检验的研究成果，把论文写在祖国大地上。

二是根据《长江国家文化公园江苏段建设推进方案》和《长江国家文化公园常州段建设保护规划》要求，常州市编制《长江国家文化公园常州段展示片区建设总体规划》，深度挖掘具有长江文化标识的地域特色资源，展现其地域文化所具有的特点，提出整体策划与规划蓝图，讲好常州故事，创新文化遗产和文化资源活态传承，做优做强文化事业和文化产业。常州历史上长江沿岸有孟河八景、魏浦诗景、孝都八景等，长江国家文化公园常州段可以长江岸线为廊道形成新时代春江八景，如毗陵诗潮、桃花旧港、渔港夕照、林栖相悦、德胜新渠、柳滩荻风、长滩观鱼、沙汀飞鹭等景观，在生态保护的基础上，展现长江岸线的生物多样性和常州关于长江主题的文化经典，创新创作一批彰显长江文化精神、体现中华文明多样性的文化精品和文旅产品，培育新质生产力的增长点，促进文化与旅游融合，加强对长江国家文化公园品牌的宣传和品牌推介，体现继承性、民族性、原创性、时代性，实现长江文化中传统与现代、文化与科技、自然生态与经济社会等要素的完美融合与创新。

参考文献

张冰洁、施秀莉：《习近平文化思想的生成逻辑与时代价值》，《中共济南市委党校

学报》2024 年第 4 期。

张明：《习近平文化思想的三重叙事结构——基于本体论、方法论和价值论的分析框架》，《社会科学辑刊》2024 年第 6 期。

中国社会科学院民族研究所编《马克思恩格斯论民族问题（上）》，民族出版社，1987。

孔卓：《常州早期城市现代化研究》，安徽师范大学出版社，2018。

（清）顾祖禹：《读史方舆纪要》，中华书局，1955。

中共江苏省委党史工作委员会编《江苏解放风云录》，中共党史资料出版社，1989。

包立本等编著《常州文物古迹》，方志出版社，2007。

《扬州工业交通志》编纂委员会编《扬州工业交通志》，中国大百科全书出版社上海分社，1995。

夏锦文、吴先满主编《中国改革开放全景录·江苏卷》，江苏人民出版社，2018。

李学勤、徐吉军主编《长江文化史（第 4 卷）》，长江出版社，2019。

贺云翱：《新时代长江之歌》，河海大学出版社，2022。

刘福刚主编《中国县域经济年鉴（2014）》，中国大地出版社，2014。

陈晶：《江苏常州圩墩村新石器时代遗址的调查和试掘》，《考古》1974 年第 2 期。

王巍总主编《中国考古学大辞典》，上海辞书出版社，2014。

于成龙等：《江苏常州天宁区寺墩遗址 2019 年度发掘简报》，《东南文化》2022 年第 5 期。

当代上海研究所编《当代上海研究论丛（第 5 辑）》，上海文汇出版社，2022。

李后强等编著《长江国家文化公园 100 问》，南京出版社，2023。

景存义：《长江下游地区泥炭的分布与全新世古地理环境的演变》，《南京师大学报》（自然科学版）1981 年第 2 期。

徐耀新主编《名城常州》，江苏人民出版社，2017。

江苏省档案馆编《嘱托·奋进·记忆——〈江苏经济报·江苏档案〉专版（2013~2023）选萃》，东南大学出版社，2015。

邵发军：《马克思的共同体思想研究》，知识产权出版社，2014。

鲍宗豪：《马克思主义人权观 引领人类权利思想的变革与治理》，东方出版中心，2023。

G.14

花园城市建设的首都实践：政策设计与实施路径

钱 坤*

摘　要：　花园城市建设是当代中国城市发展进入深度城市化阶段后，为了满足城市人民群众对城市美好生活的向往，不断推进城市生产、生活、生态空间高质量融合式发展的重要举措和建设模式。首都北京先行先试，在花园城市建设方面进行了卓有成效的探索。研究发现，首都花园城市建设实践，始终贯彻以人为本的理念，把人民群众对城市美好生活的向往作为基本遵循，把花园城市建设视为包括人、城、环境、服务、治理等在内的综合性系统工程，从城市民众的日常生活场景出发进行场景化城市花园建设，并积极推动多元主体的全方位参与。其政策设计以生态环境保护、城市绿色空间建设为核心内容，辅之以"软性"文化价值的彰显以及城市治理能力的保障。在实践中，通过部分地区的示范先行探索总结经验，而后进行统一的规划政策设计以明确建设的理念、方向和举措，结合地方标准的发布指引规范建设实践，积极引导市场主体的科技创新赋能，不断提升花园城市建设的质量和效能。

关键词：　花园城市　城市宜居性　城市绿色空间

---

* 钱坤，管理学博士，硕士研究生导师，南京林业大学生态文明建设与林业发展研究院生态文明与高质量发展研究中心主任，南京林业大学人文社会科学学院社会学系主任，主要研究方向为城市治理。

一　城市宜居性与花园城市建设

改革开放以来，当代中国经历了波澜壮阔的城市化进程，城市逐渐成为中国式现代化建设的核心动力引擎，引领着经济社会的全面发展。实际上，自 2011 年城镇化率首次超过 50%起，我国就已经正式迈入“城市中国”时代。截至 2023 年底，我国常住人口城镇化率为 66.16%，开始进入城市化发展的后半程。[①] 随着城市化率的不断提高，规模扩张理念主导下的城市发展模式因其带来的诸如交通拥堵、环境污染等城市病问题而饱受质疑和批评，中国“粗放式”的城市发展模式亟待转型。2015 年中央城市工作会议时隔 37 年再次召开，会议明确提出要“不断提升城市环境质量、人民生活质量、城市竞争力，建设和谐宜居、富有活力、各具特色的现代化城市，提高新型城镇化水平，走出一条中国特色城市发展道路”，特别强调要“着力提高城市发展持续性、宜居性”。[②] 宜居性作为当代中国城市发展进入新阶段之后的重要主导性发展理念，是城市“内涵式”发展的重要内容和主要特征。学界和政策界也开始引入兴起于英国，在新加坡、日本等地广泛流行的“花园城市”理念，并将其作为城市生态建设的重要内容以及提升城市宜居性的重要举措。部分学者围绕当代中国的花园城市建设已经进行了初步研究，取得了一定的成果。

“花园城市”概念最早源自 19 世纪末英国花园城市运动创始人埃比尼泽·霍华德出版的《明日的花园城市》，其核心理念强调“使人身处大自然的美景之中”。进入 21 世纪以来，英国新花园城市运动、新加坡“花园中的城市”以及中国的深圳、北京等城市的花园城市实践探索，是花园城市建设的典型案例，且呈现从增绿扩绿向系统布局提升、从生态优化向城绿融合过渡、从单一生态构造向多要素融合共建转变等新动向。毫无疑问，近年

① 国家统计局：《中华人民共和国 2023 年国民经济和社会发展统计公报》，《人民日报》2024 年 3 月 1 日，第 10 版。

② 《中央城市工作会议在北京举行》，《人民日报》2015 年 12 月 23 日，第 1 版。

来在“人民城市人民建、人民城市为人民”理念的指引下，当代中国的城市发展以城市人民群众的美好生活向往为追求，不断推进城市生产、生活、生态空间的高质量融合式发展，亦在这个过程中逐步建构中国式花园城市的理论与实践。北京是中华人民共和国的首都，也是超大规模人口城市的代表，近年来在花园城市建设方面进行了一系列卓有成效的探索。总结提炼首都花园城市建设的经验，厘清其政策设计方面的有效探索，能够为全国其他城市提供有益的借鉴。

二　首都花园城市建设的政策设计：基本导向与内容体系

实际上，早在2014年，习近平总书记在考察北京时就指出“像北京这样的特大城市，环境治理是一个系统工程，必须作为重大民生实事紧紧抓在手上”[①]。2022年3月和2023年4月，习近平总书记在参加首都义务植树活动时，先后两次对北京城市绿化工作做出重要指示，要求“把首都建设成为一个大花园”。习近平总书记对城市生态环境的重视更加凸显了城市宜居性的重要性。2023年7月，《关于进一步推动首都高质量发展取得新突破的行动方案（2023—2025年）》正式印发，“制定首都花园城市建设的指导意见，集中打通一批绿道、步道，构建森林环抱的花园城市”成为推动首都高质量发展的首要任务的重要内容。为了更加有效地推动花园城市建设，北京市选取东城、西城、朝阳、海淀、通州等五个区先行启动花园城市示范区建设，结合各自不同的特点以及思路进行花园城市建设试点探索。在前期五个区示范探索经验的基础上，2024年3月20日，《中共北京市委办公厅　北京市人民政府办公厅关于深化生态文明实践推动首都花园城市建设的意见》正式发布，该意见指出“花园城市建设是国际一流

① 《立足优势深化改革勇于开拓在建设首善之区上不断取得新成绩》，《人民日报》2014年2月27日，第1版。

的和谐宜居之都建设内在要求，是全域森林城市、公园城市的赓续发展，是建设美丽中国的北京方案”，并提出了花园城市建设的十大任务要求。2024年4月，北京市出台了全国首个花园城市建设的专项规划《北京花园城市专项规划（2023年—2035年）》（以下简称《专项规划》），《专项规划》的编制与发布将北京花园城市建设工作推上了新的高度。《专项规划》成为一直到2035年北京市花园城市建设的纲领性文件，同时作为附表发布的还有《花园城市指标体系》、《花园城市规划与政策清单》以及《花园城市实施任务清单》。《专项规划》不仅对首都花园城市建设进行了全面的顶层设计，还同步明确了建设举措以及评价标准。

（一）首都花园城市建设政策的基本导向

可以看到，北京市围绕花园城市建设已经进行了较为全面深入的政策设计，通过前期的政策试点，总结出了一整套花园城市建设的成熟理念和路径。《专项规划》是北京花园城市建设顶层政策设计的最终成果，从中可以看到以人为本的理念、系统治理的思维、场景化的建设策略以及多元参与的路径等花园城市建设的基本导向。

1. 以人为本的理念

“人民城市人民建、人民城市为人民。”“人民城市”概念的提出，深刻阐明了城市的本质，更为城市建设指明了重要方向。城市作为各种资源、要素、交往高度集聚的存在，人民群众是其创造者、建设者，城市发展应以人的自由全面发展为根本依归。城市是城市居民在其中工作、生活的关键空间，宜居性是影响城市民众生活幸福感的重要因素。而花园城市建设就是要打造人与自然和谐共生的城市发展新模式，通过增加城市空间中的绿色、生态要素，并通过与城市空间的有机融合，不断提高城市的宜居性，从而回应人民群众对城市美好生活的向往。事实上，随着经济社会发展以及人民生活水平的不断提高，城市民众对于高质量的生活环境的要求越来越高，也更加向往和亲近自然。然而，传统的城市建设往往未过多考虑城市民众的自然、绿色、生态需求。随着城市化发展进入下半程，当代中国的城市发展模式也

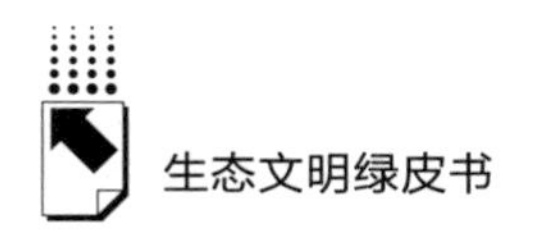

应城市民众的需求而发生了深刻转型，需要更加注重存量空间品质提升的“内涵式”发展。近年来，北京、上海等各大城市推进的各种形式的生态环境综合整治及城市老旧小区改造、微更新等举措，秉持以人为本的理念，回应城市人民群众的痛点需求，不断提升城市宜居性和人民群众城市生活满意度。通过集中整治，城市民众可感知的河湖水资源环境、空气质量、生物多样性等城市生态环境质量全面提升，初步实现了人民群众的宜居愿景。

2. 系统治理的思维

花园城市建设绝不仅仅是一个环境问题或者生态问题，而是一个包括人、城、环境、服务、治理等在内的综合性系统工程，因此地方政府必须有系统治理思维。一方面，花园城市建设并非简单的增绿扩绿式的城市绿化和公园建设，而是需要更为系统性地进行城市自然生态系统的整体性治理。其中既包括城市绿化的增加和改善，也包括城市河湖水道等的治理，还包括城市远郊的山林等自然生态系统的治理。如北京市《专项规划》强调的山脉轮廓线与城市的融合，河道、水库周边建设管控以及风貌引导等举措，都是将花园城市建设当作一个系统工程的重要例证。另一方面，花园城市建设需要注重生态环境与民众需求、公共服务以及城市治理的整体性融合。换言之，花园城市建设不仅要达成生态环境改善方面的目标，而且要追求更加复杂和复合的城市宜居性的提升，最大限度地回应城市民众对美好生活的向往。如《专项规划》强调要促进“三生空间”融汇、改善生态服务效能以及提升安全韧性水平等，都是将花园城市的生态绿色建设与公共服务等其他城市建设内容有机融合、系统提升。此外，北京市更是将花园城市建设与城市更新深度融合，探索出了一条以花园城市建设引领城市更新的新路径。

3. 场景化的建设策略

北京花园城市建设在具体建设举措方面的重要创新就是场景化的建设策略。从本质上来看，城市的核心变量是空间，场景则是更为具象的手段与策略。城市民众就是生活在不同的场景之中，从场景的视角切入抓住了城市宜居性建设的核心与关键。场景的重要特征就是复合性，场景中有不同的群体、不同的需求以及为了满足这些需求而进行的空间构造。场景化建设的优势在于非常具体清晰，从满足城市民众的场景化生活的痛点需求入手，通过场景空间的重新构造来实现具体的服务、治理等目标。北京市在推动花园城市建设的过程中，在《专项规划》中明确了花园住区、花园街道、花园乡村、花园场站、花园公共服务设施、花园商圈、花园办公、花园工厂等八类场景。每一类场景都结合城市民众的场景需求以及生态环境期待提出了明确的建设路径和方式。总体而言，这些场景基本上把城市民众在城市中的衣食住行、工作生产、休闲娱乐等都囊括在内。将这些场景都按照花园城市的理念进行建设，自然就能够最为有效地达成花园城市建设的目标，更能够最大限度地回应人民群众对城市美好生活的向往。

4. 多元参与的路径

“人民城市人民建”道出了城市建设发展的重要本质，即人民群众是城市建设的关键主体。花园城市建设不仅是城市政府的责任和任务，而是所有生活在城市中共享城市建设和发展成果的个人和组织的共同责任。因此，花园城市建设必然要走一条多元主体共同参与的实践路径。一方面，多元主体的共同参与能够让花园城市建设更加契合城市各方主体的需求，从而让花园城市建设真正取得实质性的效果，得到城市民众的认可。缺少多元主体参与的花园城市建设容易偏离城市民众的真实需求，出现政府做了大量工作但人民群众满意度不高的悖论。另一方面，花园城市建设是一项长期工程，建设前期的意见和需求征集，建设过程中的监督，建设完成之后的长效维护以及动态更新等，都需要除政府外的多元主体的积极参与。概言之，城市多元主体不只是花园城市建设中的“消极客体”，而应该是更加有为的“积极主体”。只有作为积极主体的城市多元主体共同参与，花园城市建设才是真正符合城市民众需求的建设，才能够真正达成“宜居性”的目标。更重要的是，只有多元主体积极参与，才能够降低花园城市建设的成本，花园城市建设才是可持续的，其效果也能够更长久地发挥。

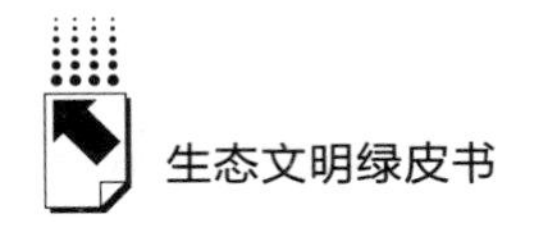

（二）首都花园城市建设政策的内容体系

《专项规划》是首都花园城市建设的纲领性文件，亦是首都花园城市建设经验的集中呈现。该专项规划从深化空间格局、彰显中华文化价值、统筹配置多元要素以及塑造花园场景、提高治理水平等几个方面全面阐释了花园城市如何建设的问题。总的来看，首都花园城市建设的相关政策主要从以下几个方面搭建其内容体系：生态环境保护、城市绿色空间建设、文化价值彰显、治理能力保障。

1. 生态环境保护

首都花园城市建设的总体目标是：把北京建设成为天蓝水清、森拥园簇、秩序壮美、和谐宜居的花园之都，形成面向第二个百年奋斗目标的大国首都人居环境典范。改革开放以来的“粗放式”城市建设，在带来城市快速发展的同时，也带来了生态环境的破坏。自然生态环境品质不高影响了城市民众的生活品质和感受。因此，花园城市建设的首要任务就是生态环境保护，恢复被破坏的环境和生态，提高生态环境品质。这项可以称为“补短板”的举措，是花园城市建设政策顶层设计的重要内容。北京市则通过宏观上的空间格局规划引导以及不同分区的重点偏好，形成一个山水林田湖草沙生态环境保护的有机整体。毫无疑问，自然要素是花园城市建设的重中之重，城市内部以及城市周边等全域全要素的生态环境系统治理和保护，是花园城市政策设计的重要内容，也应当成为其他城市开展花园城市建设的必要内容。

2. 城市绿色空间建设

如果说生态环境保护是花园城市建设的生态基底，那么城市绿色空间建设则是花园城市建设的关键载体。事实上，花园城市建设最终还是要落脚到大大小小的城市花园之中，通过在不同的城市场景空间中建设相契合的大小花园，真正让城市民众感知花园城市的“花园”特色。截至 2023 年，北京共有 1065 家花园，建成区人均花园绿地面积为 16. 9 平方米，花园绿地 500 米服务半径覆盖率为 88. 7%。可以说，生活在北京这个大城市中能够非常便捷地在任何地方抵达不同规模的城市花园。城市花园成为城市民众在钢筋水泥的城市空间之中拥抱自然生态的重要载体。因此，北京花园城市建设的重要内容就是建设各种形态的花园：一方面，将风景名胜区、森林花园、湿地花园、郊野花园、地质花园、城市花园等纳入城市花园体系进行统筹布局建设；另一方面，充分利用城市更新过程中的碎片化空间，建设社区花园、游园、口袋花园和小微绿地等小微型花园。这些规模、形态不同的花园在城市空间中合理分布，最大限度地满足城市民众的生态需求，更是极大地提升了北京的城市“宜居性”。

3. 文化价值彰显

城市是一个人口、资源、要素等高度集聚的复杂系统。既有能够直观看到的人造或者自然的各种空间实体，又内在地蕴藏着通过人与人之间的互动等累积起来的城市文化风格。这些“软性”的城市文化特性，是影响城市民众生活满意度的重要因素，亦是衡量城市“宜居性”的重要指标。因此花园城市建设既要通过人居环境改善为城市民众营造一个更加和谐宜居的空间，又要通过历史文化要素的挖掘，为生活在城市空间中的所有人提供一个安放“心灵”的场所。从这个意义上来说，花园城市建设所承担的一个重要任务就是在人居环境建设的过程中，注重发掘和彰显文化价值，通过将文化价值融入花园城市建设，从而实现从“硬件”和“文化”两个方面推动城市“宜居性”的提升。因此，北京在花园城市建设的纲领性文件中专门辟出一章，强调彰显中华文化价值的重要性，并通过一系列传统历史文化与现代景观环境有机融合的工作布置，将城市文化建设内蕴于花园城市建设。通过城市文化价值的挖掘和彰显，使城市花园在自然景观之外更添一层丰富的文化内涵。

4. 治理能力保障

政策设计最终转化为实实在在的绩效需要相应的治理能力作为保障。首都花园城市建设不仅重视进行完善的政策设计，更加重视政策的实践落地。实际上，不能最终有效落地的政策设计只能是“镜花水月”。北京市在发布花园城市建设总体政策设计内容的同时，《花园城市指标体系》作为《专项规划》的附录同步发布，成为保障政策规划落到实处的重要抓手。北京市的《花园城市指标体系》共设置6大类29个具体指标，指标分为引导性和约束性两类，对花园城市建设各个方面的工作进行了全面系统的梳理并提出了明确具体的要求。这些深入而具体的指标体系，为首都花园城市建设提供了简明而清晰的指引，各项花园城市建设举措亦有了明确的目标。此外，为保障实施，《专项规划》还提出建立"市级引领、部门协同、基层推进的管理组织模式，明确各级政府及相关部门的职责"，并进行了详细部署。

总体而言，北京作为首都在推动花园城市建设的过程中，形成了契合首都实际的政策设计基本导向，并形成了可操作性强的内容体系，为花园城市建设提供了强有力的支撑和保障。

三　首都花园城市建设的实施路径

首都北京的花园城市建设是一个逐步推进的过程，纵观其发展历程，可以看到其中有相当多的经验可以总结。概括而言，示范先行、规划设计、标准指引、科技助力是首都花园城市建设有效的实践路径。

（一）示范先行

花园城市建设在国外大城市虽有成功经验，但是由于经济社会基础和政府治理体制不同，很难完全照搬移植。而国内尚无有效经验，特别是北京这样有悠久历史和巨大规模体量的超大城市，更是没有花园城市建设的先例。因此，在习近平总书记提出"把首都建设成为一个大花园"① 的要求后，北京市先期确定东城、西城、朝阳、海淀、通州等五个区先行启动花园城市示范区建设。"试点"是当代中国长期以来治国理政的普遍经验，是在尚无先例和成功经验的地区"先行先试"进行探索，总结成功或者失败的经验，

① 《把首都建设成为一个大花园》，"北京日报客户端"百家号，2024年10月17日，https：//baijiahao. baidu. com/s？id=1813148406045877674&wfr=spider&for=pc。

进而为后续大规模的政策实践提供指导。朝阳区号称“千园之城”，是花园城市建设探索中“开放公园”理念的先行先试区。朝阳区在花园城市建设试点中以“产业焕新、生态宜居、配套服务完善、城市运营”为总目标，着力推动开放花园与城市功能的深度融合，真正实现城园融合。其他四个区也都结合各自的区情探索了不同的花园城市建设路径。通过五个区的前期探索，北京逐步厘清了花园城市建设的主要目标、基本原则与内容体系，为后续纲领性《专项规划》的出台奠定了重要基础。

（二）规划设计

在当代中国国家治理实践中，规划发挥着越来越重要的作用。从中央到地方，一项重点工作的落实往往以编制一份高质量的规划为前提和基础。在总结前期示范探索经验的基础上，北京市于 2024 年 4 月正式出台了全国首个花园城市建设的专项规划《北京花园城市专项规划（2023 年—2035 年）》。《专项规划》是北京市“十四五”时期的重要专项规划之一，成为首都“十四五”规划体系的重要组成内容。《专项规划》对首都建设花园城市的指导思想、基本原则、发展目标等各个方面的工作都做了详细的政策设计和工作部署，是北京市未来花园城市建设的总纲领、总政策。可以说，对未来一直到 2035 年的首都花园城市应当如何建设进行了全面系统的顶层设计。《专项规划》正式发布后，北京市下辖的各个区都围绕总体部署和要求发布了各区的花园城市建设行动方案，进而形成了一个自上而下全面推动花园城市建设的政策体系。

（三）标准指引

除了随《专项规划》同期发布的《花园城市指标体系》外，北京市 2024 年 8 月进一步发布了一批花园城市建设的地方标准，以期通过标准体系的建立指引全市花园城市建设。如果说指标体系规定的是花园城市建设的目标，那么标准体系就是如何规范、统一地达成这个目标的具体指导。近年来，标准在政府治理的各个领域应用得越来越广泛，通过出台标准来规范政府、市场、社会的行为成为越来越普遍的选择。北京市同期发布的《花园城市建设指南》《花园城市立体绿化建设技术规范》《生境花园建设技术指南》等地方标准，对花园城市建设、花园城市立体绿化建设、生境花园建设等设立统一的标准，确保首都花园城市建设遵循的是同一套标准，最大限度地保障花园城市建设的质量。在指标体系和标准体系的双重加持下，首都花园城市建设的质量能够得到基本的保障。无论是政府的工作开展，还是多元主体的参与，都有了明确的规则和依循。

（四）科技助力

现代技术的快速发展已经深刻地改变了我们的世界和生活，借助技术工具和手段，政府的治理能力和治理效能亦得到了极大的提升。技术的进步也使得原本难以解决的顽固问题有了有效的解决方式。现代科技的发展能够有效赋能和助力花园城市建设。具体而言，聚焦不同的花园城市建设场景，诸如有机质技术、新型屋顶绿化基质、生态修复技术、林木废弃物再利用技术等先进科技的应用落地，能够极大地提高花园城市建设的技术内涵。更重要的是，技术的进步和发展使得在城市这样一个巨型人工造物中建设各种类型的生态花园成为可能。围绕花园城市建设开发的一系列相关技术，不仅能够有力地推动首都花园城市建设，而且是推动相关行业高质量发展的重要契机。

可以看到，首都花园城市建设已经逐步走出了一条独具特色且极具借鉴意义的道路。首先，通过试点示范探索花园城市建设的地方经验，将国际、国内的成功经验进行在地化转化，形成契合地方实际的操作路径；其次，通过《专项规划》等的编制进行花园城市建设的政策顶层设计，明确建设理念、建设举措，全市一盘棋统筹推进，并通过有力的保障措施保证建设质量和效能；再次，通过发布相应的地方标准体系，引领和规范花园城市建设中多元主体的行为，让他们的建设行为有明确的标准规约，既保证了建设的质量，又为政府之外的多元主体的参与提供了重要的基础；最后，围绕花园城市建设引导政府、市场主体等进行技术创新，通过新技术提升花园城市建设的效能，使很多原本难以建设花园的城市空间可以在新技术的加持下进行有效建设，更重要的是相关技术的发展也带动了整个城市生态绿化建设行业的高质量发展，使得花园城市建设实现了政治、社会、经济、生态效益的多重收获。这样一条稳妥、明晰的建设路径，能够为我国其他城市的花园城市建设提供非常有益的经验借鉴。

参考文献

〔英〕埃比尼泽·霍华德：《明日的田园城市》，金经元译，商务印书馆，2010。

薄凡、赵笛、韩瑞栋：《中国式花园城市：理论构建与实践路径》，《北京行政学院学报》2024年第3期。

侯晓蕾、刘欣、姚莉莎：《北京花园城市建设的社区微更新探索——微花园公众参与的模式、策略与机制》，《装饰》2023年第11期。

辛金国、崔裕杰、沙培锋：《花园城市建设评价研究——以浙江省为例》，《调研世界》2020年第11期。

钱坤、唐亚林：《规划治国：一种中国特色的国家治理范式》，《学术界》2023年第4期。

G.15
农林高校开展生态文化育人的实践探索
——以南京林业大学为例

袭开国　张晓琴*

摘　要：　培育弘扬生态文化是全面推进美丽中国建设的内在要求。南京林业大学坚持以习近平生态文明思想为指导，结合办学特色和学生成长规律，把培养"绿色担当人才"作为特殊使命，注重把价值塑造、能力培养、知识传授有机结合，使第一、第二课堂互通互融，探索构建了顶层设计、教学改革、平台搭建、队伍建设、环境营造"五位一体"的生态文化建设和育人体系，将生态文化融入人才培养全过程，形成了独具南京林业大学特色的生态文化育人格局，取得了显著的育人效果。

关键词：　农林高校　生态文化　育人体系

生态兴则文明兴，生态衰则文明衰。党的十八大以来，党和国家将生态文明建设纳入"五位一体"总体布局，将坚持人与自然和谐共生纳入新时代坚持和发展中国特色社会主义的基本方略，将绿色发展理念作为新发展理念的重要内容，将污染防治列为三大攻坚战之一，这体现了生态文明建设在新时代党和国家事业发展中的重要地位。生态文明建设是关系中华民族永续发展的根本大计，是实现社会主义现代化的必由之路，持续推进生产生活方式绿色转型升级，是一场涉及生产方式、生活

* 袭开国，南京林业大学党委宣传部副部长，助理研究员，主要研究方向为思想政治教育；张晓琴，研究员，南京林业大学党委常委、副校长，主要研究方向为社会生态学、高等教育管理。

方式和价值观念的深刻变革。2015 年，《中共中央 国务院关于加快推进生态文明建设的意见》印发，首次提出“坚持把培育生态文化作为重要支撑”。习近平总书记在 2018 年召开的全国生态环境保护大会上指出，“中华民族向来尊重自然、热爱自然，绵延 5000 多年的中华文明孕育着丰富的生态文化”。习近平总书记强调，加快构建生态文明体系。要把解决突出生态环境问题作为民生优先领域，必须加快建立健全以生态价值观念为准则的生态文化体系。①

生态文化是以生态价值观为导向，对生态文明建设理论和实践成果的总结、凝练和传承，包括生态物质文化、精神文化、制度文化和行为文化等，是生态文明的文化样态。培育弘扬生态文化，是习近平生态文明思想的重要内容，是全面推进美丽中国建设的内在要求，也是新时代林业特色高校的特殊使命。南京林业大学作为国家主要的林业高校之一，拥有百年办学历史和深厚的文化底蕴，始终将梁希先生“誓让黄河流碧水，赤地变青山”的宏愿作为师生思想教育和学校精神文化建设的重要内容，把“培育生态文化，传播生态理念”作为特殊使命，以弘扬梁希精神引领生态文化建设，以绿色发展基因培植为人才培养目标，以生态理论创新服务生态文明实践，以传播生态理念为主题开展各类实践活动，精心打造生态文化育人特色品牌。

一　生态文化育人实践的主要做法

生态文明建设既关乎国家发展的可持续性，又对人类社会的存续有深刻的影响。南京林业大学坚持以习近平生态文明思想为指导，以梁希精神和水杉精神为引领，以“绿色发展基因培植”为核心，紧紧围绕立德树人根本任务，探索构建了顶层设计、教学改革、平台搭建、队伍建设、环境营造“五位一体”的生态文化建设和育人体系，将生态文化融入人才培养全过程，形成了独具南京林业大学特色的生态文化育人格局。

---

① 习近平：《推动我国生态文明建设迈上新台阶》，《奋斗》2019 年第 3 期。

（一）抓顶层设计，将生态文化作为南京林业大学特色文化纳入建设规划

“每个时代都有自己的生态文化”，生态文化范式经历着不断的解构与重构。精准把握生态文化的内在要求的第一要义是在顶层设计上明确建设目标与方向。南京林业大学在“十二五”文化建设规划中明确将“传播和发展生态文化”纳入文化建设指导思想，把培育“富有绿色生态文明特色的精神文化”和“人文与自然交相辉映的校园环境文化”作为学校文化建设的重要目标，并提出了打造“水杉文化品牌”的生态特色文化建设思路。学校“十三五”文化建设规划更加突出强调特色文化建设，正式确立以生态文化作为特色文化的建设目标。学校“十四五”文化建设规划进一步明确实施生态特色文化品牌打造工程，明确生态文化建设任务，即坚持将生态文化作为学校特色文化进行建设，以培养具有生态文明价值观和实践能力的南林人为目标，将习近平生态文明思想贯穿教育教学各方面，着力建设以梁希精神和水杉精神为引领，以绿色校园建设为基础，以生态理念融入思政课程和课程思政为重点，以生态文化理论研究、生态理念传播和生态实践活动为支撑的南林特色的生态文化育人体系。

（二）抓教学改革，构建生态文化育人课堂教学体系

1. 发挥思政课教学优势

思政课作为大专院校的必修课程，是落实国家生态文化建设和生态文化育人的主要渠道，在提升大学生生态文化素养方面发挥着重要主导作用。为突出习近平生态文明思想学习教育，南京林业大学构建了基于“生态+”的“三结合四协同”思政教育新模式，在主动实施“价值性和知识性、理论性和实践性、主导性和主体性”三个结合的基础上，深入开展“专业教育与思政教育、课程思政与思政课程、显性教育与隐性教育、线上教育与线下教育”四个协同工作，推动习近平生态文明思想“三进”。

2. 加强通识课程建设

生态文化不单是一个国家的文化发展问题，还同社会、政治、经济、科技等要素相互交织，需要改变生态文化存在感较低、不属于主流文化的现状。尤其是随着生态环境破坏与污染问题的日益加剧，良好的生态环境逐步成为稀缺资源，生态文化更需要上升到国家文化的高度。20 世纪 90 年代以来，学校面向全校学生开设了生态伦理学、生态文化概论等公共选修课，逐步推进非环境类专业学生的环境意识教育。在 2014 年修订的教学计划中，正式将生态学、环境类通识课程作为非环境类专业学生的指定选修课（必选课），计 2 个学分。目前学校设置生态环境类通识课程 55 门，在全体本科学生中普及生态文明教育，为生态文化专业性的学习奠定了坚实的基础。

3. 打造“生态+”专业课程特色

我国生态文明建设战略赋予了生态文化建设新的内涵，具备崇尚自然、保护生态环境、促进资源永续利用等基本特征，属于中国特色的新时代生态文化。为此，南京林业大学积极修订人才培养方案，将习近平生态文明思想以及生态文化理论、知识和技能等有机融入各专业课程建设，着力提升学生将绿色理念融入专业实践的能力和水平，大力培养绿色生产生活方式的自觉实践者和推动者。积极推进教学改革，在非环境类专业学生的专业课程教学中，融入生态学和环境科学的理论，努力形成教育特色，开设了室内绿化、景观生态学等一批精品课程，很好地契合了社会发展对大学生生态文明素质的要求。

（三）抓平台建设，拓展生态文化育人载体

1. 打造生态文化活动平台

生态文化是人类文化的最新走向，构建全校统筹、校内各单位联动的生态文化活动体系是生态文化传播与发展的重要渠道。南京林业大学精心打造了以“水杉班”“水杉英才学校”“水杉剧社”“水杉大讲堂”“水杉艺文空间”等为支撑的生态育人品牌，举办相关活动 2000 余场次。组织以“生态文明·责任与使命”为主题的“生态文化节”，2016 年以来已连

续举办 7 届，围绕绿色理念传播、生态公益服务等，统筹开展主题论坛、生态文明书画摄影作品展、生态微电影展播、生态征文和诗词大赛、学生生态设计毕业作品展等 500 余项活动，协调全校资源，集中联动宣传生态文明理念。

2. 打造生态文化实践育人平台

构建专业实践、学科竞赛、创新创业、社会实践四融合的实践育人体系。依托学科特色，打造“小花园”设计与营建等专业生态文化实践品牌；组织师生广泛参与生态文化主题广告、设计、视频等大赛和学科竞赛及创新创业项目；持续打造并组织开展“美丽中国行”研究生暑期社会实践品牌，2013 年以来已连续举办 12 届，以“百名硕博进百村，生态理念入万户；百名硕博进百企，绿色理念促发展”为宗旨，每年组织近 300 支团队深入农村、社区、企业，开展社会调研、志愿服务、义务宣讲、科技支持等活动，让生态文明理念走进千家万户。

3. 打造生态文化理论研究平台

生态文化以整体论为基础，以生态价值观为取向，以生态思维为方法，以自然—人—社会的复合生态系统为研究对象，旨在实现人与自然、人与人、人与社会的协同共进。聚焦生态文化建设重大理论和实践问题，南京林业大学成立中国特色生态文明建设与林业发展研究院、新时代生态文明建设案例研究中心等研究智库，统筹校内外师资力量，积极申报国家和地方科研项目，不断深化习近平生态文明思想研究阐释和政策咨询服务，产出了一大批优秀成果。坚持《南京林业大学学报》（人文社会科学版）生态环境类学术期刊特色定位，经常性开展生态文化主题学术交流活动，引领和助推生态文化理论研究。

（四）抓队伍建设，夯实生态文化育人基础

1. 加强思政课教师队伍培养培训

按照“政治强、情怀深、思维新、视野广、自律严、人格正”的要求，加强思政课教师队伍建设。以培育一批优秀马克思主义理论教育家为目标，

制定并实施思政课教师队伍培养培训规划，重点开展习近平新时代中国特色社会主义思想特别是习近平生态文明思想专题学习研修，全面提升每一位思政课教师的理论功底、知识素养，增强推动党的创新理论进教材、进课堂、进头脑的能力。

2. 加强其他课程专业教师队伍建设

依托自然环境类和社会生态学科以及研究智库，建设一支专业生态文化通识课程师资队伍。将生态文化作为重要内容纳入“课程思政”建设，建立健全“课程思政”建设相关规定，推动各类课程与思政课同向同行，形成协同效应。着力加强对教师的培养培训，不断提升深入挖掘和运用各类课程蕴含的生态文化教育资源的能力，将课程思政育人元素作为教材讲义必要章节、课堂讲授重要内容和学生考核关键知识，有效融入大学生专业学习的各个环节。

3. 统筹社会资源参加学校生态文化教育

建立健全思想政治教育特聘导师等制度，积极选聘“全国林业英雄”“全国劳动模范”等生态建设楷模任特聘导师，参与学校生态文化育人工作。结合新生入学教育等重要时点，常态化组织开展“劳模进校园”等品牌活动。近年来，广泛邀请国内外院士、专家学者、知名校友以及生态文明建设楷模等来校举办学术和生态科普报告近500场。

（五）抓环境建设，营造生态文化育人氛围

1. 建设森林公园式校园

南京林业大学校园植物品种众多、树木葱茏，具备良好的生态基础，其中的樱花大道景观已成为南京市的一张城市文化名片。学校还注重环境治理与美化，持续打造校园生态和文化景观。将校园美化与生态教育有机结合，设计制作生态特色标识、道旗。建设校园树木信息系统，使校园内千余种标本植物和珍稀名木成为育人的鲜活载体。

2. 充分挖掘学校历史文化资源

对学校历史杰出人物致力于林业生态建设事业的事迹进行深入挖掘整

理，总结概括出了以爱国爱林为核心的梁希精神和以“务实求真，合作进取”科学精神为核心的水杉精神等南京林业大学精神文化传统。同时，以梁希先生“让黄河流碧水，赤地变青山”的宏愿为背景，创作了南京林业大学校歌《为了碧水青山》；将水杉的绿叶作为主要元素，设计了具有南京林业大学历史文化特色的校徽；还通过设立“梁希班”和“水杉班”，有组织地开展梁希精神和水杉精神的教育，推动南京林业大学生态文化传统的传承与弘扬。

3. 营造良好社会生态文化氛围

充分发挥校报、网站、微博、微信、抖音等校园媒体作用，开辟“生态南林”“生态文化节”等专栏专版，加强对学校生态文化育人工作的宣传报道。努力发挥高校文化引领辐射作用。近年来，在中央及省级主流媒体深入报道1000余篇次。制作并传播学校先贤、生态美景及生态科普专题片、微视频等10余部。生态学专家、教授走出校门，在省内外有关活动如“贵阳生态文明国际论坛”上发表见解，在《光明日报》等媒体上发表生态文明方面的理论文章，深入机关、企业、社区等做报告，积极向社会传播生态文化理念。学校还通过与地方政府联合举办银杏文化节等活动，促进地方经济社会文化发展，强化社会公众的绿色使命和担当意识。

二　生态文化育人实践的工作成效

（一）育人效果显著

培养出了全国林科十佳毕业生时爽、夏文静等，获得中国林学会梁希优秀学子奖的张小标、邱健豪、张天安、郭天雨等，成功创业典型南京青林生物科技有限公司李垚、泗阳县果树种植专业合作社韩林芝等一大批优秀学生。在生态文化理论研究、生态文化实践、生态科普、绿色设计等方面，学生获省级以上奖项300余项，其中，国家级奖项近200项。如“为了碧水青山”环境保护志愿服务项目获得第四届中国青年志愿服务项目大赛银奖；

纪念梁希先生文献纪实剧《林钟声声》入围第三届“紫金文化艺术节”，获首届“柠檬杯”南京大学生原创戏剧作品评选优秀剧目奖，并在江苏大剧院公演；纪录片《林中萧瑟》入选2018年全国科普微视频大赛百部优秀作品；“长江卫士”等4支学生暑期社会实践团队获评全国优秀实践团队等。

（二）产出了一系列具有影响力的成果

“花卉学”“插花艺术”等一批课程获评国家级精品视频公开课和国家级精品在线开放课程。“美丽中国‘黄河流碧水，赤地变青山’”虚拟仿真实验项目获评国家一流课程。《植物学》《林业政策学》等教材获评省级重点教材。产出了如《绿色中国》《生态文明和生态安全——人与自然共生演化理论》《生态哲学基础研究》《生态理念视阈下的德育创新与实践》等一批优秀理论成果，获第七届高等学校科学研究优秀成果奖（人文社会科学）著作类三等奖、江苏省第十六届哲学社会科学优秀成果奖二等奖等奖项。编纂了《以习近平生态文明思想为指导的生态文明建设学习读本》。编写出版了“生态林业蓝皮书”“生态文明绿皮书”，产生了广泛的社会影响。多项决策咨询成果和研究成果获中央、省部级领导批示，被江苏省及国家林业和草原局等采纳或采用。

（三）生态文化育人工作获系列表彰

学校连续获得“江苏省文明校园”称号，“生态特色文化融入人才培养全过程研究与实践”项目被教育部评为“第二批高校思想政治工作精品项目”，“践行‘美丽中国’实践引领创新——南京林业大学‘小花园’设计与营建活动”获得“大学生素质教育优秀品牌活动”银牌，“‘生态+’教育大课堂探索与实践”获得第九届梁希科普活动奖，张晓琴获得第九届梁希科普人物奖，案例《彰显行业特色　践行生态育人》获“第六届全国农林院校研究生管理工作研讨会”研究生管理工作优秀案例二等奖，“基于‘生态+’的‘三结合四协同’研究生思政教育模式”获江苏省研究生教育改革成果二等奖等。

（四）生态文化育人工作社会影响广泛

学校生态文化育人的典型经验和做法先后在全国高等农林水院校党建与思政工作研讨会、中国林业政研会常务理事会、中国高等教育学会生态文明教育研究分会生态文明教育论坛、中国高等教育学会宣传工作研究分会高校宣传工作创新发展高层论坛等重要会议上做了介绍推广，与全国百余所高校共享经验。同时，被《人民日报》《光明日报》《新华日报》《中国绿色时报》等数十家主流社会媒体广泛深入报道1000余篇次。其中，研究生生态育人工作入选《教育部高校思政教育工作简报》，被专题报道。

三 生态文化育人实践的经验启示

（一）坚持以习近平生态文明思想为指导，推动党的创新理论“三进”

党的十八大以来，我国生态文明建设取得了举世瞩目的巨大成就，最根本的就是坚持以习近平生态文明思想为指导，这也是保障并推动高校生态文化建设及育人工作深入开展的强大思想武器。要将习近平生态文明思想有机融入生态文化育人的全过程、各方面，持续推动党的创新理论进课堂、进教材、进头脑。南京林业大学作为一所以林科为优势的高水平研究型大学，未来要进一步发挥多学科交叉集成优势，不断做好理论创新、科学研究及社会服务等工作，力争在生态文明建设领域贡献更多的智慧与力量。

（二）坚持深入挖掘整理学校历史文化，以梁希精神和水杉精神引领推动学校生态文化育人工作

当前，我国生态文化正处在从初步培育到稳固厚植的发展阶段。南京林业大学五脉汇合，百廿传承，大师汇聚，留下了宝贵的精神财富。“誓让黄河流碧水，赤地变青山”的梁希宏愿和“严谨求真，合作进取”的水杉精神就是南林精神文化的瑰宝，通过全面总结学校优良办学传统，在已有办学

理念、校训、校风的基础上，进一步凝练学校精神，引领和推动学校生态文明教育深入开展，并同步做好生态文化“媒介”工作。

（三）坚持以“绿色发展基因培植”为核心，大力培养具有生态意识的社会主义建设者和接班人

作为社会文化子系统的高校是直接或间接传播生态文化建设的重要力量，南京林业大学积极践行这一社会责任。在具体实践中，学校根据专业类型和学生学习能力的不同，以分类培养绿色发展的探索引领者、绿色发展的积极推动者、绿色发展的自觉实践者为目标，构建以“绿色发展基因培植”为核心内容的人才培养体系，有针对性地加强思政理论课、生态文明类通识课和各专业课程建设，着力培养学生绿色发展理念、绿色担当社会责任、可持续发展观、生态价值观以及生态环境与生态文明建设能力。

（四）坚持把“生态文化”作为特色文化建设，着力打造一批文化品牌和标志性文化成果

在生态文化建设中，不仅要对生态文化建设的目标任务进行系统的考察，理解生态文化建设的系统性、整体性和协同性，还要以开放的思维创新生态文化建设方式。为此，学校明确生态特色文化的建设定位，构建了以生态文明教育为基础、以弘扬梁希精神和水杉精神为主轴、以生态文化理论研究和生态文化活动为支撑的南林特色的生态文化建设体系，通过深入打造以“梁希”“水杉”和生态文化节等为代表的特色文化品牌，产出了一批标志性文化成果，有效地促进了生态意识的培育、生态文化理论的创新和生态理念的传播。

参考文献

张存建：《论人类文明新形态的“求知”哲学意蕴》，《广西社会科学》2023 年第

8期。

习近平：《推动我国生态文明建设迈上新台阶》，《奋斗》2019年第3期。

焦晓东：《弘扬特色生态文化　助力生态文明建设》，《中国经济时报》2021年8月19日，第4版。

刘惠：《新时代习近平生态文明思想理论内涵与实践进路探讨——评〈生态文明建设的理论构建与实践探索〉》，《中国教育学刊》2024年第5期。

李萌、潘家华：《中国生态文明建设与生态文化范式的重构》，《贵州社会科学》2021年第12期。

冯冬娜：《系统哲学视域下的生态文化建设及时代价值》，《系统科学学报》2023年第2期。

张远惠、范冬萍：《系统科学哲学视域下中国生态文明建设的理论与实践》，《广东社会科学》2020年第6期。

Abstract

Ecological civilization is of vital importance to the future of China, the well-being of the people and the sustainable development of the whole country. Since the 18th CPC National Congress, the Central Committee of the Communist Party of China with Comrade Xi Jinping at its core has stood at the strategic height of upholding and developing socialism with Chinese characteristics and realizing the great rejuvenation of the Chinese nation, has incorporated ecological civilization into the overall plan of socialism with Chinese characteristics and promoted the construction of ecological civilization with an unprecedented intensity. After the 19th CPC National Congress, the Central Committee of the Party of China has even listed the construction of ecological civilization as one of the "14 insistences" along with Party building, military strengthening, economic development, improving people's livelihood and other aspects, further elevating its strategic position. Meanwhile, the Construction of Ecological Civilization, Green Development and Beautiful China have been successively included in the Constitution of the Communist Party of China, gradually becoming the Constitution of the People's Republic of China as common will and action of the entire party and the whole nation. At the 20th CPC National Congress, it proposed to "plan development from the perspective of harmonious coexistence", "accelerate the green transformation of development between man and nature. and "actively and steadily promote carbon peaking and carbon neutrality", which have clarified the way forward and provided strategic guidance for the construction of ecological civilization in China. This book is divided into five parts: General Report, Evaluation Research, Green Productivity, Policy Research, and Practical Case, which are designed to study the construction of ecological civilization with Chinese characteristics from multiple perspectives, with a view to providing theoretical guidance and policy reference for national and local efforts to promote ecological civilization.

In part one, General Report, it mainly conducts research on the progress, task objectives, overall layout, practical challenges, and major relationships that need to be properly handled in the construction of ecological civilization with Chinese characteristics, and puts forward the overall ideas and suggestions for promoting the construction of ecological civilization with Chinese characteristics. The general report reviews the positive achievements that China has made in recent years in pollution prevention and control, green and low-carbon development, ecological protection and restoration, environmental risk management and control, as well as ecological environment legislation. Meanwhile, it clarifies the task objectives of China's ecological civilization construction in 2023, analyzes the overall layout of China's ecological civilization construction in 2023, summarizes the current practical challenges, sorts out the major relationships that need to be properly handled in China's ecological civilization construction, and on this basis, presents the future development prospects and outlooks.

In part two, Evaluation Research, it mainly combines the goal of "modernization in harmony with nature" in the construction of ecological civilization with Chinese characteristics. It constructs an evaluation index system for the construction of ecological civilization with Chinese characteristics from two result dimensions of green development and high quality of natural ecology, and four path dimensions of green production, green life, environmental governance, and ecological protection. Moreover, it adopts the CRITIC and the linear weighting method to conduct a spatiotemporal dynamic evaluation and analysis of the level of characteristic ecological civilization construction in each province from 2011 to 2021. The research findings show that, in terms of the construction trend, the comprehensive index of ecological civilization with Chinese characteristics has been continuously rising. However, due to the heterogeneity in aspects such as economic foundation and ecological environment, there are significant differences in the index levels among different provinces. From the perspective of the development dimension, the overall trend is positive. The indices of the two outcome dimensions are growing steadily, and although some path indices fluctuate, the development among different provinces is unbalanced, and there are still obvious weaknesses in some dimensions.

In part three, Green Productivity, it mainly analyzes the significant value, prominent problems, and practical paths of supporting high-quality development with high-level protection. It also conducts discussions on two major global hot issues and ecological challenges, namely "addressing climate change and protecting biodiversity", and proposes that there is a close coupling relationship between protecting biodiversity and addressing climate change, and their synergistic effects should be fully exploited. It sorts out the international actions and Chinese approaches for the coordinated governance of biodiversity protection and climate change. Meanwhile, relevant special reports also explain the theoretical logic of "the new quality productivity itself is green productivity" from both theoretical and practical levels, reveal its essential connotations from five aspects, and put forward practical paths. It dissects the applications of digital technologies in fields such as environmental monitoring, resource management, and energy optimization, emphasizes their potential in improving ecological efficiency, reducing resource consumption, and improving environmental quality, and reveals the bottlenecks and obstacles in the current application of digital technologies to the construction of ecological civilization. It also explores the enabling logical mechanisms and implementation paths of digital technologies in the construction of ecological civilization.

In part four, Policy Research, it focuses on several policy topics. It mainly studies the legal guarantee system for comprehensively promoting the construction of Beautiful China, discusses the deficiencies of the existing legal system in the construction of ecological civilization, analyzes the current situation and challenges of the legal system for biodiversity protection in China in the context of ecological civilization, summarizes the legal evolution and implications of global biodiversity protection, sorts out the legal practice of biodiversity protection in China, and analyzes the actual situation, institutional obstacles, and improvement paths of the zonal management and control of the ecological environment. Meanwhile, relevant special reports also analyze the establishment of national parks in the context of ecological civilization, the construction path of identifying and balancing multiple interests in the legislation of national parks, the market prospects and potential problems of "replacing plastics with bamboo", as well as the achievements and actual challenges faced by the modernization construction of forestry and grasslands in China, and put forward corresponding policy suggestions.

In part five, Practical Case, it mainly interprets the practical exploration of the construction of ecological civilization with Chinese characteristics through specific cases such as the Jiangsu practices in the construction of the Grand Canal and Yangtze River National Cultural Parks, the capital practice in the construction of garden cities, and the practical exploration of ecological culture education carried out by agricultural and forestry universities. Practices show that as a typical city where the Grand Canal culture and the Yangtze River culture converge, Changzhou is promoting the construction of the two national cultural parks of the Yangtze River and the Grand Canal in a coordinated manner from three dimensions of origin exploration, framework construction, and system construction, thus providing a Jiangsu sample for the coordinated promotion of the construction of the Grand Canal and Yangtze River National Cultural Parks. In the practice of building a garden city in the capital, the construction of a garden city is regarded as a comprehensive systematic project including people, city, environment, services, governance, etc. "Demonstration first, planning and design, standard guidance, and technological assistance" are its effective practical paths. Meanwhile, the practical research on ecological culture education carried out by Nanjing Forestry University shows that by constructing a five-in-one ecological culture construction and education system of "top-level design, teaching reform, platform building, team building, and environment creation", integrating ecological culture into the whole process of talent cultivation, a unique pattern of ecological culture education has been formed, and remarkable educational effects have been achieved.

In general, the report on the Development of Ecological civilization with Chinese characteristics focus on the theme of the construction of ecological civilization construction with Chinese characteristics, conducting an in-depth study on the current development status, challenges, strategic directions, key tasks and policy arrangements of ecological civilization construction in China, and drawing some valuable research conclusions in an effort to provide policy references for promoting ecological civilization construction in the new era.

Keywords: Ecological Civilization Construction; Ecological Civilization Index; Green Productivity; New Quality Productivity

Contents

I General Report

Abstract: The construction of ecological civilization with Chinese characteristics needs to rely on clear goals and scientific methods, and firmly grasp the key tasks of ecological civilization construction as well as the major relationships and challenges it faces. In recent years, China has achieved positive results in pollution prevention and control, green and low-carbon development, ecological protection and restoration, environmental risk management and control, as well as ecological and environmental legislation, and has made important progress in promoting synergies between pollution reduction and carbon reduction, as well as in implementing regulations on compensation for ecological protection. The Third Plenary Session of the 20th CPC Central Committee made a major deployment to deepen the reform of the ecological civilization system in the new era and new journey, and tomorrow proposed to accelerate the overall green transformation of economic and social development and improve the ecological and environmental governance system. To promote the construction of ecological civilization, we should integrate a number of major relationships, such as circular economy and ecological protection, pollution attack and linkage prevention and control, external regulation and internal incentives, and properly solve the real challenges of the excessively high cost of green transformation and the difficulty of identifying the loss of ecological and environmental service functions. In promoting the improvement of the ecological civilization construction system in the future, China should adhere to the national river strategy to better promote the synergistic management of the ecological environment, promote the implementation of the green economy and environmental responsibility through the development of new productivity, and improve the synergistic management system for the protection of biodiversity and the response to climate change in order to promote the overall planning of ecological environmental protection in the "Tenth Five-Year Plan" and to provide a better layout for the "Beautiful China" . This will promote the overall planning of ecological environmental protection in the "Tenth Five-Year Plan" and lay the foundation for the construction of "Beautiful China" .

Keywords: Ecological Civilization; Beautiful China Build; Pollution Control and Carbon Reduction

Ⅱ Evaluation Report

G.2 Evaluation of Ecological Civilization Index with Chinese Characteristics in 2024

Abstract: Ecological civilization is considered the highest form of human civilization. The goal of ecological civilization construction with Chinese characteristics is to realize a modernization in which human beings coexist harmoniously with nature. The results of this approach are manifested in the dimensions of green development and high quality of natural ecology, which need to be promoted through systematic paths, including green production, green living, environmental governance, and ecological protection. This study constructs an evaluation index system for ecological civilization construction with Chinese characteristics based on the 'goal-result-path' framework and evaluates and analyzes the level of ecological civilization construction with Chinese characteristics at the national and provincial levels from 2011 to 2021. The results show that: (1) the comprehensive index of ecological civilization with Chinese characteristics shows an overall upward trend, with a compound annual growth rate of 11.57% from 2011 to 2021, and reaches the highest value in 2021. (2) In terms of the result index of ecological civilization construction with Chinese characteristics, 2021 is about 5.2 times that of 2011, and the average annual compound growth rate of the index reaches 13.57%, reflecting that China has achieved remarkable results in green development and upgrading the quality of natural ecology. (3) The path indexes of green production, green living, environmental governance, and ecological protection show a fluctuating upward trend, and the path index in 2021 was about 1.9 times that of 2011, with a compound annual growth rate of 6.67%. (4) Provinces (autonomous regions and municipalities) across the country are actively promoting the construction of ecological civilization and have achieved milestones, but there are differences among provinces in construction levels due to differences in their natural resource conditions and economic development bases, and some regions still have room for improvement in ecological and environmental governance systems and governance capacity.

Keywords: Ecological Civilization Construction; Green Development; Environmental Governance

Ⅲ Green Productivity Reports

Abstract: Correctly handling the relationship between high-quality development

conservation has become an international consensus, and international actions on climate governance and biodiversity conservation are gradually becoming synergistic and linked. Our Government attaches great importance to the synergistic management of climate change and biodiversity, and through the adoption of a series of policies and measures, China has achieved remarkable results in both climate governance and biodiversity conservation.

Keywords: Climate Governance; Biodiversity; Jointly Promoting

G.5 The Essence of New Quality Productivity is Green Productivity

Cao Shunxian, *Liu Xinyuan* / 123

Abstract: The statement that 'New-quality productive forces are inherently green productive forces' is not only founded on Marx's theory of productive forces but also realizes the expansion and innovation from Marx's theories of 'new productive forces' and 'natural productive forces' to 'new-quality productive forces' and 'green productive forces'. It encompasses the satisfaction of the ecological needs of people in the contemporary era for a better life, the satisfaction of the historical creation of 'real people' for high-quality development with green as the base color. It adopts the concept of green development, takes 'Lucid waters and lush mountains are invaluable assets' as the development perspective, regards the development of green productive forces as the fundamental path, and adheres to the methodological principles such as starting from reality, establishing before dismantling, adapting measures to local conditions, and providing classified guidance. Its practical approach lies in: To firmly develop new-quality productive forces is to develop green productive forces. By following the logical trend of modern productive forces from technological innovation, industrial transformation, transformation of the development mode, and institutional and mechanism innovation, we should vigorously promote green technological innovation, enhance the deep integration of green science and technology and green industries, focus on promoting the green transformation of the development mode, solidly advance institutional and mechanism innovation for the development of green productive forces, adhere to the dialectical unity of green development and open development. In the face of the challenges of the unprecedented changes in the world over the past century, we should seize the major strategic opportunities of the new round of scientific and technological revolution and industrial transformation, actively and steadily promote carbon peaking and carbon neutrality, and coordinate the construction of a beautiful China and global ecological civilization.

Keywords: New Quality Productivity; Green Productivity; High Quality Development; Beautiful China

G.6 Logical Mechanisms and Implementation Paths for Digital Technology in Enabling Ecological Civilization Construction

Abstract: Innovations in digital technology and its deep practical applications have reshaped the development pattern of ecological civilization construction, providing new ideas and opportunities for growth. This technology has become a pioneering force in driving innovative development in ecological civilization construction. This report aims to explore the enabling logical mechanisms and implementation paths of digital technology in ecological civilization construction. Firstly, by examining the application of digital technology in areas such as environmental monitoring, resource management, and energy optimization, the report highlights its potential to enhance ecological efficiency, reduce resource consumption, and improve environmental quality, while also identifying current bottlenecks in applying digital technology to ecological civilization construction. Secondly, it delves into the interactive relationship between digital technology and ecological civilization construction, revealing the significant role digital tools play in promoting ecological protection and sustainable development. Finally, from perspectives such as government guidance, industry support, technological innovation, talent development, and outcomes transformation, the report provides implementation paths for leveraging digital technology in ecological civilization construction, offering robust references to promote the widespread application and dissemination of digital technology in this field.

Keywords: Ecological Civilization; Digital Technology; Digital Empowerment; Ecological Governance

Ⅳ Policy Reports

G.7 Study on the Rule of Law Guarantees for Comprehensively Promoting the Construction of a Beautiful China

Xu Lumei / 153

Abstract: Beautiful China is a crucial strategic objective of ecological civilization. At present, China has entered a new era of comprehensively deepening the reform, in the context of the era to promote the construction of a beautiful China into the stage of comprehensively promoting the realization of the goal of the key is the rule of law to protect, so this paper through the comprehensive promotion of the construction of a beautiful China rule of law to protect the system to study the existing rule of law in the construction of ecological civilization in the shortcomings of the system and put forward the corresponding recommendations for the improvement of the system. Through an analysis of the four aspects of legislation, law enforcement, justice and law-abiding, it is pointed out that the shortcomings and challenges of the current system of rule of law safeguards mainly include: unsystematic and incomplete legislation, lack of synergy in the enforcement mechanism, insufficient development of judicial specialization, and weak awareness of law-abiding. Finally, in view of the existing deficiencies in the existing rule of law protection system, it is proposed that scientific legislation should be enacted in order to improve the legislative system, deepen the reform of law enforcement in order to strengthen the synergistic mechanism, and further promote the development of judicial specialization and the promotion of law-abiding by all people and other perfect proposals, so as to escort the comprehensive advancement of the construction of a beautiful China, and provide a strong safeguard of the rule of law to realize a beautiful China.

Keywords: Ecological Civilization; Beautiful China; Rule of Law; Rule of Law Safeguards

G.8 Legal Approaches to Biodiversity Conservation in China Within the Context of Ecological Civilization *Wei Xiang* / 168

Abstract: With the ongoing global decline in biodiversity and the weakening of ecosystem functions, biodiversity conservation has become a focal point of concern for the international community. China's legal approach to biodiversity conservation highlights the core role of the ecological civilization concept. From the Kunming Declaration to the implementation of the "Kunming-Montreal Framework," biodiversity conservation has achieved a critical shift from political commitment to legal obligation, marking a progressive deepening of global biodiversity protection in terms of concept, legal force, and practical implementation. As a major country rich in biodiversity resources, China has not only advocated for the concept of "ecological civilization" in this process but has also significantly enhanced the effectiveness and enforcement of its conservation measures through the legalization of the national park system and the improvement of ecological compensation mechanisms. Meanwhile, the integration of international and domestic laws has not only strengthened the legal foundation of biodiversity conservation but also promoted the ecological civilization concept globally. These legal practices in China provide universal legal experience and innovative approaches for global biodiversity governance.

Keywords: Ecological Civilization; Biodiversity Mainstreaming; Legal Coordination; International Cooperation

Abstract: Ecological and environmental zoning control is an important element of ecological civilization system construction, and an important support for building a beautiful China. In terms of connotation, ecological and environmental zoning control is broadly and narrowly defined, with the dual attributes of spatial and administrative; in terms of the origin of the system, ecological and environmental zoning control is based on the contradiction between ecological wholeness and spatial heterogeneity, as well as the mismatch between the economic layout and spatial pattern. Due to factors such as the unclear division of authority between the central and local governments, the unsound evaluation and appraisal system, and insufficient public participation, China's ecological environment zoning control has problems such as insufficient top-level design, imperfect technical standards, and low management level. The improvement of the ecological environment zoning control system should be preceded by resolving the horizontal contradiction between economic and ecological interests and the vertical conflict between central and local interests, and building a more scientific, reasonable and effective ecological environment zoning control system from the aspects of consolidating the normative foundation, optimizing the system articulation and strengthening the technical guarantee.

Keywords: Ecological Environment; Land Use Planning Control; Ecological Livilization

Abstract: With the continuous promotion of national park construction and legislative practice, the previous government led model of national park construction is increasingly facing the problems of limited and lagging public resources. The development of national parks involves diverse interests of multiple subjects. We should seize the historical opportunity of national park legislation, clarify the public and private interests involved in the process of national park legislation, explore the path of identifying and balancing diverse interests in national park legislation, and thus, give full play to the ecological and cultural values of national parks, and promote the modernization of the national park governance system while achieving effective protection of national parks.

Keywords: National Park Legislation; Public Interests; Private Interests

Abstract: The rapid development of the "bamboo instead of plastic" industry is of great significance in solving the ecological and environmental problems caused by the excessive use of plastics and promoting the sustainable development of the economy, society and ecology. In particular, bamboo products as a green, low-carbon, environmentally friendly biomass materials, in the public consumption willingness to play a positive role in the new high, bamboo products consumption of a new boom and the development of a new blue ocean of industrial development, and so on, and vigorously promote the "bamboo instead of plastic" industry development process. However, subject to the influence of many unfavorable factors, "bamboo instead of plastic" industry still exists in the market share is relatively low, the market order is more disordered, the public consumption behavior is relatively insufficient, the lack of core technological innovation and other potential problems, seriously affecting the "bamboo instead of plastic" The formation of the industrial system. Therefore, it is proposed that the government attaches importance to open up a new path of development, the market focuses on activating the new power of the industry, the society highlights the new trend of consumption and the technology focuses on the digital empowerment of the new kinetic energy of the future policy orientation, in order to truly promote the formation of the "bamboo in lieu of plastic" industrial system as well as to realize the sustainable development of the economic and social ecology.

Keywords: "Replacing Plastic with Bamboo"; Consumption of Bamboo Products; Biomass Materials

G.12 Challenges and Countermeasures to the Comprehensive Modernization of Forestry and Grassland in China

Yuan Lili / 224

Abstract: 21st century forest administration embrace forest, grass land, wetland, natural protected areas. Under the circumstances of profound changes unseen in a century, China's forestry administration has made remarkable achievements, but also faces new challenges. The modernization of forest and grass is the modernization of harmonious coexistence between man and nature. Comprehensively promoting the modernization of China's forest and grass is an important connotation of the Chinese-style modernization. In the cause of comprehensively promoting the modernization of forest and grass development, it is necessary to profoundly grasp the leadership of five aspects, such as systematic governance, legal protection, forestry industry development, smart forestry, and forest and grass spirit promotion, and earnestly grasp the work in the fields of ecological protection, ecological governance, ecological services, ecological prosperity, and ecological security. Forest and grass construction is one of the largest ecological environment construction projects in China. To comprehensively promote the modernization of forest and grass is a systematic undertaking, which requires concerted efforts to promote the high-quality development of forest and grass, make some achievements for our realization of Chinese-style modernization, and promote the new situation of the construction of beautiful China.

Keywords: New Quality Productive Forces; Beautiful China; Digital Forestry

V Practical Cases

Abstract: The report of the 20th CPC National Congress calls for "building and utilizing national cultural parks", and the construction of national cultural parks is a major cultural project to promote the prosperity and development of culture in the new era, and Xi Jinping's Cultural Thought has become a scientific worldview and methodology guiding the construction of a strong cultural country in the new era. From the three dimensions of ontology, methodology and value theory, the theoretical logic of the construction of the national cultural park is elaborated. Jiangsu synergistically promotes the construction of the Grand Canal and Yangtze River National Cultural Park, takes Changzhou as an example, analyzes the current situation of the construction of the Changzhou section of the Yangtze River National Cultural Park, which shows a good trend of green development, but there are also practical problems such as the lack of deep historical exploration and a single way of protection and utilization, and puts forward the countermeasures and suggestions for the construction of the Changzhou section of the Yangtze River National Cultural Park, and explores the water ecological life source of "rivers, lakes, and oceans" of Jiangsu Province in depth. The proposal puts forward countermeasures and suggestions for the construction of the Changzhou section of the Yangtze River National Cultural Park, in order to deeply investigate the water ecological life source of Jiangsu "river, river, lake and sea", systematically construct a large pattern of Jiangsu "river, river, lake and sea" water space, and synergistically innovate the water culture community of

Jiangsu "river, river, lake and sea", with a view to providing Jiangsu samples for synergistically promoting the construction of the Grand Canal and the Yangtze River National Cultural Park. In order to provide Jiangsu samples for promoting the construction of the Grand Canal and Yangtze River National Cultural Park.

Keywords: National Cultural Park; Yangtze River Culture; Grand Canal

G.14 The Capital's Practice of Garden City Construction: Policy Design and Implementation Path and Implementation Path

Qian Kun / 258

Abstract: The construction of garden cities is an important initiative and construction mode to meet the aspirations of urban people for a better life in cities and to promote the high-quality and integrated development of urban production, living and ecological spaces in order to meet the aspirations of urban people for a better life in cities after the urban development of contemporary China has entered the stage of deep urbanization. Beijing, the capital city, has conducted a fruitful exploration in the construction of garden cities on an early and pilot basis. The study found that in the practice of garden city construction in the capital, the people-oriented concept is always implemented, the people's aspiration for a better life in the city is taken as the basic guideline, and the construction of the garden city is regarded as a comprehensive systematic project that includes the people, the city, the environment, the service and the governance, etc., the construction of the garden city is carried out from the daily life of the people of the city in the context of the construction of urban gardens, and the all-around participation of the pluralistic main bodies is actively promoted. Its policy design takes ecological environmental protection and urban green space construction as its core content, supplemented by the manifestation of "soft" cultural values and the guarantee of urban governance capacity. In practice, experience will be summarized through demonstrations in some areas, followed by unified planning and policy design to clarify construction concepts, directions and initiatives, combined with the issuance of local standards to regulate construction practices, and actively guiding scientific and technological innovations by market players to enhance the quality and effectiveness of the construction of garden cities.

Keywords: Garden City; Urban Livability; Urban Green Space

Abstract: Cultivating and promoting ecological culture is an inherent requirement for comprehensively advancing the construction of a beautiful China. Nanjing Forestry University adheres to the guidance of Xi Jinping Thought on Ecological Civilization, Combining educational characteristics and laws of students' maturation, taking it our special mission to cultivate talents with green responsibilities, Emphasize the organic combination of value shaping, ability cultivation and knowledge transmission, Connect the first classroom and the second classroom together, Establish a five dimensional ecological culture construction and education system that integrates top-level design, teaching reform, platform construction, team building and environmental creation, Integrating ecological culture into the entire process of talent cultivation, Formed a unique ecological and cultural education pattern with the characteristics of Nanjing Forestry University, Significant educational effects have been achieved.

Keywords: Agricultural and Forestry University; Ecological Culture; Education System

皮书

智库成果出版与传播平台

皮书定义

皮书是对中国与世界发展状况和热点问题进行年度监测，以专业的角度、专家的视野和实证研究方法，针对某一领域或区域现状与发展态势展开分析和预测，具备前沿性、原创性、实证性、连续性、时效性等特点的公开出版物，由一系列权威研究报告组成。

皮书作者

皮书系列报告作者以国内外一流研究机构、知名高校等重点智库的研究人员为主，多为相关领域一流专家学者，他们的观点代表了当下学界对中国与世界的现实和未来最高水平的解读与分析。

皮书荣誉

皮书作为中国社会科学院基础理论研究与应用对策研究融合发展的代表性成果，不仅是哲学社会科学工作者服务中国特色社会主义现代化建设的重要成果，更是助力中国特色新型智库建设、构建中国特色哲学社会科学“三大体系”的重要平台。皮书系列先后被列入“十二五”“十三五”“十四五”时期国家重点出版物出版专项规划项目；自 2013 年起，重点皮书被列入中国社会科学院国家哲学社会科学创新工程项目。

皮书网

（网址：www.pishu.cn）

发布皮书研创资讯，传播皮书精彩内容
引领皮书出版潮流，打造皮书服务平台

栏目设置

◆ 关于皮书

何谓皮书、皮书分类、皮书大事记、
皮书荣誉、皮书出版第一人、皮书编辑部

◆ 最新资讯

通知公告、新闻动态、媒体聚焦、
网站专题、视频直播、下载专区

◆ 皮书研创

皮书规范、皮书出版、
皮书研究、研创团队

◆ 皮书评奖评价

指标体系、皮书评价、皮书评奖

所获荣誉

◆ 2008 年、2011 年、2014 年，皮书网均在全国新闻出版业网站荣誉评选中获得“最具商业价值网站”称号；

◆ 2012 年，获得“出版业网站百强”称号。

网库合一

2014年，皮书网与皮书数据库端口合一，实现资源共享，搭建智库成果融合创新平台。

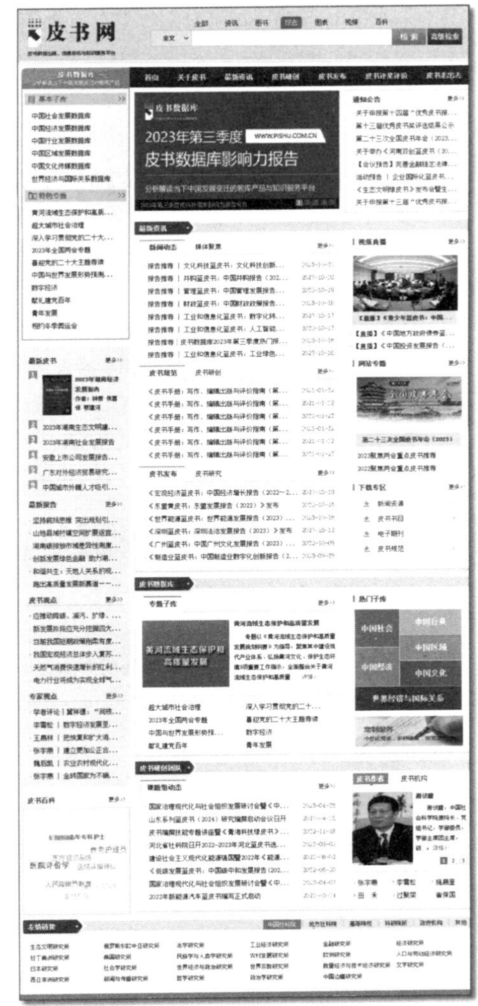

皮书网

“皮书说”
微信公众号

S 基本子库
UB DATABASE

中国社会发展数据库（下设 12 个专题子库）

紧扣人口、政治、外交、法律、教育、医疗卫生、资源环境等 12 个社会发展领域的前沿和热点，全面整合专业著作、智库报告、学术资讯、调研数据等类型资源，帮助用户追踪中国社会发展动态、研究社会发展战略与政策、了解社会热点问题、分析社会发展趋势。

中国经济发展数据库（下设 12 专题子库）

内容涵盖宏观经济、产业经济、工业经济、农业经济、财政金融、房地产经济、城市经济、商业贸易等12个重点经济领域，为把握经济运行态势、洞察经济发展规律、研判经济发展趋势、进行经济调控决策提供参考和依据。

中国行业发展数据库（下设 17 个专题子库）

以中国国民经济行业分类为依据，覆盖金融业、旅游业、交通运输业、能源矿产业、制造业等 100 多个行业，跟踪分析国民经济相关行业市场运行状况和政策导向，汇集行业发展前沿资讯，为投资、从业及各种经济决策提供理论支撑和实践指导。

中国区域发展数据库（下设 4 个专题子库）

对中国特定区域内的经济、社会、文化等领域现状与发展情况进行深度分析和预测，涉及省级行政区、城市群、城市、农村等不同维度，研究层级至县及县以下行政区，为学者研究地方经济社会宏观态势、经验模式、发展案例提供支撑，为地方政府决策提供参考。

中国文化传媒数据库（下设 18 个专题子库）

内容覆盖文化产业、新闻传播、电影娱乐、文学艺术、群众文化、图书情报等 18 个重点研究领域，聚焦文化传媒领域发展前沿、热点话题、行业实践，服务用户的教学科研、文化投资、企业规划等需要。

世界经济与国际关系数据库（下设 6 个专题子库）

整合世界经济、国际政治、世界文化与科技、全球性问题、国际组织与国际法、区域研究 6 大领域研究成果，对世界经济形势、国际形势进行连续性深度分析，对年度热点问题进行专题解读，为研判全球发展趋势提供事实和数据支持。

法律声明